21世纪高等学校计算机规划教材

21st Century University Planned Textbooks of Computer Science

C语言程序设计（第2版）

C Programming Language (2nd Edition)

陈学进 王小林 主编
陶陶 储岳中 副主编

高校系列

人民邮电出版社
北 京

图书在版编目（ＣＩＰ）数据

C语言程序设计 / 陈学进，王小林主编. -- 2版. --
北京：人民邮电出版社，2016.8
21世纪高等学校计算机规划教材
ISBN 978-7-115-42345-0

Ⅰ. ①C… Ⅱ. ①陈… ②王… Ⅲ. ①C语言－程序设
计－高等学校－教材 Ⅳ. ①TP312

中国版本图书馆CIP数据核字(2016)第113148号

内 容 提 要

本书是一本理论与实践相结合的实用性很强的 C 语言程序设计教材。全书由 12 章组成，内容包括 C 语言概述、C 语言基础知识、顺序结构程序设计、选择结构程序设计、循环结构程序设计、预编译处理、数组、函数、指针、用户定义数据类型、位运算与文件。

本书以实际应用为背景，面向工程实践和编程能力训练，从实际问题出发，以 C 语言的基本语法、语句为基础，深入浅出地阐述 C 语言程序设计的基本概念、思想与方法。全书以程序案例为主导，采用计算思维的方法设计程序；通过大量的案例，拓宽学生的思维，在案例不断深化中逐步引出知识点，形成清晰的主线，引导学生自主思考，逐步掌握程序设计的一般规律和方法。

本书注重解决问题的方法引导，理论联系实际，突出计算思维的培养。宏观上，章节以语法为主线，以便师生教与学；微观上，在每章节又以案例为主线，每章后面都附大量的读程序与编写程序习题，便于提高学生的程序设计能力。本书语言流畅、内容通俗易懂，程序描述力求精练、易读。

本书可作为计算机类及理工类专业教材，也可供广大计算机爱好者及软件开发人员自学提高时使用。

◆ 主　　编　陈学进　王小林
　　副主编　陶　陶　储岳中
　　责任编辑　吴　婷
　　责任印制　杨林杰

◆ 人民邮电出版社出版发行　　北京市丰台区成寿寺路 11 号
　　邮编 100164　　电子邮件 315@ptpress.com.cn
　　网址 http://www.ptpress.com.cn
　　固安县铭成印刷有限公司印刷

◆ 开本：787×1092　1/16
　　印张：18.5　　　　　　　　　　2016 年 8 月第 2 版
　　字数：487 千字　　　　　　　2024 年 8 月河北第 19 次印刷

定价：48.00 元

读者服务热线：(010)81055256　印装质量热线：(010)81055316
反盗版热线：(010)81055315
广告经营许可证：京东市监广登字20170147号

第 2 版前言

"C 语言程序设计"是各高等院校计算机类专业乃至理工类专业的重要计算机应用基础课程之一。40 余年来，C 语言长盛不衰，是最受欢迎的面向过程的开发语言之一，这不仅仅源于 C 语言的实用性，也源于 C 语言在计算机应用（开发）领域的基础性地位。

本书编者经过调研，发现多数高等院校人才培养的定位是高质量的应用型人才，因而，在 C 程序设计教学中，应该以培养学生计算思维的方法、解决实际问题的能力为目标。鉴于此，编者认为有必要编写一套适合一般院校工科专业的"C 语言程序设计"课程教材。编者根据多年教学与实践经验，融入编者所在院校教学改革的最新成果，在 2014 年出版的教材基础上，在内容上做了进一步优化、补充和完善，重新组织编写了本教材。教材主要内容如下。

第 1 章：C 语言概述。主要内容有：一个简单 C 语言程序、计算机程序与程序设计语言、C 语言简介、什么是算法、算法的描述方法、C 语言编程环境。

第 2 章：C 语言基础知识。主要内容有：基本数据类型、常量与变量、常用运算符及表达式、各类数值型数据间的混合运算、赋值表达式中的类型转换。

第 3 章：顺序结构程序设计。主要内容有：C 语句概述、格式化输入输出函数、字符数据的输入输出、顺序结构程序设计举例。

第 4 章：分支结构程序设计。主要内容有：if 语句、switch 语句、程序举例。

第 5 章：循环结构程序设计。主要内容有：for 语句实现循环、while 语句实现循环、do-while 语句实现循环、用 if 和 goto 语句构成的循环、用 break 语句和 continue 语句控制循环、嵌套循环。

第 6 章：预编译处理。主要内容有：宏定义、文件包含、条件编译。

第 7 章：数组。主要内容有：一维数组、二维数组、字符数组、综合案例等。

第 8 章：函数。主要内容有：函数的种类及定义、函数的调用、函数形参类型、函数的递归调用、变量的作用域与存储属性、内部函数与外部函数。

第 9 章：指针。主要内容有：指针的概念、指针与数组、指针与函数、字符串的指针、指向指针的指针（二级指针）、指针数组作为主函数 main 的形参、综合案例。

第 10 章：用户定义数据类型。主要内容有：结构体、单向链表、共用体、枚举。

第 11 章：位运算。主要内容有：位运算概述、位运算符、位运算应用、位段。

第 12 章：文件。主要内容有：基本概念、文件的打开与关闭、文本文件的读写、二进制文件的读写。

要达到运用所学语言熟练地编写解决实际问题的正确程序，读者必须掌握语言的基本语法、问题求解的思路、程序设计思想和技能。本书内容的组织坚持思维与知识并进，知识教育中融合思维训练的教育理念，加强计算思维方法和程序设计能力的培养。在内容编排上，宏观上，章节以 C 语言的基本知识（语法）为主线；微观上，每章节又突出案例的讲解，通过案例，加深读者对知识点的理解。每章后面都精选一定量的习题和上机题，通过课后的练习和上机，帮助学生掌握每章知识点，提高学生实际编程能力。

本教材有如下特点。

1. 内容翔实，知识结构完整

本书对于 C 语言的介绍详尽而具体，案例丰富。

2. 累进法编排

知识内容安排上，采用累进法，后面内容都严格以前面内容为基础。前面介绍过的内容和知识点，在后面也会交叉引用，以增进读者对前面所学知识的理解。

3. 博取众长

本书以 C 语言知识体系为主线，介绍 C 语言的语法知识、结构及应用，但摒弃了以语法为中心的叙述方式，而是通过案例教学，通过实际应用，在解决问题的过程中，引出 C 语言语法的知识点和需要注意的地方，并适当做好归纳和总结，避免了单纯为了讲解语法知识而列举一些枯燥的实例的情况；本书所有的例子都是有针对性的、鲜活的、有趣的、实用的。

4. 加强实践，提高学生解决实际问题的能力

每章后的习题和实验，都是为了巩固本章知识体系而设计的。

本教材是为高等院校"C 语言程序设计"课程教学而编写的，可以作为高等院校各工科专业的程序设计课程的教材，也可作为各类考试的复习参考书以及计算机专业人员和工程技术人员的参考书。由于教材内容全面，知识体系编排上由浅入深，用例详尽，也非常适合广大读者自学。

本书由安徽工业大学计算机科学与技术学院陈学进、王小林、储岳中、程泽凯、陶陶、刘卫红、张学锋、王广正、李乔、夏敏编写，胡宏智主审。

编 者

2016 年 3 月

目　录

第1章
C 语言概述

内容导读

本章从计算机程序概念入手，介绍了什么是程序设计语言，进而引出对 C 语言的详细介绍；并通过介绍简单的 C 语言程序设计的实例，帮助读者初步认识 C 语言。在内容层次上，首先介绍了算法的概念、特点和描述方法；然后介绍了几种常见的 C 语言编程环境（IDE），便于读者了解 C 语言的集成开发环境，进而理解其执行过程；最后，介绍了 C 语言程序结构、特点以及应用领域。

1.1   程序设计语言

1.1.1   计算机程序

所谓计算机程序（Computer Program），就是计算机能够识别、执行的一组有序指令集。人们通过编程（Programming）来让计算机解决各种各样的问题。根据沃思（Niklaus Wirth）的观点，程序应包括两个方面的内容：一是对操作的描述，即算法（Algorithm）；二是对被加工数据的描述，即数据结构（Data Structure），算法加数据结构就构成了程序。

编程的目的是解决问题。有了良好的问题解决方案，才有机会编出高质量的程序。编程过程一般可以分为以下 4 个步骤。

1. 需求分析

明确问题的需求，必须将问题陈述清楚，消除不重要的方面，将注意力集中在根本问题上。这并不像听上去那么简单，需要从问题提出者那里获得更多的信息，明白解决问题需要什么和我们的核心任务是什么。

明确问题的输入，也就是要处理的数据；明确问题的输出，也就是希望得到的结果；解决方案的任何附加需求或约束条件。还要确定显示结果需要的格式（如表格的具体列标题)，以及获得一些问题变量并明确其相互关系，这些关系可以用公式表示。

如果上述工作不正确，那么就会给出错误的解决方案，因此要仔细阅读问题。首先，要对问题有一个清晰的概念；其次，确定输入和输出。例如下面的问题。

有一个果农在农贸市场买苹果。苹果卖相不错，价钱也不贵，每斤 6 元钱。我想买 5 斤，需要多少钱呢？

问题简化：每斤 6 元，总共 5 斤，多少元？

问题输入：购买的苹果总量？每斤苹果的价格？

问题输出：苹果的总价钱？

一旦知道了问题的输入和输出，就可以列出表示它们之间关系的公式。计算物品总价钱的一般公式如下。

总价钱=单位价格×数量

以目前问题的变量代入，可得下面的公式。

苹果的总价钱=价格（元/斤）×重量（斤）

在某些情况下，可能需要假设或简化以推导变量间的关系。通过提取基本变量及其关系对问题进行建模的过程称为抽象（Abstraction）。

2. 算法（Algorithm）设计

所谓算法，就是解决问题的方法和步骤。写出算法通常是解决问题的过程中最困难的一个部分。不要试图在开始就解决每一个细小的问题，相反地，应使用自顶向下设计（Top-down Design）的方法。在自顶向下设计（也称为分治法）中，首先列出需要解决的主要步骤或子问题，然后通过解决每个子问题来解决原始问题。大多数计算机算法都至少包含下列子问题：

（1）获取数据。

（2）执行计算。

（3）显示结果。

自顶向下设计将问题分为若干主要的子问题，通过解决子问题以得到最初问题的解决方案。例如，执行计算这一步骤可能需要通过一个称为逐步细化（Stepwise Refinement）的过程再划分为更细小的几个步骤。逐步细化是为解决复杂算法而设计的详细步骤。

通常，我们在写文章时，会先列出写作提纲，根据文章内容可能会有二级提纲、三级提纲，然后为每一个提纲撰写详细内容。实际上，这也是一种自顶向下设计，然后逐步细化的过程。在1.3节将具体介绍算法。

检查是算法设计中的一个重要部分，但是它常常被忽略。在检查算法时，必须像计算机一样仔细执行每一步算法（或其细化算法），并验证算法是否能按预期工作。如果能够在解决问题的过程中较早发现算法错误，就可以节省更多的时间和精力。

对于给定的问题，采用自顶向下、逐步细化的策略，把它进一步分解为若干个子问题，然后对每个子问题逐一进行求解，并且用精确而抽象的语言来描述整个求解过程。算法设计一般是在纸上完成的，最后得到的结果通常是语言描述、流程图或伪代码的形式。

例如，对于上述买苹果问题，用自然语言描述的算法如下。

（1）输入价格（元/斤）。

（2）输入重量（斤）。

（3）计算总价：苹果的总价钱=价格（元/斤）×重量（斤）。

（4）输出总价。

3. 编码实现

实现算法就是将算法写成程序，将每一步算法步骤转化为计算机语言的一条或多条语句。用计算机语言表达算法的实现过程叫编码，即通常所说的编程。

4. 调试与测试

最后一个步骤是调试与测试程序。我们在编写程序的时候，经常会由于疏忽而犯一些错误，如少写了一个字符、多写了一个字符或拼写错误等，但是计算机是非常严格的，或者说是非常苛刻的，它不允许有任何错误存在，哪怕是再小的错误，它也会指出来。所以在编辑器中完成程序的编辑后，需要对它进行调试，以便修正程序中的语法错误。如果程序能够正确编译并运行，说明程序没有语法错误，但并不能说明程序没有逻辑错误。所谓的逻辑错误，实际上是算法错误。所以，我们必须对程序进行测试。测试程序不能仅仅依赖一次测试的结果，而要利用不同的数据集运行程序若干次来确定程序在算法中的每一种情况下均能正确工作。

通过以上的分析可以知道，要想成为一名优秀的程序员，必须具备多种不同的能力。首先是理解能力和沟通能力，要善于与需求方沟通、交流，弄明白我们的任务是什么，需要解决的是什么问题；其次是算法设计能力，如何对问题进行分析、分解，如何设计出一种巧妙、高效的算法来解决它；再次是编码能力，对于给定的一个算法，如何用某种计算机语言来实现它；最后是热爱编程工作并具备良好的心理素质，在真正编程的时候，要非常的耐心、细致。一个输入错误会导致语法错误，更为严重的是因为算法错误而导致的逻辑错误，而解决逻辑错误就要重新审视算法，特别要有耐心和毅力。注意：失败是编程过程的一部分。虽说上述解决问题的方法是有效的，但千万不要据此认为，只要遵循上面这些步骤，就每次都可以保证一下子就能得到正确的解决方案及结果。有可能要经过很多次失败，才能得到正确的结果。优秀的程序员总是善于利用失败，把失败看作证明某些算法无效的有用数据。对于本书而言，主要的目标是第二点和第三点，即通过本书的介绍，一方面，使读者能够掌握程序设计的基本思路和基本方法，提高读者分析问题、解决问题的能力，也就是算法设计的能力；另一方面，使读者能够掌握一种编程语言（C 语言），即掌握使用 C 语言来编写代码的能力。

编写程序的时候，必须使用计算机能够理解的语言，即程序设计语言。那么，程序设计语言是什么呢？

1.1.2　程序设计语言

程序设计语言（Programming Language）是人与计算机交互的工具。人们希望计算机执行一些任务，需要用语言描述，计算机才能执行。实际上，计算机只能执行自己固有的二进制表示的指令集，这种指令集我们称之为机器语言（Machine Language）。机器语言是与计算机硬件关系最为密切的一种计算机语言。由于计算机只能执行自己的指令集，所以对于任何一个计算机程序来说，最后都要把它变成机器指令的形式才能够在计算机上运行。

机器语言完全是由二进制的 0 和 1 所组成的，一条指令就是由若干个 0 和若干个 1 所组成的一个数字串，所以很难看懂。例如，表 1.1 左栏就是一段机器语言代码，每一行表示一条指令，有的指令长一点，有的指令短一点。显然，看这些由 0 和 1 所组成的数字串是一件很痛苦的事情。如果采用机器语言来编写程序，那么工作效率将会极其低下，而且编写出来的代码，它的正确性也很难保证。比如，在表 1.1 的第一栏某条指令当中，如果不小心把其中的一个 1 写成了 0，那么这条指令的含义就可能完全变了，而整个程序的运行结果也可能完全不同了。

表 1.1　　　　　　　　　　机器语言、汇编语言以及等价的 C 语言比较

机器语言	汇编语言	C 语言
1011 1000 0001 0000 0000 0000	MOV　AX,0010	AX=16
1011 1011 0010 0000 0000 0000	MOV　BX,0020	BX=32
0000 0001 1101 1000	ADD　AX,BX	CX=AX+BX
1000 1001 1100 0001	MOV　CX,AX	

由于每台计算机的指令系统各不相同，所以，在一台计算机上执行的程序，要想在另一台计算机上执行，必须另编程序，造成了重复工作。但由于使用的是针对特定型号计算机的语言，故

而运算效率是所有语言中最高的。

为了克服机器语言的缺点，在 20 世纪 50 年代，人们提出了汇编语言的概念。它的基本思路是：用符号来标示二进制指令。如一条机器指令 0000 0001 1101 1000，不好记忆，我们可能不知道它的作用。但如果用符号 ADD AX，BX 来代替它，那么这条指令的功能就很容易猜到：它是一个寄存器间的加法运算。所以，采用汇编语言来编写程序，就比机器语言要方便得多，也容易得多。

显然，这段代码就比刚才的机器指令要容易理解得多，虽然我们并不知道这种汇编语言的语法，但能够大致地猜测出每条指令的功能。例如，MOV 可能是一个赋值操作，CMP 可能是一个比较操作，JLE 和 JMP 可能是跳转指令等。不过即便如此，用汇编语言编写的程序代码看起来还是比较费劲，并且，需要对计算机系统有比较深入的了解。所以，汇编语言对于非计算机专业人员来说，应用还是不方便，对程序设计人员要求较高，程序开发和维护的效率还是比较低。另外，在计算机硬件上执行的必须是机器指令，所以用汇编语言编写出来的程序不能直接在计算机上运行，必须先使用特定机器的汇编程序（Assembler）把它翻译成机器指令的形式，才能在特定计算机上运行。

汇编语言依赖于机器硬件，移植性不好，因而它仍然属于低级语言。针对计算机特定硬件而编制的汇编语言程序，能准确发挥计算机硬件的功能和特长，程序精炼且质量高，运行效率十分高，几乎等同于机器语言的效率，所以至今仍是一种常用而强有力的软件开发工具。

为了方便应用，人们又提出了高级程序设计语言的概念。从方便性和应用角度出发，人们意识到，应该设计一种接近于数学语言或人的自然语言、同时又不依赖于计算机硬件，编出的程序能在所有机器上通用的程序设计语言。经过努力，1954 年，第一个完全脱离机器硬件的高级语言 FORTRAN 问世，60 多年来共有几百种高级语言出现，其中影响较大、使用较普遍的有 FORTRAN、ALGOL、COBOL、BASIC、LISP、Pascal、C、PROLOG、Ada、C++、Delphi、JAVA、C#等。高级语言写出来的程序更容易理解和使用。例如表 1.1 右栏的 C 语言代码，即使读者现在还没有学过 C 语言语法，也能够很容易猜测出，它的功能就是 CX=AX+BX。

与汇编语言一样，用高级语言编写的程序也不能直接在计算机上运行，因为计算机硬件只执行机器语言指令。所以先要将高级语言程序输入到编辑器（Editor），用编译器（Compiler）把高级语言程序翻译成目标代码，再由连接器（Linker）将目标文件和系统函数等连接成可执行程序，然后加载可执行文件才能够运行，具体如图 1.1 所示。高级语言的编辑器实质上是编辑文本文件，其结果是高级语言的源程序文件（Source File）。现在，一般编辑器都是集成开发环境（Integrated Development Environment，IDE）的一部分，集成开发环境是指字编辑器、编译器、连接器、加载器相结合的开发包。这里所说的编译器，是一个专用的计算机程序，其功能就是把高级语言书写的计算机程序翻译成计算机能够理解的机器语言程序。连接器将系统函数和目标文件综合在一起，产生完整的可运行的机器语言程序。

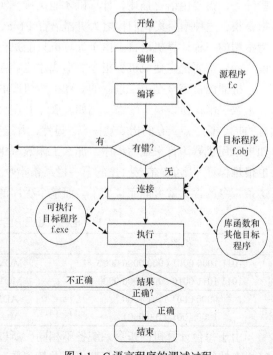

图 1.1　C 语言程序的调试过程

1.1.3　C 语言简介

C 语言具有简单、高效、应用广泛等特点，历经 40 余年而长盛不衰，至今仍是最受欢迎的高级语言之一。

C 语言的起源可以追溯到 1960 年出现的高级程序设计语言 Algol 60，1963 年，英国剑桥大学在 Algol 60 基础上推出了"组合编程语言"（Combined Programming Language，CPL），它比 Algol 60 更接近于硬件，1967 年剑桥大学的 Matin Richards 对 CPL 进行了简化，提出了 BCPL（Basic Combined Programming Language）语言。

本质上，C 语言是贝尔实验室（Bell Labs）的 Ken Thompson 和 Dennis M.Ritchie 在开发 UNIX 操作系统的过程中的一个副产品。那么什么是操作系统（Operating System，OS）呢？操作系统的功能就是管理和分配计算机的各种软硬件资源，合理地组织计算机的工作流程，也是人和计算机交互的接口。简单地说，要想使用计算机，必须先给它安装 OS。

Ken Thompson 和 Dennis M.Ritchie 等人为 Bell Labs 的一台闲置的 PDP-7 编写了一个新的操作系统。他们先写了操作系统的文件系统和一组基本的软件工具，然后编写了一个 PDP-7 汇编语言的编译器。有了这些软件工具，就能直接在 PDP-7 上编程了。到了 1970 年，这个操作系统的基本元素都已经完成，他们给系统起名为 UNIX。

后来，项目组需要为一台新的机器 PDP-11 配置 OS，因此需要把 UNIX 系统从 PDP-7 移植到 PDP-11 上面去，但是这项工作非常烦琐，因为整个系统都是用汇编语言来编写的，需要把每一条 PDP-7 汇编语言指令都转换为相应的 PDP-11 汇编语言指令，工作量非常大。而且更重要的是，这种移植工作可能不是一次性的，如果以后有其他新的机器，整个移植工作又得重新开始。那么如何解决这个问题呢？项目组开始考虑用某种高级语言来重写整个系统，以提高系统的可移植性和可理解性。

但是采用哪种高级语言来做这件事呢？Ken Thompson 的想法是自己去设计一种高级语言。所以就以上述 BCPL 语言为基础，又做了进一步的简化，设计出很简单而且很接近硬件的 B 语言，这个名称取自于 BCPL 的第一个字母。但是 B 语言过于简单，是一种没有数据类型的语言，直接对机器字操作，和后来的 C 语言有很大不同。作为系统软件编程语言的第一个应用，Ken Thompson 使用 B 语言重写了其自身的解释程序，并使用 B 语言重新编写了 UNIX 程序代码。

1971 年，Dennis M.Ritchie 开发了 B 语言的改进版，并在 1972～1973 年间对 B 语言做了多次改进，越来越脱离 B 语言，于是他决定将其更名为 C 语言。到了 1973 年，C 语言已经足够完善。Ken Thompson 和 Dennis M.Ritchie 在开发过程中，出于把 UNIX 移植到 PDP 系列之外的其他类型的计算机中使用的考虑，决定用 C 语言重新编写 UNIX 系统。C 语言的可移植性在此得到了充分的体现。机器语言和汇编语言编写的程序都不具有可移植性，而 C 语言程序则可以运行于任何计算机中，只要该计算机中有 C 编译程序和相应的库函数。

时至今日，各种 UNIX（包括 Linux）的内核和外设驱动程序仍然采用 C 语言作为最主要的编程工具，其中甚至还有不少继承自 Ken Thompson 和 Dennis M.Ritchie 之手的源代码。1978 年，由贝尔实验室正式发布的 C 语言版本不仅保留了 B 语言的简洁、精练、接近硬件的优点，而且克服了 B 语言功能过于简单、有限的缺点。同时出版了由 Brian W. Kernighan 和 Dennis M.Ritchie（简称为 K&R）合著的影响深远的《The C Programming Language》。该书虽未定义一个完整的 C 语言标准，但它介绍的 C 语言成为后来广泛采用的 C 语言版本的基础，该书介绍的 C 称为传统的 C。1982 年，美国国家标准协会（American National Standards Institude，ANSI）根据 C 语言问世以来的各种版本，进行了修改与扩充，制定了新的标准，并于 1983 年发布，称之为 ANSI C 或标准 C（1983）。1987 年国际标准化组织（International Standards Organization，ISO），建立了专门制定 C 标准的国际标准化小组，以 ANSI C 为基础，对其进行修订和扩充，并于 1989 年、1995 年和 1999 年分别发布了标准 C（1989），简称标准 C89；标准 C（1995），简称标准 C95；标准 C（1999），简称标准 C99。每一版本的标准 C 都对上一版本的 C 语法或函数库进行了修改或扩充，并且兼容上一版本。

尽管 C 语言版本标准的更新，使 C 语言的功能进一步增强，但不同软件商开发的 C 语言编译器，都是在遵从标准 C 的基础上，扩展带有自己特色的功能。那么，究竟采用哪种 C 标准编写程序好呢？为了保证源程序在任意 C 编译器下均可成功编译，只有遵守一个原则，严格遵从 ANSI C。

1.2　简单 C 语言程序实例

下面介绍第一个 C 语言程序，也是最简单的程序，在计算机屏幕上显示：Hello, world!

【例 1-1】　在屏幕上显示：Hello, world!

```
/*File e1-1.c: Print "Hello,world!"on the screen. */
#include <stdio.h>                    /* 编译预处理命令 */
int main( )
{
    printf("Hello,world!\n");         /*输出要显示的字符串*/
    return 0;
}
```

源程序如【例 1-1】所示，为了运行程序源代码，首先必须创建一个文本文件，编辑并保存这些代码到文本文件中，文件命名为 e1_1.c，这个 e1_1.c 就叫源程序文件，保存在驱动器当前目录下；下一步由 C 的编译器（如 tcc.exe）来处理源程序文件。编译器是一个能识别 C 语言源程序的计算机程序，能处理 C 的源代码，并把它翻译成机器指令集，即目标文件。连接程序（如 tlink.exe）就是把目标文件组装成可执行文件。

上述 C 语言程序涉及的语法细节读者现在可能还不是很清楚，有待以后学习，这里只需对该程序有一个大致的了解即可。

首先，在这个程序当中，我们注意到在第 1、2、5 行有一个共同的特点，即都是以一个斜杠加一个星号（/*）开头，接下来是一段文字，然后以一个星号加一个斜杠（*/）结尾。我们把这种形式的程序片断称为注释。所谓注释，顾名思义，就是对下面（或前面）的语句做注解，编译器（编译程序）在处理源程序时会忽略注释语句，它的存在主要是用来帮助读程序的人理解程序。

第 2 行 "#include <stdio.h>"，这种以符号 "#" 开头的行称为编译预处理行，它可以用来设置各种编译预处理命令。如果在 "#" 后面加上 "include"，则表示这是一个文件包含命令，也就是说，把尖括号里面的 stdio.h 文件的内容包含到当前这个程序当中。stdio.h 是系统提供的一个头文件，stdio 表示标准输入输出（standard input output），在这个文件当中，包含了一些与输入输出有关的库函数（系统提供的专门用于输入输出功能的函数，并按其功能取了相应的名称），有了它之后，在程序的编写中，程序员不必从头书写输入输出程序，只要调用其中相应的输入或输出函数，就可实现相应输入输出操作。

第 3 行，定义一个 main 函数。对于任何一个 C 语言程序来说，不论其大小，都是由函数所组成的。通过对函数的调用，完成程序的功能。这些函数可以是系统提供的库函数，如本例中的 printf 函数，也可以是程序员根据自己的需要来定义的函数。另外，对于每一个 C 语言程序来说，都会有一个特殊的函数，即"主函数"main，该函数是每个程序都必须具备的，而且是由程序员根据自己的需要来编写的。它的特殊之处在于：当程序开始执行时，首先执行的就是这个 main 函数，也就是说，可以把它看成整个程序的入口，程序也应该在 main 函数中结束。

在定义一个函数时，需要用大括号把它的内容括起来，其中，左括号"{"表示函数的开始，对应的右括号"}"表示函数的结束。在函数的内部，一般分为两部分：函数声明部分和执行部分。本例比较简单，没有声明，只有一个函数调用语句。在每一条语句的后面，必须用一个分号";"来作为结束标志。同时，我们还注意到，本例程序只有一个函数构成，这个函数就是 main。

本例中的 printf 函数，就是标准的输出函数，看起来像一条语句，其实是一个函数调用，功能是输出后面的字符"Hello, world!"，关于标准输入和标准输出，在后面的相关章节会详细介绍。return 的功能是返回一个值。

本例运行结果如图 1.2 所示。

【例 1-2】　从键盘输入一个整数，判断它是奇数还是偶数，输出判断结果。

```c
/* File e1_2.c: 输入一个整数，判断它是奇数还是偶数 */
#include <stdio.h>                  /* 编译预处理命令 */
int main( )
{
  int num;                         /* 定义变量 num，用于存放输入的整数 */
  int rem;                         /* 定义变量 rem，用于存放上述整数除以 2 得到的余数 */
  printf("please input an integer: ");
  scanf("%d", &num);               /* 接收从键盘输入的整数并存入变量 num */
  rem = num % 2;                   /* 计算 num 除以 2 后的余数并存入变量 rem */
  if(rem == 0)
      printf("The number is an even number!\n");
  else
      printf("The number is odd number!\n");
return(0);
}
```

程序的功能就是输入一个整数，然后判断它是奇数还是偶数。图 1.3 所示为它的一次运行结果。

程序首先定义了两个变量，num 和 rem，所谓变量，可以把它想象为一个箱子，既然是箱子，就是用来装东西的。num 用来保存用户输入的整数，rem 用来保存除以 2 后的余数。

图 1.2　【例 1-1】运行结果

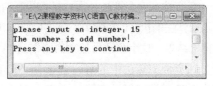

图 1.3　【例 1-2】运行结果

printf 语句表示在屏幕上显示一行提示信息，即"请输入一个整数："。scanf 语句表示由用户从键盘输入一个整数，并把它保存在 num 当中。语句"rem = num % 2"表示把保存在 num 这个变量当中的整数除以 2，然后把余数保存在 rem 当中。if 语句用于判断该余数是否等于 0，如果是，表明输入的整数是一个偶数，在屏幕上显示"The number is an even number!"这句话；如果余数不等于 0，说明该整数是一个奇数，在屏幕上显示"The number is odd number!"这句话。

可以看到，本例也是只有一个函数构成，就是 main 函数。声明部分，本例定义了需要用到的两个变量 num 和 rem，指明它们的名字和类型。在变量定义的后面，是函数的执行部分，它由若干条语句组成，每条语句指明了即将执行的某一个操作，如算术运算语句、条件判断语句、函数调用语句等。

1.3 算法概述

前面简要介绍了算法，在这里，我们将对算法进行进一步探讨。我们知道，有了算法，加上数据，就构成了计算机程序。这里，算法应该就是用某种计算机语言描述的算法。从技术角度，算法可以分为两大类：数值运算算法和非数值运算算法。数值运算的目的是得到数值运算的结果，如求数值解；而非数值运算的面更加广泛，如信息查询、事务管理等。初期，数值计算是计算机最主要的用途；而今，计算机多数应用都是非数值计算任务。由于数值计算大多有现成的模型，可以运用数值分析方法，因此，数值运算一般均有现成算法可供选用，如"数学函数库"等。对于非数值运算问题，往往需要参考已有的算法，重新设计解决特定问题的专门算法。本书只介绍C语言基础知识和如何利用C语言进行程序设计，因此本书对算法介绍限于两点：一是，什么是算法？二是，算法的描述方法。

1.3.1 什么是算法

做任何事情都有一定的方法和步骤。厨师制作菜肴，需要菜谱，菜谱一般包括：①原料，使用哪些原材料和佐料。②操作步骤，指出如何使用这些原料按规定的步骤加工成菜肴。没有原料，肯定是没有办法加工成菜肴的，方法和步骤不同，菜肴的口味也一定不一样。程序设计也是一样的道理，为了一个应用目的，必须考虑用哪些方法和步骤来达到目标。和上述菜谱的例子相对应，原料相当于数据，菜谱的操作步骤就是算法。一个程序也应该包含数据和对数据进行的一系列操作，而且这些操作是有一定次序的。程序就是按指定的次序执行一系列操作的步骤，按照次序执行操作的过程描述称为算法。

上述厨师的操作步骤是算法，乐谱也是算法，一些单位的管理制度及办事流程其实也是算法。实质上，广义的算法应该定义为：为解决一个问题而采取的方法和步骤。

1. 算法的特点

一个有效的算法必须有以下特点。

（1）有穷性。一个算法必须总是在执行有穷步之后结束，且每一步都可在有穷时间内完成。"有穷性"是指算法的执行时间是在合理的、人们可以接受的时间范围内。比如，一个算法，理论上100年可以得出结果，这个算法虽然"有穷"，但明显超过了合理的限度，因而这不是有效的算法。

（2）确定性。算法中的每一条指令必须有确切的含义，不会产生二义性。算法中的每一个步骤，应当不至于被解释成不同的含义，而应是十分明确无误的（自然语言容易产生歧义，因而不是好的算法描述语言）。另外，在任何条件下，算法只有唯一的一条执行路径，即对于相同的输入只能得出相同的输出。

（3）有零个或多个输入。所谓输入是指在执行算法时需要从外界取得必要的信息。例如，求两个整数 m 和 n 的最大公约数，则需要输入 m 和 n 的值。一个算法也可以没有输入。例如对数据内嵌的算法，就运行时不需要输入数据。

（4）有一个或多个输出。算法的目的是为了求解，"解"就是输出。算法的"输出"可以是多种多样的，如显示、打印、存储到文件或数据库等，一个算法得到的结果就是算法的输出，没有输出的算法是没有意义的。在学习程序设计语言阶段，我们往往通过输出来判断算法的正确性和有效性。

（5）有效性。算法中的每一个步骤都应当能有效地执行，并得到确定的结果。例如，若 b=0，则 a/b 是不能被有效执行的。

2. 引例

【例 1-3】 输入 3 个数，然后输出其中最大的数。

首先，定义 3 个变量 a、b、c，将 3 个数依次输入到 a、b、c 中，再定义 max 存储最大的数。由于一次只能比较两个数，首先将 a 和 b 比较，大数放到 max 中；再将 max 和 c 比较，大数仍然放入 max 中。最后，将 max 输出，此时 max 的值一定是 a、b、c 3 个数中最大的一个。

算法可以表示如下。

步骤 1：输入 a，b，c。

步骤 2：比较 a 和 b，将其中较大的数放入 max 中。

步骤 3：比较 c 和 max，将其中较大的数放入 max 中。

步骤 4：输出 max。

可以用伪代码写成如下算法。

```
S1: input a, b, c;
S2: if a>b, max=a,else max=b;
S3: if c>max, max=c;
S4: print max.
```

伪代码是介于自然语言和计算机语言之间的文字符号，一般是借助一种高级语言的控制结构，而中间的操作也可以借助自然语言（中英文均可）描述。上面的 S1、S2……代表步骤 1、步骤 2……S 是 Step 的缩写，习惯用法。

【例 1-4】 求 5!。

可以这样考虑，设两个变量，一个变量代表被乘数，一个变量代表乘数。不另设变量存放乘积结果，而直接将每一步的乘积放在被乘数变量中。设 p 为被乘数，i 为乘数。用循环算法来求结果。算法如下。

```
S1: p=1;
S2: i=2;
S3: p=p×i;
S4: i=i+1;
S5: if i≤5, goto S3;else print p,end.
```

最后得到 p 的值就是 5!的值。

可以看出，用循环方法表示的算法具有通用性、灵活性。S3～S5 组成一个循环，在实现算法时，要反复多次执行 S3、S4、S5 等步骤，直到某一时刻，执行 S5 步骤时经过判断，乘数 i 已超过规定的数值而不再返回 S3 步骤为止。此时算法结束，变量 p 的值就是所求结果。

【例 1-5】 有 50 个学生，要求将成绩在 80 分以上的学生的学号和成绩打印输出。

用 n_1 表示第一个学生的学号，n_i 表示第 i 个学生的学号；g_1 表示第一个学生的成绩，g_i 表示第 i 个学生的成绩，算法如下。

```
S1: i=1;
S2: if gi≥80, print ni,gi;
S3: i=i+1;
S4:if i≤50, goto S2, else end.
```

本例中，变量 i 作为下标，用来控制序号（第几个学生，第几个成绩）。当 i 超过 50 时，表示已对 50 个学生的成绩处理完毕，算法结束。

【例 1-6】 判定 2000～2500 年中的每一年是否为闰年，将结果输出。

首先必须知道润年的条件。

① 能被 4 整除，但不能被 100 整除的年份都是闰年，如 1996 年、2004 年是闰年。② 能被 100 整除，又能被 400 整除的年份是闰年，如 1600 年、2000 年是闰年。不符合这两个条件的年份不是闰年。

设 y 为被检测的年份，则算法可表示如下。

```
S1: y=2000;
S2: if y%4≠0, print y"不是闰年", goto S6;
S3: if y%4=0, y%100≠0, print y"是闰年", goto S6;
S4: if y%100=0 and y%400=0, print y"是闰年", goto S6;
S5: print y"不是闰年";
S6: y=y+1;
S7: if y≤2500 时, goto S2, else end.
```

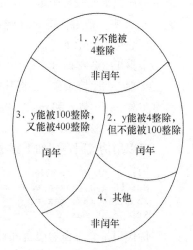

在这个算法中，采取了多次判断。先判断 y 能否被 4 整除，如不能，则 y 必然不是闰年。如 y 能被 4 整除，并不能马上判定它是否是闰年，还要看它能否被 100 整除。如不能被 100 整除，则肯定是闰年（例如 1996 年）。如能被 100 整除，还不能判定它是否是闰年，还要被 400 整除，如果能被 400 整除，则它是闰年，否则不是闰年。

这个算法，每做一次判断，都能分离出一些数据，逐步缩小范围，当执行到 S5 时，只能是非闰年，如图 1.4 所示。

图 1.4 按条件划分后的集合

从图 1.4 可以看出，"其他"这一部分，包括能被 4 整除，又能被 100 整除而不能被 400 整除的那些年份（如 1900 年），它们是非闰年。

【例 1-7】 求表达式 $1-\dfrac{1}{2}+\dfrac{1}{3}-\dfrac{1}{4}+\cdots+\dfrac{1}{99}-\dfrac{1}{100}$ 的结果。

算法可表示如下。

```
S1: sign=1;
S2: sum=1;
S3: deno=2;
S4: sign=(-1)×sign;
S5: term= sign×(1/deno);
S6: sum =sum+term;
S7: deno= deno +1;
S8: if deno≤100, goto S4; else end.
```

本例中用有含义的单词作变量名，sum 表示累加和，deno 是英文字母"分母"（denominator）的缩写，sign 代表数值的符号，term 代表某一项。在步骤 S1 中预设 sign（代表级数中各项的符号，它的值为 1 或-1）。在步骤 S2 中使 sum 等于 1，相当于已将级数中的第一项放到了 sum 中。在步骤 S3 中使分母的初值为 2。在步骤 S4 中使 sign 的值变为-sign。在步骤 S5 中求出级数中第 2 项的值（-1/2）。在步骤 S6 中将刚才求出的第二项的值（-1/2）累加到 sum 中。至此，求出 sum 的值为 1/2。在步骤 S7 中使分母 deno 的值加 1（变成 3）。执行 S8 步骤，由于 deno≤100，故返回 S4 步骤，sign 的值改为 1，在 S5 中求出 term 的值为 1/3，在 S6 中将 1/3 累加到 sum 中。然后 S7 再使分母变为 4。按此规律反复执行 S4～S8 步骤，直到分母大于 100 为止。一共执行了 99 次循环，向 sum 累加了 99 个分数。sum 最后的值就是级数的值。

【例 1-8】 对一个大于或等于 3 的正整数，判断它是不是一个素数。

所谓素数，是指除了 1 和它本身之外，不能被其他任何整数整除的数。例如，13 是素数，因为它不能被 2，3，4，…，12 整除。

判断一个数 $n(n \geq 3)$ 是否为素数的方法：将 n 作为被除数，将 2 到 $(n-1)$ 各个整数轮流作为除数，如果都不能整除 n，则 n 为素数。

算法可表示如下。

```
S1: input n;
S2: i=2;
S3: r=n%i;
S4: if r=0, print n"不是素数", end; else goto S5
S5: i=i+1;
S6: if i≤n-1, goto S3; else print n"是素数"; end.
```

实际上，n 不必被 $2 \sim (n-1)$ 的整数除，只需被 $2 \sim n/2$ 间的整数除即可，甚至只需被 $2 \sim \sqrt{n}$ 之间的整数除即可。例如，判断 13 是否是素数，只需将 13 被 2 和 3 除即可，如都除不尽，n 必为素数。S6 步骤可做以下修改

S6:if　i≤ $\sqrt{n}$ ，goto S3；else print n "是素数" ;end.

通过以上的例子，可以初步了解怎样进行算法设计。

1.3.2　算法的描述方法

前面已经介绍了算法的概念及特点，举出了一些简单算法的例子，并用自然语言和伪代码描述了算法。除此之外，算法还有以下几种常见的描述形式。

1．用自然语言表示算法

自然语言就是人们日常使用的语言，用自然语言表示算法通俗易懂，但文字冗长，容易出现歧义。自然语言表示的含义往往不太严格，要根据上下文才能判断其正确含义。假如有这样一句话："张先生对李先生说他的孩子考上了大学"。请问是张先生的孩子考上了大学，还是李先生的孩子考上了大学呢？光从这句话的本身难以判断。由此可见，用自然语言描述算法容易出现歧义，此外，用自然语言描述包含选择和循环的算法，不是很方便。因此，除了那些很简单的问题外，一般不用自然语言描述算。

2．用流程图表示算法

（1）传统流程图。流程图是用一些图框表示各种操作。用图形表示算法直观形象，易于理解。ANSI 规定了一些常用的流程图标准符号，具体如图 1.5 所示。

传统流程图的各个符号框说明如下。

① 起止框。用于一个算法的开始和结束。

② 输入输出框。算法里需要输入数据和输出数据时，用此符号框表示。

③ 判断框。算法里遇到判断而面临选择时，用此符号框表示。根据给定的条件是否成立来决定其后的操作，它有一个入口，两个出口。

④ 处理框。此框表示一条或一段顺序执行的语句。

⑤ 连接点。连接点（小圆圈）是用于将画在不同地方的流程线连接在一起的。图 1.6 中有两个以上以"○"为标志的连接点（连接点圈中写有数字），圈内序数相同则表示这几个点是互相连在一起的，实际上它们是同一点，只是画不下才分开来画的。用连接点可以避免流程图交叉或过长，使流程图清晰。

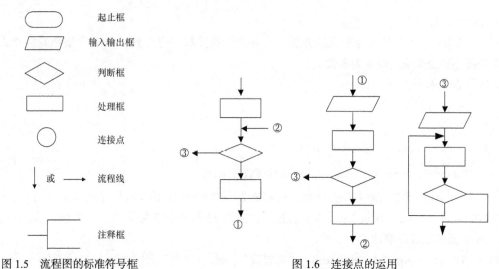

图 1.5　流程图的标准符号框　　　　　　　图 1.6　连接点的运用

⑥　流程线。表明算法流程的走向。

⑦　注释框。注释框不是流程图中必要的部分，不反映流程图的操作，只是为了对流程图中某些框的操作做必要的补充说明，以帮助人们阅读流程图。

【例 1-9】　将【例 1-4】求 5!的算法用流程图表示。结果如图 1.7 所示。

【例 1-10】　画出【例 1-5】的流程图。结果如图 1.8 所示（有 50 个学生，要求打印输出成绩在 80 分以上的学生的学号和成绩。）

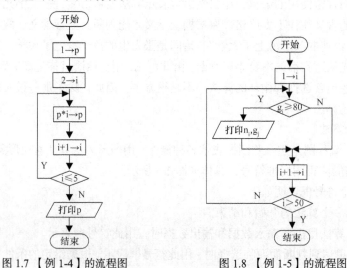

图 1.7　【例 1-4】的流程图　　　　　图 1.8　【例 1-5】的流程图

【例 1-11】　将【例 1-6】判定闰年的算法用流程图表示。流程图如图 1.9 所示。

通过以上几个例子，可以看出流程图是表示算法的好工具。用流程图表示算法直观形象，能比较清楚地显示出各个框之间的逻辑关系。现在流程图在国内外仍有广泛的应用。

（2）算法的 3 种结构。1966 年，Bohra 和 Jacopini 提出只要以下 3 种基本结构就能表示一个良好算法。

①　顺序结构。由顺序执行的语句或者结构组成。如图 1.10 所示，虚线框内是一个顺序结构，其中 A 和 B 两个框是顺序执行的，即在执行完 A 框所指定的操作后，必须接着执行 B 框所指定的操作。顺序结构是最简单的一种基本结构。

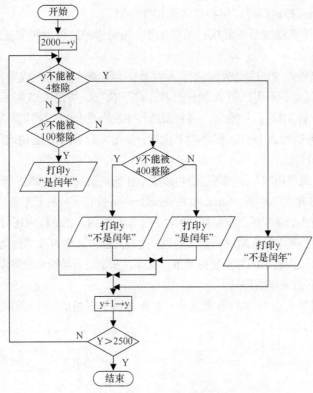

图 1.9 【例 1-6】判定闰年的算法流程图

② 选择结构。算法在遇到判断时，根据条件必须做出取舍，这种结构又称为选取结构或者选择结构。

● 单选择结构。当条件 P 成立时，执行 A 操作，否则，跳过 A 操作直接向下执行，如图 1.11 所示。

● 双选择结构。当条件 P 成立时，执行 A 操作，否则，执行 B 操作，二者必做其一，如图 1.12 所示。

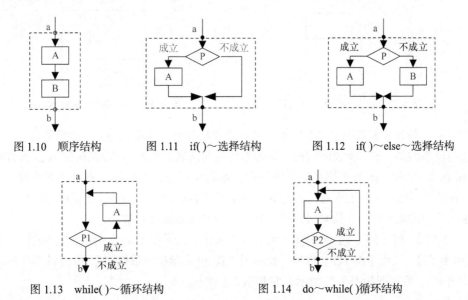

图 1.10　顺序结构　　　　图 1.11　if( )～选择结构　　　　图 1.12　if( )～else～选择结构

图 1.13　while( )～循环结构　　　　图 1.14　do～while( )循环结构

- 当然还有多路选择的情况，将在第 4 章详细介绍。

③ 循环结构。由于算法需要反复执行某些操作，因而这种结构也叫重复结构，分为以下两种情况。

- 当型循环。当条件 P1 成立时，执行 A 操作，再判断条件是否成立，决定是否再执行 A 操作，一直到条件不成立，不再执行 A 操作，程序向下执行，如图 1.13 所示。

- 直到型循环。首先执行 A 操作，再判断条件 P2 是否成立，决定是否再执行 A 操作，一直到条件不成立，不再执行 A 操作，程序向下执行，如图 1.14 所示。能构成循环的语句和方法较多，将在第 5 章详细介绍。

（3）N-S 流程图。既然用基本结构的组合可以表示任何复杂的算法结构，那么基本结构之间的流程线是否多余呢？1973 年美国学者 I.Nassi 和 B.Shneiderman 提出了一种新的流程图形式。在这种流程图中，完全去掉了带箭头的流程线。全部算法写在一个矩形框内，在该框内还可以包含其他的从属于它的框，或者说，由一些基本的框组成一个大的框。这种流程图又称 N-S 结构化流程图。这种流程图限制了流程线的使用，因而表示的算法显得紧凑、有序，非常适合结构化程序设计。

N-S 流程图用以下的流程图符号。

① 顺序结构。用图 1.15 所示的形式表示。A 和 B 两个框组成一个顺序结构。

图 1.15　顺序结构的 N-S 图

图 1.16　选择结构的 N-S 图

② 选择结构。用图 1.16 所示的形式表示。它与图 1.12 表达的意义相同。当 P 条件成立时执行 A 操作，P 不成立则执行 B 操作。请注意图 1.16 是一个整体，代表一个基本结构。

③ 循环结构。当型循环结构如图 1.17 所示，直到型循环如图 1.18 所示。图 1.17 表示当型循环，当 P1 条件成立时反复执行 A 操作，直到 P1 条件不成立为止。图 1.18 表示直到型循环，先执行 A 操作，再判断 P2 条件是否成立，成立，则继续执行 A 操作，否则不执行循环。

图 1.17　while( )循环的 N-S 图

图 1.18　do～while( )循环 N-S 图

用以上 3 种 N-S 流程图中的基本框，可以组成复杂的 N-S 流程图，以表示算法。

值得注意的是，这里所说的结构要根据细化程度确定。比如，顺序结构的 A 框和 B 框，很可能 A 框是顺序结构，而 B 框则是个选择结构，先执行 A 框，再执行 B 框。从微观看，A 是顺序结构，B 是选择结构；从宏观看，A 与 B 之间是顺序执行的，因而整体上是顺序结构。

通过下面的几个例子，读者可以了解如何用 N-S 流程图表示算法。

【例 1-12】　将【例 1-4】求 5!算法用 N-S 图表示。结果如图 1.19 所示，它和图 1.7 对应。

【例 1-13】　画出【例 1-5】的 N-S 流程图（将 50 名学生中成绩高于 80 分的学生的学号和成绩打印出来）。流程图如图 1.20 所示，它和图 1.8 对应。

【例 1-14】 将【例 1-6】判定闰年的算法用 N-S 图表示。结果如图 1.21 所示，它和图 1.9 对应。

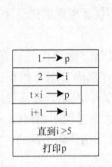

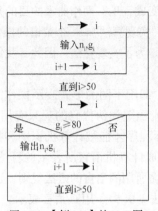

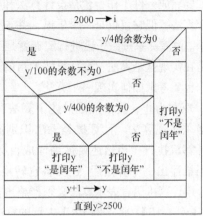

图 1.19 【例 1-11】的 N-S 图　　图 1.20 【例 1-5】的 N-S 图　　图 1.21 【例 1-6】的 N-S 图

由以上例子可知，N-S 图如同一个多层的盒子，又称盒图（box diagram）。传统流程图对程序的思路、走向描述更加精确，也更加直观，易于理解；N-S 流程图节省空间，限制了程序的跳转，更加符合结构化程序设计的思想。本书用例两种流程图都有采用。

3. 用伪代码表示算法

用流程图和 N-S 图表示算法，直观易懂，但画起来比较费事，在设计一个算法时，可能要反复修改，而修改流程图是比较麻烦的。因此，流程图适宜表示一个算法，但在设计算法过程中使用起来比较繁琐。为了设计算法时方便，常用一种称为伪代码（pseudo code）的工具。

伪代码是用介于自然语言和计算机语言之间的文字和符号来描述算法。它如同一篇文章，自上而下地写出来。每一行（或几行）表示一个基本操作。它不用图形符号，因此书写方便、格式紧凑，也比较好懂，便于向计算机语言算法（即程序）过渡。

例如，"打印 x 的绝对值"的算法可以用伪代码表示如下。

```
if x is positive then print x
else print -x
```

它像英语句子一样好懂，在国外用得比较普遍。也可以用汉字伪代码，如下。

若 x 为正　打印 x

否则　打印 $-x$

也可以写成如下形式。

```
if x≥0  print x
else    print -x
```

即计算机语言中具有的语句关键字用英文表示，其他的可用汉字、表达式、数学公式等表示。总之，符号以能看懂为原则，比较随意，以便于书写和阅读为原则。用伪代码写算法并无固定的、严格的语法规则，只要把意思表达清楚，书写格式清晰易读即可。

实际上，1.3.1 节中引例的算法基本上是用伪代码表示的，此处不再举例。伪代码书写格式比较自由，容易表达出设计者的思想。同时，用伪代码写的算法很容易修改，例如加一行、删一行或将后面某一部分调到前面某一位置，都是很容易做到的，而用流程图表示算法时却不便处理。用伪代码很容易写出结构化的算法，如上面几个例子的算法都是结构化的表达形式。但是用伪代码写算法不如流程图直观，难以发现逻辑上的错误。

4．用计算机语言表示算法

要完成一件工作，包括设计算法和实现算法两个部分。例如，作曲家创作一首乐谱就是设计一个算法，但它仅仅是一个乐谱，并未变成音乐，而作曲家的目的是希望使人们听到悦耳动人的音乐。由演奏家按照乐谱进行演奏就是"实现算法"。一个菜谱的操作方法是一个算法，厨师炒菜就是在实现这个算法。设计算法的目的是为了实现算法。因此，我们不仅要考虑如何设计一个算法，也要考虑如何实现一个算法。

现在为止，我们只是描述了算法，即用不同的形式表示操作的步骤。而要得到运算结果，就必须实现算法。计算机是无法识别流程图和伪代码的。只有用计算机语言编写的程序才能被计算机执行（当然还要被编译成目标程序才能被计算机识别和执行）。因此，在流程图或伪代码描述出一个算法后，还要将它转换成计算机语言所表示的算法，这个过程叫编码（coding）。

用计算机语言表示算法必须严格遵循所用的语言的语法规则，这是和伪代码不同的。如下。

【例1-15】 将【例1-4】表示的算法（求5！）用C语言表示。

```
#include<stdio.h>
main( )
{
int i,p;
p=1;
i=2;
while(i<=5)
{
    p=p*i; i=i+1;
}
printf("5!=%d\n",p);
}
```

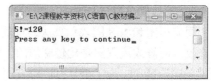

图1.22 【例1-15】程序运行结果

运行结果如图1.22所示。

【例1-16】 求下式的值。（将【例1-7】表示的算法用C语言表示。）

$$1-\frac{1}{2}+\frac{1}{3}-\frac{1}{4}+\cdots+\frac{1}{99}-\frac{1}{100}$$

```
#include<stdio.h>
main( )
{
int sign =1;
float deno=2.0,sum=1.0,term;
while(deno<=100)
{
sign=-sign;
term=sign/deno;
sum=sum+term;
deno=deno+1;
}
printf("sum=%f\n",sum);
}
```

运行结果如图1.23所示。

需要强调的是，写出了C语言程序，仍然只是描述了算法，并未实现算法。只有运行程序才是实现算法。所以说，计算机语言可以表示算法，也只有用计算机语言表示的算法才是计算机能够执行的算法。

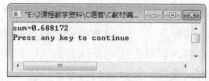

图1.23 【例1-16】程序运行结果

1.4　C 语言编程环境

目前，适合 C 语言的集成开发工具主要有 Turbo C、Borland C++、C++Builder、Microsoft C、Dev C++、Visual C++、Win-TC、GCC 等。最常用的 C 语言程序开发工具是 Turbo C 和 Visual C++。

1.4.1　Turbo C 编程环境介绍

一个 C 语言程序的实施要经过编辑、编译、连接、运行等阶段。而集成开发环境（IDE）集成了以上几个阶段的功能。Turbo C（简称 TC）是一种较为简单的 IDE，我们可以使用 TC 进行 C 语言编程。运行 TC 有两种途径：从 DOS 环境进入和从 Windows 环境进入。

1. 从 DOS 环境进入

在 DOS 命令行键入以下命令。

C>CD \TC✓ （假定 TC 文件夹在 C 盘根目录下）

C>TC✓　　　　（进入 Turbo C 环境）

进入 Turbo C 集成环境的主菜单窗口，屏幕显示如图 1.24 所示。

2. 从 Windows 环境进入

在 Windows 环境中，如果本机已安装了 Turbo C，可以在桌面上建立一个快捷方式，双击该快捷图标即可进入 C 语言环境。或者从"开始"菜单中找到"运行"选项，在"运行"对话框中键入"C:\TC\TC"，再按"确定"按钮即可。

刚进入 TC 环境时，光带覆盖在"File"上，整个屏幕由 4 部分组成，依次为：主菜单、程序编辑窗口、信息提示窗口和功能键提示行（或称快速参考行）。

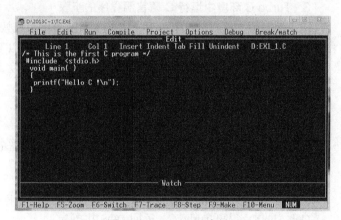

图 1.24　Turbo C 2.0 主界面

（1）主菜单。显示屏的顶部是主菜单条，它提供了以下 8 个选项。

File：处理文件（装入、存盘、选择、建立、换名存盘、写盘），目录操作（列表、改变工作目录），退出 Turbo C，返回 DOS 状态。

Edit：建立、编辑源文件。

Run：自动编辑、连接并运行程序。

Compile：编辑、生成目标文件组合成工作文件。

Project：将多个源文件和目标文件组合成工作文件。

Options：提供集成环境下的多种选择和设置（如设置存储模式、选择参数、诊断及连接任选项）以及定义宏；也可设置 Include、Output 及 Library 文件目录，保存编译任选项和从配置文件加载任选项。

Debug：检查、修改变量的值，查找函数，程序运行时查看调用栈。选择程序编译时是否在执行代码中插入调试信息。

Break/watch：增加、删除、编辑监视表达式，设置、清除、执行至断点。

在主菜单中，Edit 选项仅仅是一条进入编辑器的命令。其他选项均为下拉式菜单，包含许多命令选项，使用方向键移动光带来选择某个选项时，按回车键，表示执行该命令，若屏幕上弹出一个下拉菜单，则是提供进一步选择。

（2）程序编辑窗口。显示屏的中部是编辑程序的主窗口，打开编辑窗口的方法有以下两种。

第一种：选择【File】主菜单项下的【New】命令，系统自动打开一个编辑窗口，我们可以在这个窗口中开始编辑一个新的源程序文件。

第二种：选择【File】主菜单项下的【Open】命令，系统将显示一个对话框，提示用户选择一个已经存在的源文件，待用户做出正确的指定后，系统也会自动打开一个编辑窗口，并将用户选定的文件内容显示在编辑窗口中。这样，我们就可以在一个已有的源文件上开始编辑程序。

（3）信息提示窗口。程序经过编译或连接以后，系统会发现一些错误，信息提示窗口中的信息就是对这些错误的详细说明。根据这些错误提示，用户可以方便地修改程序。

（4）功能键提示行。屏幕最下方是功能键提示行，它列出了一些功能键的使用方法，如 "F1 Help" 说明功能键 F1 键可以在任何情况下调出系统的帮助窗口。

3. Turbo C 环境中运行 C 语言源程序的步骤

（1）编辑源文件。在主菜单下，直接按 Alt+F 键，或按 F10 键将光带移到 "File" 选项上，按回车键，在 "File" 下面出现一个下拉菜单，菜单中有以下选项。

Load F3：打开已有的文件。

Pick Alt+F3：重新打开最近使用过的文件。

New：创建新文件，缺省文件名为 NONAME.C。

Save F2：将正在编辑的文件存盘。

Write to：相当于 Windows 下的 "另存为" 命令，即换名存储。

Directory：打开当前的文件目录。

Change Dir：指定驱动器或目录为当前目录。

OS shell：进入 Turbo C 命令行模式，命令 EXIT 可返回 TurboC 集成环境

Quit Alt+X：退出 Turbo C，返回 DOS 状态。

建立一个新文件，可用光标移动键将 "File" 菜单中的光带移到 "New" 处，按回车键，即可打开编辑窗口。此时，编辑窗口是空白的。

光标位于编辑窗口的左上角，屏幕自动处于插入模式，可以输入源程序。屏幕右上角显示缺省文件名为 NONAME.C，编辑完成之后，可按 F2 键或选择 "Save" 或 "Write to" 命令进行存盘操作，此时系统将提示用户将文件名修改成为所需要的文件名。

（2）源程序的编译、连接。直接按 F9 键，或将菜单 "Compile" 中的光带移到 "Make EXE file" 项上，按回车键，就可实现对源程序的编译、连接。若有错误，则在信息窗口显示出相应的信息或警告，按任意键返回编辑窗口，光标停在出错位置上，可立即进行编辑修改。修改后，再按 F9 键进行编辑、连接。如此反复，直到没有错误为止，即可生成可执行文件。

在 TC 环境中，C 程序的连接是在编译后自动完成的。

（3）执行程序。直接按 Ctrl+F9 键即可执行.EXE 文件；或在主菜单中（按 F10 键进入主菜单）

将光带移到"Run"选项，按回车键，弹出一个菜单，选择"Run"选项，按回车键。

这时并不能直接看到输出结果，输出结果是显示在用户屏幕上的，在 TC 屏幕上看不到。直接按 Alt+F5 键，或选择"Run"菜单中的"User Screen"选项，即可出现用户屏幕，查看输出结果。按任意键返回 TC 集成环境。

另外，选择"Run"菜单下的"Run"项，或直接按 Ctrl+F9 键，可将 C 程序的编译、连接、运行一次性完成。

如果程序需要输入数据，则在运行程序后，光标停留在用户屏幕上，要求用户输入数据，数据输入完成后程序继续运行，直至输出结果。

如果运行结果不正确或其他原因需要重新修改源程序，则需重新进入编辑状态。修改源程序，重复以上步骤，直到结果正确为止。

（4）退出 Turbo C 集成环境。退出 Turbo C 环境，返回操作系统状态。可在主菜单选择"File"菜单的"Quit"选项，或者直接按 Alt+X 键。

在执行退出 Turbo C 环境命令时，系统将检查当前编辑窗口的程序是否已经存盘，若未存盘，系统将弹出一个提示窗口，提示是否将文件存盘。若按"Y"，则将当前窗口内的文件存盘后退出；若按"N"，则不存盘退出。

【例 1-17】 编程实现在屏幕上显示以下 3 行文字。

```
Hello, world !
Welcome to the C language world!
Everyone has been waiting for.
```

在 Turbo C 的集成环境下，键入如下源文件。按 Alt+F 键打开"File"菜单，通过"File"菜单中的"Write to"选项可将默认 noname.c 文件名改为任意文件名。

程序如下。

```c
#include"stdio.h"
int main( )
{
printf("Hello,World!\n");
printf("Welcome to the C language world!\n");
printf("Everyone has been waiting for.\n");
return(0);
}
```

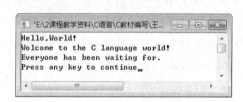

图 1.25 【例 1-17】程序运行结果

按 Ctrl+F9 键编译执行 example.c，按 Alt+F5 键查看结果，即在屏幕上显示题目要求的 3 行文字。运行结果如图 1.25 所示。

按任意键返回 Turbo C 的编辑环境。注意，在运行程序之前最好先存盘（按 F2 键）。

【例 1-18】 输入并运行程序，写出运行结果。

```c
#include"stdio.h"
int main( )
{
  int a,b,sum;
  a=123;b=456;
  sum=a+b;
  printf("sum is %d\n",sum);
return(0);
}
```

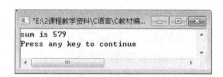

图 1.26 【例 1-18】程序运行结果

运行方法同上，运行结果如图 1.26 所示。

【例 1-19】 输入并运行程序，查看运行结果。

```c
#include"stdio.h"
int max(int x,int y)
{
    int z;
    if (x>y) z=x;
    else z=y;
    return(z);
}
int main( )
{
    int a,b,c;
    scanf("%d,%d",&a,&b);
    c=max(a,b);
    printf("max=%d",c);
    return(0);
}
```

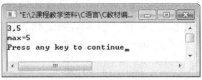

图 1.27 【例 1-19】程序运行结果

运行结果如图 1.27 所示。这个程序的功能是对于任意输入的两个整数，输出较大的数。所以程序运行之后，光标将停留在用户屏幕上，等待用户输入两个整数，比如输入"3，5"，回车，在用户屏幕上就会看到"max= 5"。

1.4.2 Visual C++ 6.0 集成开发环境介绍

Visual C++ 6.0 是一种在 Windows 环境中工作的 C++集成开发环境，是工程上广泛使用的一种开发工具，由于 C++的基本语法是建立在 C 语言基础上的，因此，Visual C++环境完全兼容 C 语言程序的开发。

下面以中文 Visual C++ 6.0 为例，简单介绍 C++环境的界面组成及如何在该环境中调试 C 语言程序。

1. 主窗口介绍

进入中文 Visual C++ 6.0 集成环境后，主窗口如图 1.28 所示，其中包含 9 个主菜单项，分别是文件（File）、编辑（Edit）、查看（View）、插入（Insert）、工程（Project）、组建（Build）、工具（Tools）、窗口（Windows）和帮助（Help），各项括号中内容是 Visual C++ 6.0 英文版中的英文显示。主窗口的左侧是项目工作区窗口，用来显示所设定的工作区

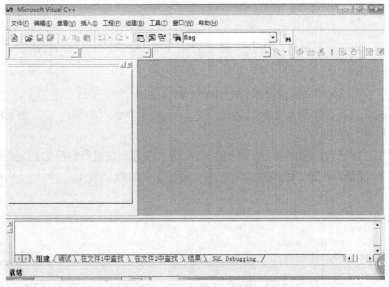

图 1.28 Visual C++ 6.0 集成环境主窗口

的信息。右侧是程序编辑窗口，用来输入和编辑源程序。下侧是信息提示窗口，用于显示程序调试过程的各种信息，尤其是程序的错误信息。

2．选择文件类型

选择"文件"主菜单，单击"新建"子菜单项，会弹出一个选项卡窗口，选择"文件/C++ Source File"，在文本框中输入 C 语言程序的文件名，如 example_1.c，再选择该文件所要保存的文件夹，如"D:\C 语言"，如图 1.29 所示。

需要注意的是，在输入文件名时，若没给出 C 源程序后缀（.c），系统会自动给出 C++源程序的后缀名（.cpp）。

3．编程并保存

在图 1.29 所示界面上单击"确定"按钮后，显示程序开发环境界面，在程序编辑窗口输入源程序，如图 1.30 所示。检查无误后，执行"文件/保存"命令或单击工具栏上的磁盘图标来保存文件。

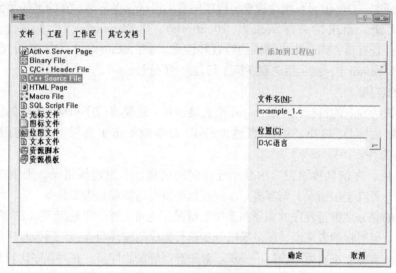

图 1.29　选择文件类型

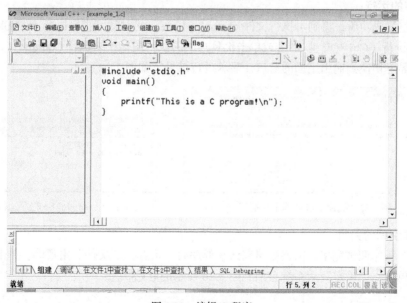

图 1.30　编辑 C 程序

4. 打开 C 程序的方法

如果已经编辑并保存过 C 源程序，现在需要打开所需源程序文件，并对它进行修改，过程如下。

（1）在"我的电脑"或"资源管理器"中按路径找到欲打开的源程序文件（如 example_1.c）。

（2）双击该文件，进入 Visual C++集成环境，并打开了该文件，程序显示在编辑窗口中。

（3）进入 Visual C++集成环境，选择"文件/打开"命令或单击工具栏上的打开文件图标 ，然后在对话框中选择源程序的路径，也可打开源程序。

5. 程序的编译

在编辑并保存了源文件后，下一步就是对该源文件进行编译，选择"组建/编译（Ctrl＋F7）"命令或单击工具栏上的编译图标 。若是第一次编译程序，会弹出一个对话框，如图 1.31 所示，这是系统对程序要求的项目工作空间，选择"是（Y）"，系统开始对源程序进行编译。

在进行编译时，C++编译系统会检查源程序中有无语法错误，然后在信息提示窗口输出编译报告，如果无错，给出的编译结果为"0 error(s)，0 Warning(s)"，同时生成目标文件example_1.obj；若有错，则会指出错误的位置和性质，如：example_1.c(5): error C2143: syntax error : missing ';' before '}'，提示用户程序第 5 行}前少了分号。

6. 程序的连接

在得到后缀为.obj 的目标程序后，还不能直接运行，还要将程序和系统提供的资源（如函数库）建立连接。此时可选择"组建/组建（F7）"命令或单击工具栏上的组建图标 来组建example_1.exe 文件。

执行连接后，在信息提示窗口中显示连接时的信息，若没连接错误，则生成可执行文件example_1.exe，若有连接错误，则需进一步检查程序所需的资源是否都具备。

以上介绍的是分别进行程序的编译和连接的情况，也可选择"组建/组建（F7）"命令一次完成编译和连接。但对初学者来说，还是提倡分步进行程序的编译与连接，因为程序出错的机会较多，最好等上一步完全正确后再进行下一步。对于有经验的程序员，在对程序比较有把握时，可以一步完成编译和连接。对于一些复杂程序，最好掌握如单步调试等程序调试技巧。

7. 程序的运行

编译和连接成功后，得到可执行文件 example_1.exe，此时就可直接执行 example_1.exe 了，选择"组建/执行（Ctrl＋F5）"命令或单击工具栏上的执行图标 ！ 来执行 example_1.exe 文件。程序执行后，屏幕切换到输出结果的窗口，显示运行结果，如图 1.32 所示。

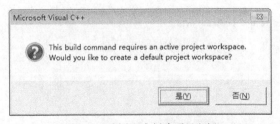
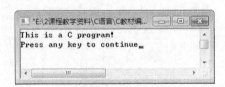

图 1.31　编译要求创建项目空间　　　　图 1.32　example_1.c 程序运行结果

8. 工作空间的关闭

当前一个程序调试完毕，需要编辑调试新程序时，可选择"文件"主菜单，单击"关闭工作空间"子菜单项，"确定"后系统会回到图 1.28 所示的起始状态。

1.4.3　C 语言程序的执行

用高级程序设计语言编写的程序称为源程序（Source Program），实际上计算机本身并不能直接理解这样的语言，必须将源程序翻译成机器语言程序，计算机才能理解。将源程序翻译成机器语言程序的方法有 3 种。

其一是解释型，如 Basic 语言。解释型系统中有个解释器，类似于人类自然语言的口头翻译员。它的职责是分析语法和执行语句的功能实现。解释型又可分为交互（对话）式和非交互式两种。交互式翻译过程是，每当向计算机输入完一条语句时，解释器就即时分析、翻译，如果语法正确，就立即执行；如果语句有错，立即提示错误，接着等待修改或输入下一条语句，当下一条语句输入完毕，重复上述过程，直到整个程序结束为止。非交互式的特点是，这种系统启用解释器，对事先编写的源程序从头到尾一条语句、一条语句地逐条分析，如果有错误，即时报错，如果语句正确，立即执行，接着分析、执行下一条语句，直到整个程序结束为止。

其二是编译型，如 Pascal、C 等语言。编译型系统有一个编译器，类似于人类自然语言的书面翻译员。对事先编写的源程序从头到尾一条语句、一条语句地逐条分析，如果发现错误，就记载下来，分析到程序结束为止。在整个程序分析完成后，如果有错误，就报错；如果未发现错误，就生成目标代码。将源程序翻译成机器语言程序的过程称为编译，编译的结果是得到源程序的目标代码（Object code）；最后还要将目标代码与系统提供的函数和自定义的函数连接起来，就可得到一个完整的程序文件，这个程序文件称为可执行程序或可执行文件。也就是计算机可以直接运行的程序文件。

其三是解释编译型。这种系统既有编译器也有解释器，如 C#、Java 语言。这种系统的特点是：首先由编译器把源程序翻译成一种中间语言代码（也称为跨平台语言代码），以后由负责执行这种中间语言代码的解释器来解释并执行它。

1. 源程序翻译

C 语言源程序的后缀名为.c。由前述可知，它是不能直接在计算机上运行的，必须翻译成目标代码，再将目标代码连接成可加载模块（可执行文件），才能在计算机上运行。这种把源程序翻译成目标代码的程序被称为编译器或翻译器。适合 C 语言的编译器不止一种，不同系列的机器、不同的操作系统可能会有一种或多种不同的编译器。C 语言源程序的翻译过程如图 1.33 所示，它由词法分析器、语法分析器和代码生成器 3 部分组成。

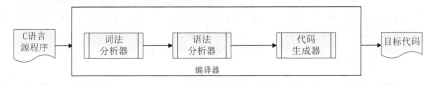

图 1.33　C 语言源程序的翻译过程

（1）词法分析器（Lexical Analyzer）。词法分析器主要是对源程序进行词法分析，它是按单个字符的方式阅读源程序，并且识别出哪些符号的组合可以代表独立的单元，并根据它们是数值、单词（标识符）或运算符等，将这些单元分类。词法分析器将词法分析结果保存在一个结构单元里，这个结构单元称为标记（Token），并将这个标记交给语法分析器，词法分析会忽略源程序中的所有注释。

（2）语法分析器（Parser）。在没有词法错误的情况下，语法分析器直接对标记进行分析，并识别每个单元成分所扮演的角色（也称为语义分析）。这些语法规则也就是程序设计语言的语法规则。

（3）代码生成器（Code Generator）。代码生成器将经过语法分析后没有语法错误的程序指令按照语义转换成机器语言指令。

如果源程序没有错误，经 CL 或 Tcc 编译后就会生成一个名为.obj 的目标代码程序，其他程序语言也会有类似的命令将源程序翻译成目标代码，具体的命令与每种程序语言的编译器有关。

2. 连接目标程序

通过翻译产生的目标代码程序尽管是机器语言的形式，但却不是机器可以执行的方式，这是因为，为了支持软件的模块化，允许程序语言在不同的时期开发出具有独立功能的软件模块作为一个单元，一个可执行的程序中有可能包含一个或多个这样的程序单元，这样可以降低程序开发的低水平重复所带来的低效率。因此，目标程序只是一些分散的机器语言程序模块，要获得可执行的程序，还需将它们组装成一个可执行程序。

程序的组装工作由连接器（Linker）来完成。连接器的任务就是将目标程序连接成可执行的程序（或称载入模块），这种可执行的程序是一种可存储在磁盘（或其他辅助存储介质）上的文件。

对于程序的编译、连接，有必要强调以下几点。

（1）并不是任何目标程序都可以连接成可执行程序。

（2）被连接成可执行程序的目标程序中，只允许在一个程序中有且仅有一个可被加载的入口点，即只允许在一个源程序中包含一个 main( )函数。

（3）对于具体的程序语言，编译、连接程序的方法会有所不同，针对某一种程序语言的编译器，不可以用来编译其他语言编写的源程序。

（4）上面对 C 语言进行编译、连接的方式并不是唯一的，它允许有一些其他的变化，具体可参考各编译器的使用说明。

总之，完成一个 C 语言程序的完整过程主要包括 4 个部分：编辑、编译、连接和加载，如图 1.34 所示。

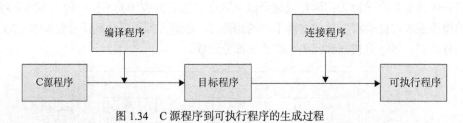

图 1.34　C 源程序到可执行程序的生成过程

一旦生成了可执行程序，就可以反复地被加载执行，而不需要重新编译、连接，如果修改了源程序，也不会影响已生成的可执行程序的运行行为。

1.5　C 语言程序结构

上述 C 语言程序范例虽然功能简单，但却说明了 C 语言源程序的基本组成部分，概括起来，一个 C 语言源程序可由图 1.35 所示的 5 个部分组成。

C 语言源程序的组成 $\begin{cases} 1.\ 预处理部分 \\ 2.\ 变量说明部分 \\ 3.\ 函数原型声明部分 \\ 4.\ 主函数部分 \\ 5.\ 自定义函数部分 \end{cases}$

图 1.35　C 语言源程序的 5 个部分

C 语言程序说明如下。

（1）C 程序是由一个主函数和若干非主函数构成的，这使得程序容易实现模块化。并非所有的 C 语言源程序都必须包含上述 5 个部分，一个最简单的 C 语言程序可以只有文件包含的部分和主函数部分。

（2）一个函数由首部和函数体两部分组成。

函数的首部：如【例 1-2】中的 int main( )。

函数体：花括号内的部分。若一个函数有多对花括号，则最外层的一对花括号为函数体的范围。

函数体包括以下两部分。

声明、说明部分：int num; int rem; 可缺省。

执行部分：由若干个语句组成。可缺省。关于函数问题，将在第 8 章详细说明。

（3）C 程序总是从 main 函数开始执行的，也是在主函数 main( )中结束执行，与 main 函数的位置无关。每个 C 语言源程序都必须有且只能有一个主函数。

（4）C 程序书写格式自由，一行内可以写几个语句，一个语句可以分写在多行上。

（5）每个语句和数据声明的最后必须有一个分号，表示语句的结束标志。

（6）C 语言本身没有输入输出语句。输入和输出的操作是由库函数 scanf 和 printf 等函数来完成的。C 对输入输出实行"函数化"。

从便于阅读、理解、维护的角度出发，在书写程序时，应遵循以下规则。

（1）一个说明或一个语句独占一行。

（2）用花括号括起来的部分，通常表示了程序的某一层次结构。花括号一般与该结构语句的第一个字母对齐，并单独占一行。

（3）低一层次的语句或说明可比高一层次的语句或说明缩进若干格后书写。以便看起来更加清晰，增加程序的可读性。在编程时应力求遵循这些规则，以养成良好的编程风格。

1.6　C 语言的特点

C 语言是一种通用的编程语言，从诞生到现在的 40 多年间，取得了长足的发展。可以毫不夸张地说，C 语言是迄今为止人类发明的最为成功的计算机语言之一，它对计算机科学和软件产业的发展起着广泛而深刻的影响。这种成功与它的特点密切相关，C 语言的主要特点如下。

（1）简单。C 语言的语法简洁、紧凑，使用方便、灵活。仅有 32 个关键字和 9 种控制语句，程序形式自由。

不管是关键字的命名、变量的定义、运算符的设置，还是程序的结构，处处体现出简洁、紧凑的风格，压缩了一切不必要的成分。例如，在 C 语言中，描述整型数据类型的时候，使用的是单词缩写 int，而不是完整的英语单词 integer；在定义一个数组的时候，使用的是数组符号[]，而不是英语单词 array。另外，C 语言不支持对组合对象的直接操作。例如，在 C 语言当中，没有一个运算符是用来比较两个字符串的大小的，也没有一个运算符是用来计算一个数组的长度的。总之，C 语言的基本思路就是能省则省，连专门的输入输出运算符都没有。由于 C 语言的这种简短、精练的特点，使得人们在学习的时候比较容易入门，只要知道很少的东西就可以开始编程。

（2）实用。C 语言的语法虽然简洁、紧凑，但表达能力强，使用灵活、方便。当初 Ritchie 在发明 C 语言的时候，也是为了编写 UNIX 操作系统的实际需要。因此，可以说 C 语言的发明是 "By programmer，For programmer"，也就是说，C 语言是由职业程序员发明的，也是为职业程序员量身定做的，是职业程序员所使用的语言。所以，C 语言的语法简明扼要，对程序员的限制很少，从理论上来说，程序员几乎可以做他们想做的任何事情。另外，C 语言还提供了一组标准的库函数，能够帮助程序员完成各种各样的功能，如文件的访问、格式化输入输出、内存分配和字符串操作等。

（3）高效。如前所述，C 语言是一种高级程序设计语言，但是从某种意义上来说，C 语言又是一种 "低级" 语言，是一种接近于机器硬件的语言。因为从数据类型来看，C 语言处理的都是基本的数据类型，如字符、整数、实数和地址等，而计算机硬件一般都能直接处理这些数据对象；从运算符来看，C 语言的运算符大多来源于真实的机器指令。例如，对于算术运算符、赋值运算符、位（bit）运算符、自增运算符和自减运算符等，在一般的计算机硬件上，都有与它们相对应的机器指令；从硬件访问来看，C 语言可以直接去访问内存地址单元，也可以直接去访问 I/O。总之，C 语言与硬件的关系非常密切，可以把它看成汇编语言之上的一层抽象，凡是汇编语言能实现的功能，C 语言基本上都能实现。事实上，甚至可以在 C 语言程序当中直接嵌入汇编语言程序。基于这些原因，人们很容易用 C 语言来编写出在时间上和空间上效率都很高的程序。根据一项统计，C 语言程序生成的目标代码的效率只比汇编语言低 10%。

（4）可移植性好。虽然 C 语言与机器硬件的关系非常密切，但它并不依赖于某一种特定的硬件平台。事实上，小至 PC，大至超级计算机，几乎在所有的硬件平台和操作系统上都有 C 语言的编译器。这就使得用 C 语言编写的程序具有很好的可移植性，基本上不做修改就能在不同型号的计算机上运行。

1.7 C 语言的应用领域

C 语言是一种偏向于机器硬件的高级语言，因此它比较适合于底层的系统软件的开发。例如，在操作系统领域，UNIX 和 Linux 的绝大部分代码都是用 C 语言编写的，只有少量的与硬件直接打交道的代码是用汇编语言编写的，如系统引导程序、底层的设备驱动程序等。对于 Windows 操作系统，它的大部分代码也是用 C 语言来编写的，而一些图形用户界面方面的代码则是用 C++编写的。在系统软件领域，数据库管理系统、磁盘管理工具乃至一些病毒程序，都是用 C 语言编写的，尤其是在嵌入式系统领域，据统计，81%的嵌入式系统开发都要用到 C 语言，远远超过其他任何一种编程语言。在商业应用领域，C 的应用就更多，如多媒体播放软件、游戏软件、专家系统软件和绘图软件等，著名的数学软件工具 MATLAB 就是用 C 语言来编写的。在数字信号处理领域，也经常用 C 语言来编程。还有通信协议、高性能实时中间件、并发程序设计等都是使用 C 语言。另外，像计算机类专业 "数据结构" 这样的基础课程，以前都是用 Pascal 语言来教学，现在大都改成 C 语言。所以，学好 C 语言，不管是对大学期间的后续课程，还是对将来的职业发展，都会有很大的帮助。

1.8 本章小结

本章从计算机程序开始，阐述了什么是计算机程序，什么是程序设计语言，并对 C 语言（C 语言的历史）进行了简要介绍。然后通过例子，简要介绍 C 语言的编程过程，介绍算法的概念和特点，以及算法的描述方法、流程图及其要素。通过对常用的 C 语言编程环境介绍，介绍了 C 语言程序的执行、C 语言程序结构、C 语言特点及其应用领域。

习 题 一

一、程序题

1. 选择一种较熟悉的 C 语言环境，编辑运行教材【例 1-3】、【例 1-4】并进行调试。

2. Visual C++ 6.0 集成环境的使用。进入 VC 环境，编辑运行实现加法运算的程序。源程序如下。

```
#include <stdio.h>
main( )
{
    int a, b, c;                  /* 对程序中用到的变量 a,b,c 进行说明*/
    a=35;
    b=36;                         /*使 a 具有值 35, b 具有值 36*/
    c=a+b;                        /*计算 a+b 并赋给变量 c*/
    printf("c=%d", c);           /*输出变量 c 的值*/
}
```

3. TC 集成环境的使用。进入 TC 环境，编辑运行第 2 题的加法程序。

4. 在两种环境中编辑运行对任意两个整数进行乘法运算的程序。源程序如下。

```
#include <stdio.h>
main( )
{
    int a, b, c;
    printf("please input a,b:");        /*在屏幕显示提示信息 please input a,b:*/
    scanf("%d, %d", &a, &b);            /*从键盘输入值赋给变量 a 和 b,如 15, 60*/
    c=a*b;
    printf("c=%d\n", c);                /*输出变量 c 的值*/
}
```

5. 编写在屏幕上显示下列图案的程序。

```
*********************
*****Good Morning****
*********************
```

6. 给出第 4 题的程序流程图和伪码形式算法。

7. 有两个瓶子 A 和 B，分别盛放醋和酱油，要求将它们互换（即 A 瓶原来盛醋，现改盛酱油，B 瓶则相反），请给出本过程的程序流程图和伪码形式算法。

8. 判断一个数 n 能否同时被 3 和 5 整除，请给出解决本问题的程序流程图和伪码形式算法。

二、选择题

1. C 语言源程序最多可能由（　　　）组成？
    A. 预处理部分　　　　　　　　　　B. 变量说明部分
    C. 函数原型声明部分　　　　　　　D. 函数定义部分

2. 一个完整的 C 语言源程序最少必须有（　　　）。
    A. 若干个主函数　　　　　　　　　B. 若干个函数
    C. 且只能有一个主函数　　　　　　D. 一个函数

3. C 语言以函数为源程序的基本单位最主要一点是有利于（　　　）。
    A. 程序设计结构化　　　　　　　　B. 程序设计模块化
    C. 程序设计简单化　　　　　　　　D 提高程序设计有效性

4. 要使得 C 语言编写的程序能够在计算机上运行并得出正确结果，必须先经过（　　　）。
    A. 编辑和连接　　　　　　　　　　B. 编译和连接
    C. 修改和运行　　　　　　　　　　D 运行并输入数据

5. 一个 C 程序的执行是从（　　　）。
    A. 本程序的 main 函数开始，到 main 函数结束
    B. 本程序文件的第一个函数开始，到本程序文件的最后一个函数结束
    C. 本程序的 main 函数开始，到本程序文件的最后一个函数结束
    D. 本程序文件的第一个函数开始，到本程序 main 函数结束

6. 以下叙述正确的是（　　　）。
    A. 在 C 程序中，main 函数必须位于程序的最前面
    B. C 程序的每行中只能写一条语句
    C. C 语言本身没有输入输出语句
    D. 在对一个 C 程序进行编译的过程中，可发现注释中的拼写错误

7. 以下叙述不正确的是（　　　）。
    A. 一个 C 源程序可由一个或多个函数组成
    B. 一个 C 源程序必须包含一个 main 函数
    C. C 程序的基本组成单位是函数
    D. 在 C 程序中，注释说明只能位于一条语句的后面

8. C 语言规定：在一个源程序中，main 函数的位置是（　　　）。
    A. 必须在最开始
    B. 必须在系统调用的库函数的后面
    C. 可以任意
    D. 必须在最后

第2章
C 语言基础知识

内容导读

计算机程序设计语言是人与计算机交互的工具，要想计算机听从指挥，为人类服务，首先必须让计算机"懂得"命令，理解人们的意图。我们学习人类自然语言时，一般是从基本的字、词、句入手，遵守语法规范，进而准确掌握和运用这些基本知识，采用适当的表达方式(会话或书面文章等)，让人一听就懂，一看就明白。学习计算机程序设计语言，与学习自然语言类似，但某种意义上计算机不如人类聪明，哪怕给它下达的命令有一点点不符合格式规定，它都不会理你。仅仅多(或少)一个符号，可能就会差之毫厘，谬以千里。因此要用 C 语言编写程序，应当掌握一些必要的知识，这里不推荐死记硬背的方法，最好是在读、写、调试程序的过程中逐渐掌握。现在我们从以下 3 个基本知识点开始，学习 C 语言程序设计。

（1）基本数据类型。

（2）常量与变量。

（3）常用运算符及表达式。

2.1 基本数据类型

人们在日常生活中离不开数据，比如某公司有 2000 名员工，某学生平均分为 90.5 分，被评为等级 "A"（"A" 表示优秀），等等。为了使用计算机来解决实际问题，需要将日常生活中的数据用计算机语言中的数据类型来表示。像上述例子中，员工的数量 2000 为整数，学生的平均分 90.5 为实数，等级 "A" 为字符，这里的整数、实数、字符即为数据的基本类型，需要分别使用 C 语言中的整型数据、浮点型数据和字符型数据来表示。

日常生活中使用的数据必须以一定的方式存储到计算机内存中，然后才能在计算机中处理。计算机中描述的数据类型与日常生活中描述的数据类型有些不同。比如，日常生活中的整数和小数（或实数）都可以达到正的或负的无限大，然而在计算机中，由于存储器的限制，只能取一定范围内的数值，而且不同数据类型的取值范围是不同的。例如，计算机给 C 语言中的整型数据分配 2 字节的内存，则只能存储−32768～32767 之间的数据。若某个跨国公司员工数超过了 32767，则使用 C 语言表示时，就必须使用能表示更大范围的数据类型表示才行。

上面提到的整型数据、浮点型数据和字符型数据是 C 语言的基本数据类型，不可以再分解为其他类型的数据。还有一种特殊的基本数据类型——枚举类型，用以列举少数几种可能的取值，如一周只有 7 天，一年只有 12 个月等。除了基本数据类型，C 语言还提供了更为复杂的数据类型，用以解决日常生活中的复杂数据。比如，学生的学号、姓名往往不能用单个字符，而需要使用一组字符（C 语言中的数组）来表示。除此之外，学生的信息还包括每门课的成绩、联系电话等，这些不同类型的数据可组合起来形成具有复杂结构的新的数据类型（C 语言中的结构体）；另外，C 语言还提供了指针类型和空类型。图 2.1 所示为 C 语言提供的丰富的数据类型，本章主要介绍基本数据类型中的整型、浮点型和字符型。

图 2.1　C 语言数据类型

2.2　常量与变量

整型数据、浮点型数据和字符型数据均有常量和变量之分，下面从常量和变量的角度来介绍这 3 种基本数据类型的应用。为了更好地理解本节的内容，我们先来看一个简单的 C 程序。

【例 2-1】　大学课程的成绩由两部分组成：平时成绩和考试成绩，假设平时成绩和考试成绩各占 30% 和 70%，若总成绩大于等于 90 分，则评为 A（优秀），否则评为 B（一般），被评为 A 的学生会得到一定的奖励。现在，让计算机帮助教师判断一个学生是否该被奖励。

程序分析如下。

输入：学生的平时成绩和考试成绩。

输出：该生是否该被奖励。

总成绩计算方法：平时成绩*0.3+考试成绩*0.7。

判断方法：如果（总成绩≥90），则成绩等级为 A，该被奖励，否则成绩等级为 B，不该被奖励。

程序如下。

```c
#include <stdio.h>
int main( )
 {int p_score;            /*定义整型变量p_score存放平时成绩*/
 float e_score,t_score;/*定义实型变量e_score,t_score分别存放考试和总成绩*/
 char grade;            /*定义字符型变量grade存放学生成绩的等级*/
 printf("请输入学生的平时成绩和考试成绩：\n");/*在屏上输出提示信息*/
 scanf("%d%f",&p_score,&e_score); /*接收键盘输入的平时成绩和考试成绩*/
```

```
t_score=p_score*0.3+e_score*0.7; /*计算总成绩*/
if(t_score>=90) grade='A';      /*判断成绩等级*/
else grade='B';
if(grade=='A')  printf("该生成绩优秀,需要被奖励\n");/*判断是否该被奖励*/
else  printf("该生成绩一般,不应该被奖励\n");
return 0;
}
```

说明：本程序假设用户输入的平时成绩和考试成绩都是合法的（0～100）。

本程序中使用的 90、0.3、A 等即为常量，p_score、e_score、grade 等即为变量。运行结果如图 2.2 所示。

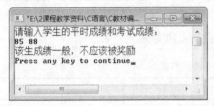 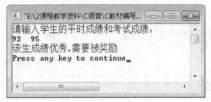

图 2.2　【例 2-1】运行结果

2.2.1　常量

常量是指在程序运行中保持类型和值都不变的数据。按照数据类型可分为：整型常量、浮点型常量、字符常量和字符串常量。这里讲解的是字面常量或称之为直接常量。所谓直接常量，就是其符号形式能直接呈现其代表的数据。还有一种表达形式的常量，即符号常量，将在后续章节中详细介绍。

1. 整型常量

二进制是数据在计算机中唯一的存储形式，为了方便表示和使用，整型常量可用十进制、八进制和十六进制 3 种形式来表示，编译系统会自动将其转换为二进制形式存储。整型常量的表示形式如表 2.1 所示。

表 2.1　　　　　　　　　　　　整型常量的表示形式

整型常量的表示形式	表示方法	举例
十进制	由 0～9 的数字序列组成，数字前可带正负号。除了 0，第一个数字字符不能为 0	123，－345，0 是合法的十进制整数，而 2.0 是非法的十进制整数
八进制	以数字 0 开头，后跟 0～7 的数字序列组成	012，057 是合法的八进制整数，而 089 是非法的八进制整数
十六进制	以 0x 或 0X 开头，后跟 0～9，a～f 或 A～F 的数字序列组成。注意:x 或 X 之前是数字 0	0x12，－0X3f 是合法的十六进整数，而 0x4g 是非法的十六进制整数

长整型常量由常量值后跟 l 或 L 表示，如-256L，22l 等。（注意：表示长整型常量的字母一般采用大写形式 L，以免小写字母 l 与数字 1 混淆。）

无符号整型常量由常量值后跟 u 或 U 表示，如 23u，67U 等。无符号数不能表示负数，如-30u 是错误的。无符号长整型常量由常量值后跟 lu，lU，Lu 或 LU 表示，如 20lu 等。

注意长整型数据和普通整型数据的不同，比如，0 和 0L，虽然都表示整数 0，但 0 是普通整型数据，在一般计算机内存中只占 2 字节，而 0L 是长整型数据，在内存中通常占 4 字节。

【例 2-2】　编程求 33+66 的值。

```
#include <stdio.h>
int main( )
{
 printf("33+66=%d\n",33+66);/*33, 66 就是整型常量*/
 return(0);
}
```

程序结果如图 2.3 所示。

请模仿该程序编写其他类型数据的计算程序（＋、－）。

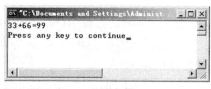

2. 浮点型常量

浮点型，因实型数的小数点位置在计算机中是可以浮动的而得名，浮点型也称为实型。浮点型常量可用十进制小数形式和指数形式来表示，表 2.2 所示为其表示方法和实例。

图 2.3 【例 2-2】结果

表 2.2 浮点型常量的表示形式

浮点型常量的表示形式	表示方法	举例
十进制小数形式	由数字序列和小数点组成。注意：必须有小数点	2.14、−12.3、.5、2.是合法的浮点型常量，而 2 是非法的浮点型常量。.5 等价于 0.5，2.等价于 2.0
指数形式 fEn 或 fen	由一个整数或小数 f 后跟一个指数部分 En 或 en 组成，指数部分以 e 或 E（表示以 10 为底）开头，后跟一个正或负的整数 n（指数）。注意：e（或 E）的左边必须有数字（整数或小数），右边必须是整数 n	1.23e3 是合法的指数形式，表示 $1.23 * 10^3$，而 e3、2e2.0 是非法的表示形式。注意：f 和 n 既可以是正数也可以是负数

浮点型常量隐含按双精度（double）处理。

单精度浮点型常量由常量值后跟 f 或 F 表示，如 1.23F。

长双精度（long double）型常量由常量值后跟 1 或 L 来表示，如 1.2L。

3. 字符常量

字符常量是由单引号括起来的一个字符，如'a'，'0'等。注意，字符两侧的一对单引号是必不可少的。一个字符常量的存储值是该字符的 ASCII 码，常用字符的 ASCII 码参见附录 D。从 ASCII 码表来看，大写字母、小写字母、数字字符的 ASCII 码值都是连续的，这对今后的程序设计非常重要。注意字符'0'和数字 0 的区别。

为了表示无法直接书写的控制字符（如回车、换行等），C 语言引入了另一种特殊的字符常量——转义字符。转义字符以反斜杠（\）开头，其后跟随一个字符或一个数字序列，使用时同样要括在一对单引号内。它的作用就是表明反斜杠后面的字符或数字序列不取原来的含义，这个数字代表相应字符的 ASCII 码值。常用的转义字符及其含义如表 2.3 所示。

表 2.3 常用的转义字符

字符	含义	字符	含义
'\n'	换行，将光标从当前位置移到下一行开头	'\"'	一个双引号
'\r'	回车，将光标从当前位置移到本行开头	'\''	一个单引号
'\0'	空字符，通常用作字符串结束标记	'\\'	一个反斜杠\

字符	含义	字符	含义
'\t'	横向跳格，光标移到下一个水平制表位	'\?'	一个问号
'\v'	纵向跳格，光标移动下一个垂直制表位	'\ddd'	1~3 位八进制数，代表字符的 ASCII 码值
'\b'	退格，光标向前移动一个字符	'\xhh'	hh 表示 1~2 位十六进制数，代表字符的 ASCII 码值，x 是十六进制标志

4. 字符串常量

字符串常量是由一对双引号括起来的一个字符序列，如"a"、"123"。字符串常量中不能直接包含单引号、双引号和单个反斜杠"\"，若要使用，需要使用表 2.3 中的转义字符。

另外，需要注意字符常量和字符串常量的区别，其区别详见表 2.4。

表 2.4　　　　　　　　　　　　字符常量和字符串常量的区别

对比角度	字符常量	字符串常量
表示形式	单引号	双引号
在内存中的存储	只占 1 字节内存空间	除了存储所包含的字符外，还需在末尾存储一个字符串结束标记——'\0'

说明如下。

（1）'\0'的 ASCII 码为 0，它不引起任何控制动作，也不显示，只是供计算机用于识别字符串是否结束的标记。

（2）"a"和'a'是不同的。"a"在内存中占 2 字节（分别存储'a'和\0），而'a'只占 1 字节。即使是空字符串""，在内存中也会占 1 字节（'\0'）的存储空间。

2.2.2　变量

与常量不同，变量是指其值在程序运行过程中可以被改变的量。一个变量有 3 个相关的要素。

（1）变量名。即每个变量要有一个名称，如【例 2-1】中表示平时成绩的变量 p_score。

（2）变量的存储单元。即每个变量在内存中被分配的存储空间，存储空间的大小由定义的变量类型（整型、浮点型还是字符型）来决定。

（3）变量的值。即变量存储单元中存放的内容，如【例 2-1】中的 grade='A'，导致的结果是：将字符'A'存放到 grade 在内存中的存储单元，'A'即为此时 grade 变量的值。

给变量命名需要遵守一定的规则，使用合法的标识符，C 语言规定，变量必须"先定义类型，然后才能使用"，在定义变量的数据类型时，需要使用类型关键字。

下面对关键字和标识符给予解释。

（1）关键字。关键字是 C 语言预先规定的具有固定含义的一些单词，如【例 2-1】中的 int、float 和 char，用户只能按照预先规定的含义使用他们，不能擅自改变其含义。C 语言提供的关键字详见附录。有人把关键字叫作保留字，其实二者是有差别的。顾名思义，保留字是指暂时未规定其用途，留作以后扩展之用。例如 volatile 在 C 语言中，不是关键字，但是也不能用作自定义标识符，它是 C 语言中的保留字，是 C++的关键字。C++是以 C 为基础开发的面向对象程序设计语言。

（2）标识符。C 语言规定合法的标识符只能由字母、数字和下划线 3 种字符组成，且第一个字符必须为字母或下划线。标识符通常用作变量名、函数名等。

C 语言中，大小写字母被认为是不同的字符，变量名一般用小写。

定义标识符时，尽量做到见名知意。另外，C 语言的关键字和保留字不能用作用户自定义的标识符。

1. 变量的定义及初始化

变量必须先定义才能使用，变量定义的形式如下（[]表示可选项，下同）。

类型关键字 变量名 1[，变量名 2，…]；

如【例 2-1】中的

```
int p_score ;
float e_score,t_score ;
```

即为变量的定义。

定义变量的同时可以对变量进行初始化（即赋初值），其形式如下。

类型关键字 变量名 1=常量 1[，变量名 2=常量 2，…]；

如存储累加和的变量 sum 通常初始化为 0，而存储累乘积的变量 mul 通常初始化为 1，定义形式为

```
int sum=0, mul=1 ;
```

另外，也可以先定义变量，然后通过赋值来对变量进行初始化，如下。

```
int sum=0, mul=1 ;
```

等价于

```
int sum,mul ;
sum=0;
mul=1;
```

类型关键字则有很多，表 2.5 列出了 3 种基本数据类型的关键字和表示范围，其中表示范围是由数据在计算机内的存储容量（即字节数多少）决定的。（在不同的编译系统中，同一种数据类型，占用内存的字节数可能会不相同。）在定义变量的类型时，需要根据实际需要来选取合适的类型。

表 2.5　　　　　　　　　　　3 种基本数据类型的关键字及表示范围

数据类型	类型关键字	含义	字节数	表示范围
整型	[singed] int	基本整型	TC 中是 2 VC++中是 4	$-32768 \sim 32767$，即 $-2^{15} \sim$（$2^{15}-1$）
	unsigned int	无符号整型	TC 中是 2 VC++中是 4	$0 \sim 65535$，即 $0 \sim$（$2^{16}-1$）
	[signed] short [int]	短整型	2	$-32768 \sim 32767$，即 $-2^{15} \sim$（$2^{15}-1$）
	unsigned short [int]	无符号短整型	2	$0 \sim 65535$，即 $0 \sim$（$2^{16}-1$）
	long [int]	长整型	4	$-2^{31} \sim$（$2^{31}-1$）
	unsigned long [int]	无符号长整型	4	$0 \sim$（$2^{32}-1$）
浮点型	float	单精度浮点型	4	$-2.4*10^{-38} \sim 2.4*10^{38}$
	double	双精度浮点型	8	$-1.7*10^{-308} \sim 1.7*10^{308}$
	long double	长双精度浮点型	TC 中是 10 VC++中是 8	$-1.2*10^{-4932} \sim 1.2*10^{4932}$
字符	char	字符型	1	$0 \sim 255$（ASCII 码值）

2. 整型变量的应用

【例 2-3】 计算任意两个整数中的最大值（假设这两个整数均不超过基本整型的表示范围）。

程序分析如下：

输入：两个整数 a，b。

输出：最大值 max。

变量的类型：因为有假设，定义为 int 即可，若整数较大，需要定义为长整型。

判断方法：如果 a>b，则 max 为 a，否则 max 为 b。

程序如下。

```
#include <stdio.h>
int main( )
{   int a,b;              /*a,b表示任意两个整数*/
    int max;             /*max表示a，b之间的最大值*/
    printf("请输入两个整数a，b: \n");/*在用户屏上输出一行提示信息*/
    scanf("%d%d",&a,&b); /*从键盘输入a,b*/
    if(a>b)  max=a; /*计算最大值*/
  else   max=b;
    printf("max=%d\n",max);/*输出最大值*/
    return 0;
}
```

思考：若要计算任意两个整数之间的最小值，该如何修改程序？若要计算 3 个整数之间的最大值，该如何修改程序？

【例 2-4】　求任意两个整数之和（假设这两个整数不超过基本整型的表示范围）。

程序分析如下。

输入：两个整数 a，b。

输出：两数之和 sum。

变量的类型：同【例 2-2】。

计算方法：sum=a+b;。

程序如下。

```
#include <stdio.h>
int main( )
{
    int a,b;             /*a,b表示任意两个整数*/
    int sum;            /*sum表示a，b之和*/
    printf("请输入两个整数a，b: \n");/*在用户屏上输出一行提示信息*/
    scanf("%d%d",&a,&b); /*从键盘输入a,b*/
    sum=a+b; /*求和*/
    printf("sum=%d\n",sum);/*输出两数之和*/
    return 0;
}
```

思考：

（1）若输入 32767 空格 1（以回车结束），会得到什么结果？为什么？

（2）若要计算两数之差、之积、之商该如何修改程序？

　　　　整型数据的溢出问题，对于【例 2-4】中的程序，若输入 32767 空格 1（按回车键结束），即输入的 a 为 32767，b 为 1，则程序的运行结果为 -32768，而不是大家所认为的 32768，这是由整型数据的溢出导致的。因为计算机中数据以补码的形式存储，32767 的补码是 0111 1111 1111 1111，1 的补码是 0000 0000 0000 0001，两者相加的结果是 1000 0000 0000 0000，这正是 -32768 的补码，因此会输出 -32768 的结果，若要解决这个问题，只需将变量定义为长整型即可。由此可见，在使用整型变量时，一定要注意溢出问题。

3. 浮点型变量的应用

问题：针对【例 2-4】做些改动：将两个相差很大的数相加，会出现什么结果？

【例 2-5】 观察如下程序的运行结果。

```c
#include <stdio.h>
int main( )
{
    float a,b;            /*a,b 表示两个数*/
    float sum;           /*sum 表示 a，b 之和*/
    a=123456.789e5;b=20; /*对 a，b 进行初始化*/
    sum=a+b; /*求和*/
    printf("a=%f\nb=%f\nsum=%f\n",a,b,sum);/*输出结果进行对比*/
    return 0;
}
```

在 Turbo C 环境下的运行结果为
a=12345678848.000000
b=20.000000
sum=12345678848.000000
在 Visual C++ 6.0 环境下的运行结果为
a=12345678848.000000
b=20.000000
sum=12345678868.000000

尽管在 Visual C++ 6.0 环境下的运行结果看起来没有问题，但计算机却认为 a 和 sum 仍然是相等的（可以在程序中添加 if 语句进行验证），这是因为浮点型数据是有舍入误差的（之所以有误差，是由浮点型数据在计算机中的存储方式决定的），单精度浮点数的有效数字只有 6～7 位，后面的数字都是无效位（即不准确的），双精度可以达到 15～16 位的有效数字，这点在写程序时要注意。

4. 字符型变量的应用

【例 2-6】 加密解密是通信领域常见的问题，现有一加密规则：用原来字母后面的第 4 个字母代替原来的字母。例如，字母'A'后面第 4 个字母是'E'，则用'E'代替'A'。现在假设初始的字符串是 "China"，要求输出加密后的结果。

程序分析如下。

输入：本例简化了问题，无需输入，通过初始化的方法赋值即可。

输出：加密后的结果。

加密方法：ch=ch+4，其中 ch 是字符变量。

程序如下。

```c
#include <stdio.h>
int main( )
{   char c1='C',c2='h',c3='i',c4='n',c5='a';            /*c1～c5 存储初始字符串*/
    c1=c1+4;    /*加密*/
    c2=c2+4;
    c3=c3+4;
    c4=c4+4;
    c5=c5+4;
    printf("%c%c%c%c%c\n",c1,c2,c3,c4,c5);/*输出加密后的结果*/
    return 0;
}
```

程序运行后结果如图 2.4 所示。

字符数据在计算机中存储的是其 ASCII 码值的二进制，因为字母表中连续的字母，其 ASCII 码值也是连续的，

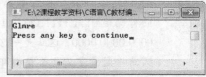

图 2.4 【例 2-6】结果

因此，使用后面的第 4 个字母代替原来的字母，只需将原来的字符+4（ch=ch+4）即可。根据 ASCII 码值的特点，若要将小写字母转换成大写字母，只需让 ch=ch−32，相反，若将大写字母转换成小写字母，只需让 ch=ch+32。

尽管字符型数据只需 1 字节的存储空间，而整型数据一般需要 2 字节的存储空间，但它们在计算机中的存储本质是一样的，因此整型数据和字符型数据在一定范围内（0～255，即 1 字节所能表示的范围）是可以通用的。也就是说，整型数据可以给字符变量赋值，如【例 2-6】中的 c5='a' 等价于 c5=97（97 是字符'a'的 ASCII 码），字符型数据也可以给整型变量赋值，如【例 2-6】中的 char c1='C', c2='h', c3='i', c4='n', c5='a';也可改为

```
int  c1='C',c2='h',c3='i',c4='n',c5='a';
```

虽然字符型数据和整型数据在一定范围内可以通用，但写程序时，建议尽量使用类型一致的数据，如字符变量 ch 被赋值为'#'，写程序时尽量使用 ch='#'而不使用 ch=35（35 是字符'#'的 ASCII 码），这是为了增加程序的可读性。

2.3　常用运算符及表达式

C 语言中丰富的运算符和表达式使 C 语言功能十分强大。这也是 C 语言的主要特点之一。C 语言提供了极其丰富的运算符，附录给出了 C 语言中的所有运算符及其优先级。在学习 C 语言运算符时需要注意以下几个方面的问题。

（1）运算符的功能，包括运算符要求的操作对象即操作数的个数（如增 1、减 1 是单目运算符，+、−等是双目运算符，条件运算符是三目运算符），操作数的类型（如求余运算符%要求操作数是整型），结合方向（从操作数到运算符，如赋值运算符具有右结合性，如 3+4−5 哪个先计算？）。

（2）运算符的优先级，它决定了表达式中的运算顺序。如 3+4×5，是先做 3+4 还是做 4×5，这类似数学的四种运算规则。

（3）运算结果的数据类型，不同类型数据运算会发生类型转换（参见 2.4 节）。

用运算符连接操作数便形成了表达式。每个表达式都有一个运算结果（值）与之对应，也可将一个操作数（常量或变量或函数调用）看作一个表达式。

2.3.1　赋值运算符

赋值是 C 语言中最基本的运算，其运算符和数学中的等号（＝）形式上完全相同。所有 C 程序中的 "=" 都是赋值运算符，而不是数学上的等于运算，比如，a=2，意思是将常量 2 赋值给变量 a，读作 "a 被赋为 2"，而不是 "a 等于 2"，这点需要特别注意。

由此可见，虽然赋值运算符形式上与数学上的等号完全相同，但其含义却完全不同，在数学上，a=b 等价于 b=a（判断相等关系）；而在 C 语言中，a=b 不等价于 b=a（赋值）。

赋值表达式的一般形式如下。

变量=表达式

功能：将表达式的值存入变量对应的内存单元。

其中，赋值运算符右边的表达式，可以是常量、变量、算术表达式、关系表达式等，如 m=12；b=a−2；均是合法的赋值表达式，也可以采用连续赋值形式，如 x=y=2;，形如 "变量 1=变量 2=…=变量 n=表达式" 形式的表达式，一般用于多个变量赋同一个值的场合（先计算表达式的值，

依次赋值给变量 n～变量 1）。

赋值运算符左边的变量，只能是单个变量，如 a+b=15 是不合法的表达式。

优先级：赋值运算符的优先级很低，仅仅高于 2.3.5 节中的逗号运算符。

结合方向：从右向左，先计算右边表达式的值，再向左边的变量赋值。

2.3.2　算术运算符

问题：数学中的加、减、乘、除、求余在 C 语言中如何表示？

表 2.6 给出了 C 语言提供的算术运算符。

表 2.6　　　　　　　　　　　　　　　算术运算符及其含义

运算符	含义	举例
+	加法运算符或正值运算符	2+3, +5
−	减法运算符或负值运算符	2−3, −5
*	乘法运算符	3*4
/	除法运算符	5/4
%	求余运算符，或称模运算符	5%4

【例 2-7】　编程逆序输出一个三位整数，例如：输入 123，则程序运行后输出 321。

```
#include <stdio.h>
    int main( )
    { int n;
      int x,y,z;
      printf("请输入一个三位数:\n");
      scanf("%d",&n);
      x=n/100;/*取 n 的百位上的数字*/
      y=n%100/10; /*取 n 的十位上的数字*/
      z=n%10; /*取 n 的个位上的数字*/
      n=z*100+y*10+x; /*组合新三位数*/
      printf("逆序之后的三位数是: %d\n",n);
      return 0;
    }
```

程序运行结果如图 2.5 所示。

思考：若要求对一个给定整数 1234，分离出个位、十位、百位、千位，如何使用 C 语言中的算术运算符来实现？

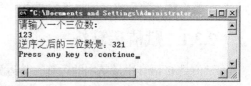

图 2.5　逆序输出三位整数结果

【例 2-8】　一个物体从 100 米的高空自由落下，编写程序，求它在前 3 秒内下落的垂直距离。设重力加速度为 10 米/秒^2。

程序分析如下。

输入：重力加速度 g 和时间 t 已知，可通过初始化赋值，无需输入。

输出：在规定时间内下落的高度。

计算方法：下落高度 $height = \frac{1}{2}gt^2$，其中 g 为重力加速度，t 为下落的时间。

程序如下。

```
#include <stdio.h>
int main( )
```

```
{int g=10,t=3;                    /*g 表示重力加速度，t 表示时间*/
  float height;                   /*height 表示下落的高度*/
  height=1/2*g*t*t;               /*计算*/
  printf("下落高度为%f\n",height); /*输出结果*/
  return 0;
}
```

思考：上述程序的运行结果为 0，为什么？如何修改程序使其输出正确的结果？

C 语言中，+（加法或表示正数）和 -（减法或表示负数）的使用，与数学中的应用没有任何区别。

C 语言中，*（乘法）的使用，与数学中的应用是非常相似的，但在数学中 $2\pi r$ 是合法的，而在 C 语言中必须写成 $2*\pi*r$，中间的乘法运算符不能省去（【例 2-8】中 height=1/2*g*t*t 中的乘法运算符也不能省），这是初学者在写 C 程序时需要特别注意的。同样，在 C 语言中，也没有平方或乘方运算符，需要写成连乘的形式，如数学中的 a^2 在 C 语言中写作 a*a，若连乘的项数很多，可使用 pow 函数（参见附录）。

C 语言中，/（除法）的使用，与数学中的应用有些区别。在数学中 $5\div4=1.25$，而在 C 语言中 5/4=1，这是因为，当 / 两边均为整数时，C 语言作取整处理，即取商，当 / 两边任何一方为浮点数时，结果即为实数，如 5.0/4=1.25。这也是初学者需要特别注意的。如【例 2-8】，之所以运行结果为 0，是因为在计算时使用了 height=1/2*g*t*t 的缘故，1/2 在 C 语言中取商的结果为 0，因此，若要得到正确结果，需要将 1/2 改为 1.0/2。

C 语言中，%（求余）的使用，与数学中的求余运算没有本质区别，因为浮点数相除不存在余数，因此，C 语言要求 % 两边必须为整型数据。

2.3.3　关系运算符

问题：数学中的比较运算，即大于、小于、大于等于、小于等于、等于、不等于，在 C 语言中如何表示？

【例 2-9】　判断一个不为 0 的整型数据是正数还是负数。

程序分析如下。

输入：一个整型数据。

输出：正数或负数。

判断依据：是否大于 0。

程序如下。

```
#include <stdio.h>
int main( )
{
    int num;                      /*num 存储用户输入的整数*/
    printf("请输入一个整数：\n");  /*提示用户输入数据*/
    scanf("%d",&num);             /*从键盘输入一个整数*/
    if(num>0)
        printf("正数\n");         /*判断正、负数，并输出结果*/
    else
        printf("负数\n");
    return 0;
}
```

表 2.7 给出了 C 语言提供的关系运算符。

表 2.7   关系运算符及其含义

运算符	含义	对应的数学运算符
>	大于	>
<	小于	<
>=	大于等于	≥
<=	小于等于	≤
==	等于	=
!=	不等于	≠

【例 2-10】 输出任意 3 个整数中的最大值。

程序分析如下。

输入：3 个整数 a、b、c。

输出：最大值 max。

判断方法：使用关系运算符进行判断。

程序如下。

程序 A（很多初学者的错误做法）

```
#include <stdio.h>
int main( )
{   int a,b,c;
    int max;
    printf("请输入三个整数：\n");
    scanf("%d%d%d",&a,&b,&c);
    if(a>b>c) max=a;
    if(b>a>c) max=b;
    if(c>a>b) max=c;
      printf("最大值为%d\n",max);
    return 0;
}
```

程序 B（程序 A 修改后的结果）

```
#include <stdio.h>
int main( )
{   int a,b,c;
    int max;
    printf("请输入三个整数：\n");
    scanf("%d%d%d",&a,&b,&c);
    if(a>=b&&a>=c) max=a;
    if(b>=a&&b>=c) max=b;
    if(c>=a&&c>=b) max=c;
      printf("最大值为%d\n",max);
    return 0;
}
```

程序 A 错误的原因如下。

（1）逻辑表达上的错误。C 语言中，不能连续使用关系运算符进行比较，这和数学中的使用有很大差别。若用户输入的 a=3，b=2，c=1，则在数学中，a>b>c 是成立的，但在 C 语言中，是不成立的。这是因为 C 语言中每个表达式都有一个运算结果与之对应，而关系运算表达式的运算结果比较特殊，是一个逻辑值，即"真"或"假"，当关系成立时，为真（值为 1），当关系不成立时，为假（值为 0）。因此，在 C 语言中，a>b>c（从左到右计算）等于 1>c（先计算 a>b 的值，因为 a=3，b=2，a>b 成立，值为 1），进而等于 0（计算 1>c 的值，因为 c=1，1>c 不成立，值为 0），因为 0 为假，if(a>b>c) max=a;语句中的判断条件不成立，max 不能得到最大值 a。

（2）排除逻辑表达上的错误，程序 A 也没有考虑特殊情况，如 3 个变量值相等的情况。若用户输入的 a=3，b=3，c=3，程序 A 即使修正了逻辑上的错误，也不能得到正确的结果。

程序 B 中的&&为逻辑运算符，表示"并且"，这将在 2.2.4 节中介绍。

虽然程序 B 对于求 3 个数中的最大值没有问题，但扩展性差，即当数据较多时，不适合用此方法，如要求 10 个数、一百个数的最大值，程序 B 还能很好地扩展吗？下面给出另一种通用的具有扩展性的做法（先假设最大值为第一个数，然后逐个比较）。

```
#include <stdio.h>
int main( )
{    int a,b,c;                            /*a,b,c 表示三个整数*/
     int max;                              /*max 表示三个整数中的最大值*/
     printf("请输人三个整数: \n");          /*提示用户输入*/
     scanf("%d%d%d",&a,&b,&c);             /*从键盘输人三个整数*/
     max=a;                                /*查找最大值*/
     if(b>max) max=b;
     if(c>max) max=c;
     printf("最大值为%d\n",max);           /*输出最大值*/
     return 0;
}
```

思考: 3 个整数中的最小值如何判断?

C 语言中, >（大于）和<（小于）的使用, 与数学中的应用没有任何区别。

C 语言中, >=（大于等于）、<=（小于等于）和!=（不等于）, 除了形式上与数学中的符号不同外, 在使用时没有什么区别, 一般不易出错。

区别最大, 初学者写程序时最易出错的是等于关系, 在 C 语言中, "="被用作赋值运算, 而等于关系的判断, 则使用"==", 即两个等于号, 这和数学中的应用是完全不同的, 需要特别注意。很多初学者在需要使用"=="的地方, 往往使用了"=", 导致程序运行结果不正确。

再次强调, C 语言中, 不能连续使用关系运算符进行比较（如 a>b>c）, 这和数学上是不同的。

字符型数据的比较, 按 ASCII 码值进行。

这 6 个关系运算符, 前 4 个优先级高于后两个。关系运算的优先级低于算术运算, 其表达式一般作为 if（选择结构）、for 和 while（循环结构）语句的判断条件使用。

2.3.4　逻辑运算符

问题: 数学中的与（并且）、或（或者）、非（取反）, 在 C 语言中如何表示?

表 2.8 给出了 C 语言提供的逻辑运算符。

表 2.8　　　　　　　　　　　　　逻辑运算符及其含义

运算符	含义	类型	优先级	结合性
!	逻辑非（取反）	单目	高 ↓ 低	从右向左
&&	逻辑与（并且）	双目		从左向右
‖	逻辑或（或者）	双目		从左向右

与关系运算相似, 逻辑运算的结果也是一个逻辑值, 即"真"或"假"。C 语言在表示和判断一个值是"真"或"假"时, 有些不同, 表 2.9 给出了 C 语言中表示和判断一个值是"真"或"假"的依据。

表 2.9　　　　　　　　　　　　表示和判断一个值真假的方法

形式	结果
表示一个"真"值	1
表示一个"假"值	0
判断一个"真"值	非 0
判断一个"假"值	0

参与逻辑运算的每个操作数的真假弄清楚之后，逻辑运算表达式的结果是"真"还是"假"呢？这由逻辑运算的规则决定。表 2.10 给出了逻辑运算的规则。

表 2.10　　　　　　　　　　　　逻辑运算的规则

A 的取值	B 的取值	!A	A&&B	A‖B
非 0（真）	非 0（真）	0（假）	1（真）	1（真）
非 0（真）	0（假）	0（假）	0（假）	1（真）
0（假）	非 0（真）	1（真）	0（假）	1（真）
0（假）	0（假）	1（真）	0（假）	0（假）

简言之，对于"&&"，只有当两边同时为真时，结果才为真；而对于"‖"，只要有一方为真，结果即为真。

【例 2-11】 将小写字母转换成大写字母。

程序分析如下。

输入：一个字符 ch。

输出：转换后的结果。

判断小写字母的方法：ch>='a'&&ch<='z'。

转换成大写字母的方法：ch=ch-32。

程序如下。

```c
#include <stdio.h>
int main( )
{    char ch;                          /*ch 表示用户输入的字符*/
     printf("请输入一个字符：\n");       /*提示用户输入*/
     scanf("%c",&ch);                  /*从键盘输入一个字符*/
     if(ch>='a'&&ch<='z')             /*若是小写字母，则转换，并输出*/
     {    ch=ch-32;
          printf("转换后为：%c\n",ch);
     }
     else printf("用户输入的不是小写字母\n"); /*否则，
     输出提示信息*/
     return 0;
}
```

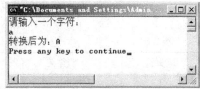

程序运行结果如图 2.6 所示。

思考：若将大写字母转换成小写字母，如何修改程序？

图 2.6　小写字母转换成大写字母

ch>='a'&&ch<='z'不能写成'a'=<ch<='z'，其原因在 2.2.3 小节有详细解释。

从应用角度来讲，逻辑运算表达式也与关系运算表达式相似，通常作为 if（选择结构）、for 和 while（循环结构）语句的判断条件使用。

2.3.5　逗号运算符

大家首先考虑一下如下程序运行后，变量 x 值是什么？

```c
#include <stdio.h>
int main( )
{ int x,a;
```

```
x=(a=9,4*a);
printf("x=%d\n",x);
return(0);
}
```

结果如图 2.7 所示。

这个程序就是一个逗号运算符问题。请大家善加模仿该程序解决类似问题。逗号运算符可将多个表达式连接起来，构成逗号表达式，其一般形式如下。

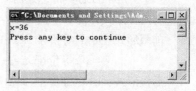

图 2.7　逗号表达式的应用

表达式 1，表达式 2，…，表达式 n

逗号表达式的作用是，实现对各个表达式的顺序求值，因此，逗号运算符也称为顺序求值运算符。

逗号运算符是所有运算符中优先级最低的，且具有左结合性。因此，逗号表达式的执行过程为：先计算表达式 1 的值，然后依次计算其后面的各个表达式的值，最后计算表达式 n 的值，并将最后一个表达式的值作为整个逗号表达式的值，举例如下。

（1）x=a=3，6*a

（2）x=(a=3，6*a)

比较上述两个表达式可能出以下结果。

式（1）是逗号表达式，先计算 x=a=3，然后计算 6*a，得 18，整个逗号表达式的值为 18。

式（2）是赋值表达式，先计算 a=3，然后计算 6*a，得 18，最后将逗号表达式（a=3，6*a）的值 18 赋值给 x。

说明，类似上述表达式（2）中的逗号表达式的应用较少，在大多数情况下，使用逗号表达式并非要得到并使用整个逗号表达式的值，而是为了分别得到各个表达式的值，它主要用于循环语句中，同时对多个变量赋初值的情况，如下。

```
for(i=1,j=100; i<j; i++,j--)
```

2.3.6　复合赋值运算符

在赋值运算符前面加上其他的运算符，可构成复合的赋值运算符，其一般形式如下。

变量 双目运算符 = 表达式

它等价于

变量 = 变量 双目运算符 表达式

这里的双目运算符，一般限于算术运算符（+，-，*，/，%）和位运算符（后续章节讲解）。若使用算术运算符来构成复合的赋值运算符，则为+=、-=、*=、/=、%=。

例如 a+=3 是复合的赋值表达式（+=为复合赋值运算符），等价于 a=a+3；据此类推，【例 2-9】中的 ch=ch-32，也可写作 ch-=32。

需要注意的是，复合的赋值运算符右边的表达式需要作为一个整体来运算，尤其是当右边的表达式不是单个常量或单个变量时，需要特别注意。

例如 x%=y+3 等价于 x=x%(y+3)，而不等价于 x=x%y+3。

使用复合赋值运算符的目的是简化程序，提高执行效率。

2.3.7　增 1 和减 1 运算符

C 语言程序中（尤其是 for、while 等循环语句中）随处可见的++、--，这是 C 语言提供的非常有用的运算符，即增 1 和减 1 运算符。顾名思义，++（增 1 运算符）的功能是使变量的值增加 1 个单位，而--（减 1 运算符）的功能是使变量的值减少 1 个单位。

++、--是单目运算符，只需要一个操作数，操作数只能是变量，不能是常量或表达式，使用时，有两种形式：前缀形式（++/--用在变量的前面）和后缀形式（++/--用在变量的后面），如下。

前缀形式：++a 等价于 a=a+1

--a 等价于 a=a-1

后缀形式：a++ 等价于 a=a+1

a-- 等价于 a=a-1

既然前缀形式和后缀形式都有其等价的表示方式，为何还要使用++、--运算符呢？这是因为，一方面使用++、--运算符，程序会更简洁；另一方面，也是更重要的一方面，对于多数 C 编译器来说，利用++、--运算符生成的代码比等价的赋值语句生成的代码运行速度更快，效率更高。

从前缀形式和后缀形式的等价表示方法来看，++a 和 a++，--a 和 a--，好像是等价的，但事实上却不尽如此，这是初学者需要特别注意的地方，下面给予详细说明。

（1）若前缀形式和后缀形式单独使用，并未出现在表达式中，这时从实现的效果（即程序的运行结果）上来看，是等价的。如++a;和 a++;（注意这里有分号 ";"，表示 C 语句结束）都是实现增 1 的功能，若 a 的初值为 5，则不管是执行完++a;还是执行完 a++;，a 的值都是 6；同样，--a;和 a--;都是实现减 1 的功能，若 a 的初值为 5，则不管是执行完--a;还是执行完 a--;，a 的值都是 4。因为没有出现在表达式中，不会影响其他变量的值，故从效果上来说，前缀形式和后缀形式在单独使用时，是等价的。

（2）若将前缀形式和后缀形式放入表达式中使用，则有本质区别。看下列两种形式。

b=++a; 前缀形式，等价于 a=a+1; b=a;

b=a++; 后缀形式，等价于 b=a; a=a+1;

简言之，若放入表达式中使用，对于前缀形式，先增加/减少被作用的变量的值，然后该变量再参加运算（参与其他运算，如上面的赋值运算）；而对于后缀形式，被作用的变量先参加其他运算，然后再增加/减少该变量的值。因为运算顺序的不同，表达式中其他变量的值会不一样。

因此，若 a 的初值为 5，则结果如下。

执行 b=++a;后，a 的值为 6，b 的值也为 6。

而执行 b=a++;后，a 的值为 6，b 的值为 5。

对于--运算，规则同上，不再赘述。

【例 2-12】 请分析下列程序结果。

```c
#include <stdio.h>
int main( )
{ int x,a=3;
 x=(a++)+(a++);
 printf("a=%d, x=%d \n",a,x);
 return(0);
}
```

该程序运行结果如图 2.8 所示。

执行后 x=6，a=5。过程如下。

（1）取出 a 的原值 3 相加，得 x=6。

（2）a 进行 2 次自加，得 a=5。

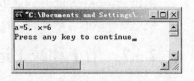

图 2.8 ++运算

C 编译处理时，尽可能多地自左而右将若干个字符组成一个运算符，如 i+++j 相当于（i++）+j。另外需要说明的是，为了增加程序的可读性，建议不要在一个表达式中对同一个变量连续使用++、--运算，如(++a)+(++a)等，这样的程序晦涩难懂，不是一种好的程序设计风格。

2.3.8　强制类型转换运算符

有时需要在不改变变量原数据类型的情况下，将变量或常量的值强制转换成一个需要的类型，比如【例 2-8】中的 height=1/2*g*t*t。为了得到正确的结果，需要将/（除法运算符）两边的任何一方转换成实数。一种方法是使用浮点数常量（height=1.0/2*g*t*t），还有一种方法就是使用强制类型转换运算符（height=(float)1/2*g*t*t）。

强制类型转换运算符的一般形式如下（小括号"( )"不能省）。

(类型)单个常量或变量

如，将变量 a 和 2.3 强制转换成整型，需要写作(int)a 和(int)2.3，转换的结果是取整（舍去小数部分）。

除了单个变量和常量外，有时也会将表达式的值转换为需要的类型，其一般形式如下。

(类型)(表达式)

如，将 a+b 的运算结果转换成浮点型，需要写作(float)(a+b)，而不能写作(float)a+b(此表达式的作用：将 a 转换成浮点型，然后和 b 相加)。若 a、b 被定义为整型，则(float)(a+b)的结果是除了值的整数部分，还增加小数部分，只不过小数部分为 0 而已。

说明，强制类型转换运算符只是在参与运算时，将常量、变量或表达式的值临时转换成需要的类型，而不会改变变量原来的类型（变量的类型唯一由定义时决定）。如存储学生成绩的变量 score 被定义为 float，在根据成绩划分等级时，可能会用到(int)score/10 的运算，这说明，在参与运算时，使用的是 score 的整数部分的值，但 score 仍然是浮点型变量，其值也不受影响。

2.4　各类数值型数据间的混合运算

因为整型数据和浮点型数据可以混合运算，而整型数据和字符型数据可以通用，因此，整型、浮点型、字符型数据间可以混合运算，如下。

```
12+'a'+1.7*'b'
```

混合运算时，需要进行类型转换。这种转换是系统自动进行的，不需程序员做任何处理，因此，是隐式转换，相对地，2.3.8 小节中的强制类型转换是显式转换。

系统在进行类型转换时，按照一定的规则进行，图 2.9 所示为其转换规则。

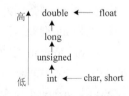

图 2.9　混合运算时的转换规则

图 2.9 中的横向向左的箭头表示必定的转换。

- 字符型（char）和短整型（short）在运算时一定要先转换为整型（int）；
- 单精度浮点型（float）数据在运算时一定要先转换成双精度型（double），即使是两个 float 型数据相加，也先转换成 double 型，然后再相加。

图 2.9 中纵向的箭头表示当运算对象为不同类型时的转换方向。

- 整型（int）和无符号型（unsigned）数据混合运算时，将整型数据转换成无符号型数据。

- 整型（int）或无符号型（unsigned）与长整型（long）数据混合运算时，都转换成长整型数据。
- 整型（int）、无符号型（unsigned）或长整型（long）与浮点型（float 或 double）数据混合运算时，都转换成双精度浮点型（double）数据。

如 12+'a'+1.7*'b'在混合运算时，字符'a'和'b'先被转换成整型（其 ASCII 码值），然后将 12、'a' 和'b'的 ASCII 码值转换成 double 型（1.7 隐含按双精度处理），最终表达式为 double 型。

总之，在自动类型转换时，总是按照精度不降低的原则从低向高进行转换（一般字节数少的精度低，字节数多的精度高）。

2.5 赋值表达式中的类型转换

在一个赋值语句中，如果赋值运算符左侧变量的类型和右侧表达式的类型不一致，那么赋值时将发生自动类型转换。类型转换的规则是，将右侧表达式的值转换成左侧变量的类型。具体来说，分为如下几种情况。

（1）实型数据赋给整型变量时，舍去实数的小数部分。

例如：i 为整型变量，则 i=2.35;语句的执行结果，使 i 的值为 3。

（2）整型数赋给实型变量时，数值不变，但以浮点数的形式存储到变量中。

例如：将 23 赋给浮点数（实型）变量 f 时，即 f=23;此语句执行的结果，22.000000 存储到实数变量 f 中。

（3）字符型数据赋给整型变量时，将字符数据（8 位）放到整型变量的低 8 位中，此时有两种情况。

① 如果字符为无符号的量或对 unsigned char 型变量赋值时，则将字符的 8 位放到整型变量的低 8 位，其高 8 位全补零。

例如：把 254 赋给整型变量 i 时，则 i=00000000 11111110。

② 如果字符为带符号的量，且字符最高位是 0，则整型变量的高 8 位补 0；若字符最高位是 1，则整型变量的高 8 位补 1。这称为"符号扩展"，这样做的目的是使数值保持不变。

（4）将带符号的整型数据（int 型）赋给 long int 型变量时，要进行符号扩展。首先将整型数的 16 位存放到 long int 型变量的低 16 位中，以保持数值不变。

① 如果 int 型数据为正值（符号位为 0），则 long int 型变量的高 16 位全置 0。

② 如果 int 型数据为负值（符号位为 1），则 long int 型变量的高 16 位全置 1。

（5）若将 long int 型数据赋给一个 int 型变量时，只将 long int 型中低 16 位原封不动存放到整型变量中。这称为截断，即 long int 型的高 16 位被截断了。

（6）将 unsigned int 型数据赋给 long int 型变量时，不存在符号扩展问题，只需将高 16 位补 0 即可。

简言之，字节数少的量向字节数多的量赋值的方法是：原来的值存放到低位中，高位置 0 或 1（原则保持值不变）；而字节数多的量向字节数少的量赋值的方法是：直接将多余的高位截断即可。若赋值运算符两侧的量的字节数相同，直接赋值即可。

一般而言，将取值范围小（字节数少）的类型转换为取值范围大（字节数多）的类型是安全的；而反之是不安全的，可能会发生信息丢失、类型溢出等错误（因高位被截断）。因此，程序设计人员需要选取适当的数据类型，以保证不同类型数据之间运算结果的正确性，在使用赋值运算符时，尽量选取一致的数据类型。

2.6　本章小结

本章主要介绍了 C 语言的基础知识，重点讲解了以下几个方面的内容。

1. 基本数据类型的概念 C 语言中的基本数据类型包括整型、浮点型和字符型。

2. 常量和变量

常量包括整型常量、浮点型常量、字符常量和字符串，其中要注意字符常量和字符串的区别；变量包括整型变量、浮点型变量和字符变量，其中要特别注意整型变量的数据溢出问题，浮点型变量的舍入误差，字符变量的 ASCII 码值的特点和转义字符的使用。

变量的名称可以是任何合法的标识符，但不能是关键字，命名时尽量做到"见名知意"，使用时，必须先定义。

3. 常用运算符和表达式

常用运算符包括赋值运算符、算术运算符、关系运算符、逻辑运算符、逗号运算符、复合赋值运算符、增 1 减 1 运算符、强制类型转换运算符。要特别注意运算符的功能、优先级和结合方向。

表达式是由运算符连接各种类型的数据（包括常量、变量和后续章节讲解的函数调用等）组合而成的，表达式的求值应按照运算符的优先级和结合性所规定的顺序进行。

4. 各类数值型数据间的混合运算

整型数据、浮点型数据和字符型数据可以进行混合运算，要注意混合运算时，系统进行自动类型转换的规则及整个混合运算表达式值的数据类型。

5. 赋值表达式中的类型转换

当赋值运算符两侧的类型不一致时，系统会自动进行类型转换，转换规则是将赋值运算符右侧表达式值的类型转换成左侧变量的类型后再赋值给左侧的变量。

习　题　二

一、程序题

1. 阅读程序写出运行结果

（1）
```c
#include <stdio.h>
int main( )
{int x=10,y=6,z=3,t;
 if(x>y) {t=x;x=y;y=t;}
 if(y>z) {t=y;y=z;z=t;}
 if(x>y) {t=x;x=y;y=t;}
 printf("%d\t%d\t%d\n",x,y,z);
 return 0;
}
```

运行结果_____

（2）
```c
#include <stdio.h>
int main( )
```

```
{int n=123;
 int x,y,z;
 x=n/100;
 y=n%100/10;
 z=n%10;
 printf("x=%d,y=%d,z=%d\n",x,y,z);
 return 0;
}
```

运行结果_____

（3）
```
#include <stdio.h>
int main( )
{int x=10,y=6;
 printf("%d\n",!x);
 printf("%d\n",x||y);
 printf("%d\n",x&&y);
 return 0;
}
```

运行结果_____

（4）
```
#include <stdio.h>
int main( )
{int x=10,y=6,z=3,s=0;
 s+=x;
 s+=y;
 s+=z;
 printf("%d\n",s);
 return 0;
}
```

运行结果_____

（5）
```
#include <stdio.h>
int main( )
{int a=2,b=3;
 float x=2.5,y=2.5;
 printf("%f\n",(float)(a+b)/2+(int)x%(int)y);
 return 0;
}
```

运行结果_____

（6）
```
#include <stdio.h>
int main( )
{int a=-100;
 unsigned b,c;
 long d=32768;
 float e=4.56;
 b=a;
 a=c=d;
 printf("%d,%u,%u,%ld\n",a,b,c,d);
 a=e;
 printf("%d,%f\n",a,e);
 return 0;
}
```

本题假设 int 型数据占 2 字节。

（提示：%u 表示以无符号整型的格式输出；%ld 表示以长整型的格式输出）

运行结果_____

（7）
```c
#include <stdio.h>
int main( )
{int i=1,j,k;
 j=i++;printf("j=%d,i=%d\n",j,i);
 k=++i;printf("k=%d,i=%d\n",k,i);
 j=i--;printf("j=%d,i=%d\n",j,i);
 k=--i;printf("k=%d,i=%d\n",k,i);
 return 0;
}
```
运行结果_____

2. 仿照本章的例题写程序

（1）输入 3 个整数，计算并输出它们的平均值。

（2）输入 3 个整数，对它们进行从小到大排序，并输出排序后的结果。

（3）输入一个 0～100 之间的整数，若该数是偶数且是 5 的倍数，则输出 "Y"，否则输出 "N"。

（4）输入两个英文小写字母，输出其中的较大字母、较小字母，以及较大字母和较小字母之间间隔的字符个数。

二、单选题

1. 在 C 语言中（以 16 位 PC 机为例），5 种基本数据类型的存储空间长度的排列顺序为（   ）。

    A. char<int<long int< = float<double

    B. char = int <long int<=float<double

    C. char<int<long int = float = double

    D. char=int=long int< = float<double

2. 假设所有变量均为整型，则表达式(a=2,b=5,b++,a+b)的值是（   ）。

    A. 7   B. 8   C. 6   D. 2

3. 下列选项中，均是不合法的用户标识符的选项是（   ）。

A. A	B. float	C. b-a	D. _123
P_0	la0	goto	struct
do	_A	int	type

4. C 语言中的标识符只能由字母、数字和下划线 3 种字符组成，且第一个字符（   ）。

    A. 必须为字母

    B. 必须为下划线

    C. 必须为字母或下划线

    D. 可以是字母、数字和下划线中任意一种字符

第3章
顺序结构程序设计

内容导读

C 语言的程序是由一条一条的语句构成的，每条语句都是向计算机系统发出的指令，程序的执行是计算机按照一定的顺序逐条完成程序中的所有语句规定的工作，直到程序结束。C 语句是 C 语言程序的重要组成要素。本章我们将进一步学习以下的 C 语言知识。

（1）C 语言程序结构与语句。

（2）C 语言的输入输出。

（3）顺序程序设计。

3.1　C 语句概述

C 语句是程序员和计算机打交道的指令，多条 C 语句按照 C 语言的语法规定组合在一起构成了解决问题的程序。计算机系统通过执行程序中的所有 C 语句来完成程序员想要完成的工作。比如程序员要通过键盘输入两个整数，让计算机计算一下这两个整数的和、平方和，并将计算结果输出出来，具体实现程序如下。

【例 3-1】 从键盘输入两个整数，输出这两个整数的和、平方和。

```c
#include "stdio.h"
int main( )
{int a, b;
    int sum, sqrsum;
scanf("%d%d",&a,&b); /*从键盘输入值赋给变量a和b*/
    sum = a + b;
    sqrsum= a*a + b*b;
    printf("两个数的和是: %d\n",sum); /*输出变量a和b的和sum */
    printf("两个数的平方和是: %d\n", sqrsum;); /*输出a和b的平方和sqrsum */
    return 0;
}
```

程序的运行结果如图 3.1 所示。

该程序的 main 函数中有 8 行代码，前两行为变量定义，后面 6 行为 C 语句，通过该程序我们可以看出，每条 C 语句的最后必须要有一个分号。但 C 程序书写自由，可以在一行内写多条语句，也可以把一条语句分行书写。例如【例 3-1】的程序也可以写成下面的格式。

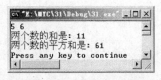

图 3.1　【例 3-1】运行结果

50

```
#include "stdio.h"
int main( )
{int a,b;    int sum, sqrsum;
    scanf("%d%d",&a,&b);  sum = a + b;
    sqrsum = a*a +
    b*b;
    printf("两个数的和是: %d\n", sum);   printf("两个数的平方和是: %d\n", sqrsum);
    return 0;
}
```

C 语言的语句可以分为以下 5 类。

（1）表达式语句。由一个表达式加上一个分号构成的语句，如下。

```
A = 5;
```

即由一个赋值表达式 A=5 加上分号以后构成的赋值语句。赋值语句是 C 语言中最常见的表达式语句，任何表达式都可以加上分号构成语句，如下。

```
i++;
```

也是一条语句，其作用是使 i 的值加 1。又如

```
A + B;
```

也是一条语句，作用是完成 A+B 的操作，它是合法的，但并没有把 A+B 的值赋给另一个变量，所以并没有什么实际意义。

（2）函数调用语句。由一次函数调用加上一个分号构成的语句，如下。

```
printf("I like to study C program !");
```

该语句的作用是调用 printf 函数，输出字符串 "I like to study C program !"。

（3）空语句。只由一个分号构成的语句，如下。

```
;
```

空语句什么都不做，有时用来作被转向点，或循环语句中的循环体（循环体是空语句表示循环体什么也不做）。

（4）控制语句。完成一定控制功能的语句，C 语言有 9 种控制语句，如下。

```
if( )～ else ～              (条件语句)
for( )～                     (循环语句)
while( )～                   (循环语句)
do ～ while( )               (循环语句)
continue                     (结束本次循环)
break                        (中止执行循环或 switch)
switch                       (多选择选择语句)
goto                         (转向语句)
return                       (从函数返回语句)
```

这些控制语句的具体用法将在后续章节中进行详细介绍。

（5）复合语句。可以用{}把一些语句括起来构成复合语句，又称为分程序，如下。

```
{   A = 5; B = 6;
    C = A + B;
    printf("%f",C. ;
}
```

　　复合语句中最后一条语句的分号不能省略。

在【例 3-1】的 6 条 C 语句中，有 2 条赋值语句，3 条函数调用语句，1 条控制语句 "return 0;"，该控制语句表示 main 函数的结束，其他语句的用法将在后续章节中进行详细介绍。

3.2 格式化输入输出函数

所谓输入输出，是以计算机为主体，将数据从计算机中送到外部设备（如显示屏、磁盘、打印机等）的过程称为 "输出"；相反，将数据从外部设备（如键盘、扫描仪等）送到计算机的过程称为 "输入"。C 语言的输入和输出操作是通过函数来实现的，C 标准函数库中提供了一些输入输出函数，本节重点介绍两个格式化输入输出函数。

3.2.1 printf 函数（格式化输出函数）

1. printf 函数的基本格式

printf 函数的作用是向终端输出若干个任意类型的数据，其一般格式如下。

printf（格式控制，输出列表）

【例 3-2】 输出各种类型的数据。

```c
#include "stdio.h"
int main( )
{int a = 3; float b =5;   char c1 = 'O', c2 = 'K', c3 = '!';
    printf("您好!这是一个格式化输出的典型实例。\n");
    printf("%c%c%c \n",c1,c2,c3);
    printf("a = %d \n",a);
    printf("%f  %c\n",b, c2);
    printf("%d  %c\n",6, '6');
    printf("两个数的和是: %.2f \n",a+b);
    return 0;
}
```

程序的运行结果如图 3.2 所示。

从上例可以看出，双引号括起来的字符串为 "格式控制"，字符串中的字符分为 3 种类型。

（1）普通字符。如 "您好!" "a =" "两个数的和是:" 等，这些字符系统照原样输出。

（2）格式控制字符。如%d、%c、%f、%.2f 等，其作用是将要输出的数据转换为指定的格式输出。详细的格式控制符和意义如表 3.1 所示。

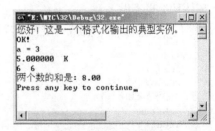

图 3.2 【例 3-2】运行结果

（3）转义字符。如前文表 2.3 中所示的转义字符，本例中 '\n' 表示换行。

需要进一步说明的是，每个格式字符串都是以%开头，格式字符串和输出列表中的数据必须按照顺序一一对应，输出列表中的数据要用逗号隔开。

表 3.1　　　　　　　　　　　　　　　　输出格式控制符及其意义

	%d	输出十进制整型数
整型数据	%u	输出无符号的十进制整型数
	%o	输出八进制无符号整型数
	%x	输出十六进制无符号整型数

续表

实型数据	%f	输出小数形式的单、双精度实数
	%e	输出指数形式的单、双精度实数
	%g	选%f、%e 中较短的格式输出单、双精度实数
字符型数据	%c	输出单个字符
	%s	输出一个字符串

2. 整型与实型数据的输出格式

整数的输出格式包括有符号十进制、无符号十进制、无符号八进制、无符号十六进制 4 种类型，最常用的是有符号十进制，但要注意和其他几种格式的转换，如【例 3-3】所示。

【例 3-3】 输出整型数据。

```
#include "stdio.h"
int main( )
{int a = 26, b = -2;
  printf("a = %d,  %u,  %o,  %x \n",a,a,a,a);
  printf("b = %d,  %u,  %o,  %x \n",b,b,b,b);
  return 0;
}
```

程序的运行结果如图 3.3 所示。

需要说明的是，一个变量在内存中是按补码形式表示的，正数的原码、反码、补码一致，负数的补码是原码取反再加 1。a 是一个带符号的正整数，十进制表示为 26，转换为八进制是 32，转换为十六进制是

图 3.3 【例 3-3】运行结果

1a。而 b 是一个带符号的负整数，其在字长为 32 位的计算机系统内存中存储格式为

1 1 1 1　1 1 1 1　1 1 1 1　1 1 1 1　1 1 1 1　1 1 1 1　1 1 1 1　1 1 1 1
1 1 1 1　1 1 1 1　1 1 1 1　1 1 1 1　1 1 1 1　1 1 1 1　1 1 1 1　1 1 1 0

因此其无符号格式输出为 4294967294，转换为八进制是 37777777776，转换为十六进制是 fffffffe。

实数的输出格式要注意有效数字和小数的位数，%f、%e 默认的是输出 6 位小数，也可以用 %.3f、%.8e 的格式指定小数位数，如【例 3-4】所示。

【例 3-4】 输出实型数据。

```
1   #include "stdio.h"
2   int main( )
3   {int a=29;
4    float b=1243.2341;
5    double c=24212345.24232;
6    char d='h';
7    printf("a=%d,%5d,%o,%x\n",a,a,a,a);
8    printf("b=%f,%lf,%5.4lf,%e\n",b,b,b,b);
9    printf("c=%lf,%f,%8.4lf\n",c,c,c);
10   printf("d=%c,%8c\n",d,d);
11   return(0);
12  }
```

本例第 7 行中以 4 种格式输出整型变量 a 的值，其中"%5d "要求输出宽度为 5，而 a 值为 15 只有两位故补 3 个空格。第 8 行中以 4 种格式输出实型变量 b 的值。其中"%f"和"%lf "格式的输出相同，说明"l"符对"f"类型无影响。"%5.4lf"指定输出宽度为 5，精度为 4，由于实

际长度超过 5 故应该按实际位数输出，小数位数超过 4 位部分被截去。第 9 行输出双精度实数，"%8.4lf"由于指定精度为 4 位故截去了超过 4 位的部分。第 10 行输出字符量 d，其中"%8c"指定输出宽度为 8 故在输出字符 h 之前补加 7 个空格。运行结果如图 3.4 所示。

3. 字符型数据的输出格式

要输出字符型数据，需要注意单个字符和字符串的区别，输出单个字符用%c 的格式，输出字符串用%s 的格式。

【例 3-5】 输出字符与字符串。

```c
#include "stdio.h"
int main( )
{    char c='a';
          printf("%c",c);
     printf("%s","  I like apple!  ");
     printf("\n");
     printf("%c",'w');
     printf("\n");
     printf("I like apple!  %c\n",c);
     printf("%s %c\n","I like apple!  ",c);
return(0);
}
```

程序的运行结果如图 3.5 所示。

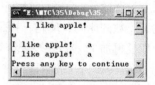

```a=29,   29,35,1d```
```b=1243.234131,1243.234131,1243.2341,1.243234e+003```
```c=24212345.242320,24212345.242320,24212345.2423```
```d=h,   h```
```Press any key to continue```
	```a I like apple!```
	```w```
	```I like apple! a```
	```I like apple! a```
	```Press any key to continue```

图 3.4 【例 3-4】运行结果	图 3.5 【例 3-5】运行结果

在上一章中我们学习到，字符型数据可以作为整型数据使用，只不过其表示值的范围不同。一个字符的 ASCII 码值即为其所对应的整数值，因此一个字符可以用整数形式输出，而一个 0～255 之间的整数也可以用字符形式输出，在输出前，系统会将该整数作为 ASCII 码并转换为相应的字符。

【例 3-6】 字符型数据与整型数据的等价性。

```c
#include "stdio.h"
int main( )
{    int n = 97;
     char c = 'b';
     printf("%d,%d\n",n,c);
     printf("%c,%c\n",n,c);
     printf("%d,%d\n",n-32,c-32);
     printf("%c,%c\n",n-32,c-32);
return(0);
}
```

程序的运行结果如图 3.6 所示。

4. 指定输出的宽度

我们可以在%和格式控制符中间加上一个整数表示指定输出的宽度，如%5d, %3c, %6s, %7f, %8.2f 等。如果要输出的实际宽度超出指定宽度，则按实际宽度输出，如果实际宽度小于指定宽度，则用空格补全。

【例 3-7】 指定输出的宽度。

```
#include "stdio.h"
int main( )
{     int n = 197;
    char c = 'b';
    float a = 3.1415926;
        printf("%5d,%2d\n",n,n);
    printf("%3c,%8c\n",c,c);
    printf("%10f,%10.2f\n",a,a);
    printf("%3s,%8s\n","CHINA","CHINA");
return(0);
}
```

程序的运行结果如图 3.7 所示。

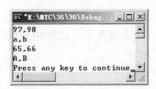

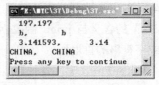

图 3.6　【例 3-6】运行结果　　　　　图 3.7　【例 3-7】运行结果

通过上例可以看出，实际宽度小于指定宽度时，补全的空格默认都在输出内容的左侧，也可以用标志字符 "—" 来指定补全的空格在输出内容的右侧。如

```
printf("%-5d,%-10s, %-3c。\n",n,"CHINA", c);
```

的输出内容为

197 , CHINA   , b 。

　　　　格式字符串是以 % 开头的字符串，在 % 后面跟有各种格式字符，以说明输出数据的类型、形式、长度、小数位数等，在 Turbo C 中格式字符串的一般形式如下。

[标志][输出最小宽度][.精度][长度]类型

其中方括号[]中的项为可选项。各项的意义介绍如下。

（1）标志。标志字符为-、+、#、空格共 4 种，其意义如下。

-：结果左对齐，右边填空格。

+：输出符号（正号或负号）空格输出值为正时冠以空格，为负时冠以负号。

#：对 c，s，d，u 类无影响；对 o 类，在输出时加前缀 o；对 x 类，在输出时加前缀 0x；对 e，g，f 类，当结果有小数时才给出小数点。

（2）输出最小宽度。用十进制整数来表示输出的最少位数。若实际位数多于定义的宽度，则按实际位数输出，若实际位数少于定义的宽度则补以空格或 0。

（3）精度。精度格式符以 "." 开头，后跟十进制整数。本项的意义是：如果输出数值，则表示小数的位数；如果输出的是字符串，则表示输出字符的个数；若实际位数大于所定义的精度数，则截去超过的部分。

（4）长度。长度格式符为 h 和 l 两种，h 表示按短整型量输出，l 表示按长整型量输出。

（5）printf 函数是一个标准库函数，它的函数原型在头文件 "stdio.h" 中。请大家仔细阅读【例 3-4】程序，然后再上机调试。

（6）使用 printf 函数时还要注意一个问题，那就是输出表列中的求值顺序。不同的编译系统不一定相同，可以从左到右，也可从右到左。Turbo C 是按从右到左进行的。举例如下。

```
#include "stdio.h"
int main( )
{ int i=3;
  printf("%d\n%d\n",i,++i);
  return(0);
}
```

运行结果如图 3.8 所示。

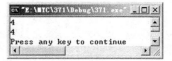

图 3.8　运行结果

3.2.2　scanf 函数（格式化输入函数）

1．scanf 函数的基本格式

scanf 函数的作用是通过键盘输入若干个任意类型的数据，其一般格式如下。

scanf（格式控制，地址列表）

"格式控制"的含义与 printf 函数相同，"地址列表"是由若干个地址组成的表列，可以是变量的地址，或字符串的首地址。

【例 3-8】　用 scanf 函数输入各种类型的数据。

```
#include "stdio.h"
int main( )
{    char c;
    int x,y,z;
    float f1,f2;
        scanf("%c",&c);
    scanf("%d",&x);
    scanf("%o%x%f",&y,&z,&f1);
    scanf("%e",&f2);
    printf("c=%c, x=%d, y=%d, z=%d, f1=%.2f, f2=%.2f\n",c,x,y,z,f1,f2);
    return(0);
}
```

程序运行时输入

w 2 11 12 3.4 5.6e3 ↙

系统输出

c=w, x=2, y=9, z=18, f1=3.40, f2=5600.00

&c，&x，&y 中的 "&" 是地址运算符，&c 是变量 c 在内存中的地址，scanf("%c", &c)的作用是接收一个键盘输入的字符存放在变量 c 中。详细的格式控制说明如表 3.2 所示。

表 3.2　　　　　　　　　　　　　输入格式控制符及其意义

整型 数据	%d	输入有符号十进制整型数
	%u	输入无符号的十进制整型数
	%o	输入无符号八进制整型数
	%x	输入无符号十六进制整型数
实型 数据	%f	输入小数形式的单、双精度实型数
	%e	输入指数形式的单精度实型数
字符型 数据	%c	输入单个字符
	%s	输入一个字符串

一般情况下，为了输入方便，scanf 函数的"格式控制"字符串中尽量不出现普通字符，如果在"格式控制"字符串中有普通字符，务必原样输入。例如针对

```
scanf("%d,%d,%d",&x,&y,&z);
```

在输入 3 个整数时，必须用","隔开，应当输入

```
2,3,4↙
```

再如，针对

```
scanf("x=%d, y=%d, z=%d",&x,&y,&z);
```

输入格式应当为

```
x=2, y=3, z=4↙
```

2. 数值数据的输入格式

在"格式控制"字符串中没有普通字符的情况下，数值数据输入时，两个数据之间可以用一个或者多个"空格、回车键、跳格键 Tab"隔开，例如，对于

```
scanf("%d%d%d",&x,&y,&z);
```

以下的 4 种输入格式（"＿"表示空格符）都是合法的。

```
①2＿＿3＿＿＿4↙
②2↙
 3＿＿＿4↙
③2＿＿＿↙
 3（Tab）4↙
④2↙
 ＿＿＿↙
 3（Tab）＿＿4↙
```

对于整数的输入可以指定数据所占列数，系统按照指定列数截取所需数据，如

```
scanf("%3d%3d",&x,&y);
```

输入：123456↙

系统将 123 赋给 x，将 456 赋给 y。

对于实数的输入不能规定精度，如

```
scanf("%7.2f",&f1);
```

是不合法的。

注意事项如下。

（1）scanf 函数是一个标准库函数，它的函数定义在头文件"stdio.h"中，与 printf 函数相同，C 语言也允许在使用 scanf 函数之前不必包含 stdio.h 文件。

（2）格式控制字符串的作用与 printf 函数相同，但不能显示非格式字符，也就是不能显示提示字符串。

（3）地址列表中给出各变量的地址，地址是由地址运算符"&"后跟变量名组成的，变量的地址是 C 编译系统分配的，用户不必关心具体的地址是多少。

（4）scanf 函数中格式字符串的一般形式如下。

```
%[*][输入数据宽度][长度]类型
```

其中有方括号[]的项为任选项。

- "*"符。用以表示该输入项读入后不赋予相应的变量，即跳过该输入值。如

```
scanf("%d %*d %d",&a,&b);
```

当输入为1 2 3 时，把1赋予a，2被跳过，3赋予b。

- 宽度。用十进制整数指定输入的宽度（即字符数）。如

```
scanf("%5d",&a);
```

输入：12345678

只把12345赋予变量a，其余部分被截去。

- 长度。长度格式符为l和h，l表示输入长整型数据（如%ld）和双精度浮点数（如%lf）。h表示输入短整型数据。

（5）使用scanf函数还必须注意以下几点。

- scanf函数中没有精度控制，如scanf("%5.2f", &a); 是非法的。不能企图用此语句输入小数为2位的实数。

- 在输入多个数值数据时，若格式控制串中没有非格式字符作输入数据之间的间隔则可用空格、TAB或回车作间隔。C编译在碰到空格、TAB、回车或非法数据（如对"%d"输入"12A"时，A即为非法数据）时即认为该数据结束；有非格式字符作输入数据之间的间隔则原样输入。

- 在输入字符数据时，若格式控制串中无非格式字符，则认为所有输入的字符均为有效字符。请看下面程序的输入方式。

```
#include "stdio.h"
int main( )
{char a,b,c;
  scanf("%c%c%c",&a,&b,&c);
  printf("a=%c,b=%c,c=%c\n",a,b,c);
  return(0);
}
```

正确的输入是you。运行结果如图3.9所示。

而不是y 空格 o 空格 u，为什么？运行结果如图3.10所示。

如输出的数据与输入的类型不一致时，虽然编译能够通过，但结果将不正确。请看下列程序。

```
#include "stdio.h"
int main( )
{long a;
  printf("input a long integer\n");
  scanf("%ld",&a);
  printf("%d",a);
  return(0);
}
```

输入123456

程序在TC环境下运行结果如图3.11所示。

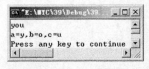

图3.9　运行结果（一）

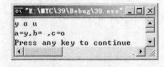

图3.10　运行结果（二）

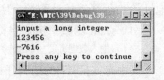

图3.11　运行结果（三）

3.3　字符数据的输入输出

3.3.1　putchar 函数（字符输出函数）

putchar 函数的作用是向终端输出一个字符。

【例 3-9】 输出单个字符。

```
#include "stdio.h"
int  main( )
{    char c = 'A';
     int  n = 66;
           putchar(c);
     putchar(n);
     putchar('C');
     putchar('\n');
   return(0);
}
```

程序的运行结果如图 3.12 所示。

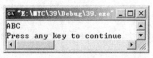

图 3.12 【例 3-9】运行结果

由【例 3-9】可以看出 putchar 函数的参数可以是一个字符常量，也可以是一个字符变量，也可以是一个整数，也可以是一个控制字符或转义字符。

3.3.2　getchar 函数（字符输入函数）

getchar 函数的作用是从终端输入一个字符，该函数没有参数，返回值就是从输入设备得到的字符。

【例 3-10】 输入单个字符。

```
#include "stdio.h"
int main( )
{    char c;
     c = getchar( );
     putchar(c);
     putchar('\n');
 return(0);
}
```

程序运行时，从键盘输入字符‘A’并回车，运行结果为

A↙
A

请注意，getchar( )函数只能接收一个字符，该函数得到的字符可以赋给一个字符变量或整型变量，也可以不赋给任何变量，作为表达式的一部分，如【例 3-9】和【例 3-10】中字符‘A’的输入输出可以用下面一行代码实现。

```
        putchar(getchar( ));
```

因为 getchar( )接收键盘输入的值为‘A’，因此 putchar 函数输出‘A’，也可以用 printf 函数输出。

```
            printf("%c ",getchar( ));
```

另外一点需要注意的是，如果要在程序中调用 putchar( )和 getchar( )函数，需要在文件开头加上 "包含命令"。

```
#include "stdio.h"
```

3.4　顺序结构程序设计举例

下面介绍几个顺序程序设计的例子。

【例 3-11】　输入三角形的三边长，求三角形的面积。

为简单起见，设输入的三边长 a、b、c 能构成三角形，已知三角形的面积公式为

$$area = \sqrt{s(s-a)(s-b)(s-c)}$$

其中 $s = (a+b+c)/2$，据此编写程序如下。

```
#include "stdio.h"
#include "math.h"
int main( )
{   float a,b,c,s,area;
    scanf("%f%f%f",&a,&b,&c);
    s = (a + b + c) / 2.0;
    area = sqrt(s*(s-a)*(s-b)*(s-c));
    printf("a=%5.2f,b=%5.2f,c=%5.2f,s=%5.2f\n",a,b,c,s);
    printf("area = %5.2f",area);
    putchar('\n');
 return(0);
}
```

输入 5 6 7，程序运行结果如图 3.13 所示。

注意，程序中第 8 行 sqrt( )是求平方根的函数，要在程序中调用数学函数，需要包含头文件 "math.h"。

【例 3-12】　从键盘输入一个大写字母，要求改用小写字母输出。

```
#include "stdio.h"
int main( )
{   char c1,c2;
    c1 = getchar( );
    c2 = c1 + 32;
    printf("%c, %d\n",c1,c1);
    printf("%c, %d\n",c2,c2);
return(0);
}
```

输入 'A'，程序运行结果如图 3.14 所示。

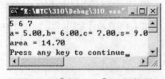

图 3.13 【例 3-11】运行结果

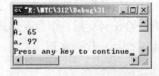

图 3.14 【例 3-12】运行结果

【例 3-13】　求方程 $ax^2 + bx + c = 0$ 的根。a、b、c 由键盘输入，为简单起见，设 $b^2 - 4ac > 0$。则一元二次方程的根为

$$x_1 = \frac{-b+\sqrt{b^2-4ac}}{2a}, \quad x_2 = \frac{-b-\sqrt{b^2-4ac}}{2a}$$

若设 $p = \dfrac{-b}{2a}$，$q = \dfrac{\sqrt{b^2-4ac}}{2a}$，则 $x_1 = p+q, x_2 = p-q$。

编写程序如下。

```c
#include "stdio.h"
#include "math.h"
int main( )
{   float a,b,c,x1,x2,p,q;
    scanf("%f%f%f",&a,&b,&c);
    p = -b/(2*a);
    q = sqrt(b*b-4*a*c)/(2*a);
    x1 = p + q;
    x2 = p - q;
    printf("x1 = %.2f,  x2 = %.2f\n\n",x1,x2);
return(0);
}
```

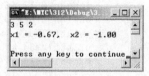

图 3.15 【例 3-13】运行结果

输入"3　5　2"，程序运行结果如图 3.15 所示。

3.5　本章小结

1. 语句的分类

程序中执行部分最基本的单位是语句。C 语言的语句可分为 5 类。

（1）表达式语句：任何表达式末尾加上分号即可构成表达式语句，常用的表达式语句为赋值语句。

（2）函数调用语句：由函数调用加上分号即组成函数调用语句。

（3）控制语句：用于控制程序流程，由专门的语句定义符及所需的表达式组成。主要有条件判断执行语句，循环执行语句，转向语句等。

（4）复合语句：由{}把多个语句括起来组成一个语句。复合语句被认为是单条语句，它可出现在所有允许出现语句的地方，如循环体等。

（5）空语句：仅由分号组成，无实际功能。

2. 输入输出函数

C 语言中没有提供专门的输入输出语句，所有的输入输出都是由调用标准库函数中的输入输出函数来实现的。

scanf 和 getchar 函数是输入函数，接收来自键盘的输入数据。

scanf 是格式输入函数，可按指定的格式输入任意类型数据。

getchar 函数是字符输入函数，只能接收单个字符。

printf 和 putchar 函数是输出函数，向显示器屏幕输出数据。

printf 是格式输出函数，可按指定的格式显示任意类型的数据。

putchar 是字符显示函数，只能显示单个字符。

3. 简单程序设计

程序从结构上可分为 3 种：顺序、选择、循环。顺序结构的特点，从开始到结束，计算机按照程序逻辑顺序依次执行，每条语句只被执行一次。输入输出语句是其核心。

习 题 三

一、程序题

1. 阅读程序写运行结果

（1）请写出以下程序的运行结果。

```
int main( )
  { int a = 5, b = 8;
    float x = 33.5678, y = -567.123;
    char c = 'A';
    long n = 1234567;
    unsigned u = 65535;
    printf("%d %d\n",a,b);
    printf("%3d %3d\n",a,b);
    printf("%10f %-10f\n",x,y);
    printf("%e %10.2e\n",x,y);
    printf("%c %d %o %x \n",c,c,c,c);
    printf("%ld %lo %lx %x \n",n,n,n,n);
    printf("%u %d %o %x \n",u,u,u,u);
    printf("%s  %3.2s \n","CHINA","CHINA");
  return(0);
  }
```

运行结果_____

（2）用下面的 scanf 函数输入数据，使 a=3，b=7，x=8.5，y=35.19，c1='Q'，c2='q'。请问在键盘上如何输入？

```
int main( )
  { int a, b;
    float x, y;
    char c1,c2;
    scanf("a=%d  b=%d",&a,&b);
    scanf("%f,  %f",&x,&y);
    scanf("%c%c",&c1,&c2);
    printf("%d %d %f %f %c %c\n",a,b,x,y,c1,c2);
  return(0);
  }
```

运行结果_____

（3）下面程序运行时从键盘上输入 123445216750，程序运行结果是什么？

```
#include <stdio.h>
int main( )
{int a,b,c;
 scanf("%2d%3d%*2d%3d",&a,&b,&c);
 printf("\na=%d,b=%d,c=%d\n",a,b,c);
 return(0);
 }
```

运行结果_____

（4）下面程序的输出结果是什么？

```
#include <stdio.h>
    int main( )
    {int c;
```

```
    char d;
    c=66;
    d='B';
    putchar(c);putchar(d);putchar('B');putchar(66);
    c=68;
    d='D';
    putchar(c);putchar(d);putchar('B');putchar(66);
return(0);
}
```

运行结果_____

（5）下面程序的输出结果是什么？

```
#include <stdio.h>
    int main( )
    { int a=-1;long b=-2;float f=123.456;char c='a';
    printf("a=%d,a=%o,a=%x,a=%u\n",a,a,a,a);
    printf("b=%ld,b=%lo,b=%lx,b=%lu\n",b,b,b,b);
    printf("f=%f,f=%7.2f,f=%-7.2f\nf=%e,f=%g\n",f,f,f,f,f);
    printf("c=%c,c=%3c,c=%-3c,c=%d,c=%c\n",c,c,c,'a',65);
    printf("s1=%s,s2=%7.3s,s3=%-7.3s\n","12345","ABCD","12345");
    return(0);
}
```

运行结果_____

（6）下面程序的输出结果是什么？

```
#include <stdio.h>
    int  main( )
    {int n,x1,x2,x3,y;
    printf("Please input number n:");
    scanf("%3d",&n);
    x1 = n/100;
    x2 = n/10%10;
    x3 = n%100;
    y = x3*100+x2*10+x1;
    printf("y = %d \n",y);
    return(0);
    }
```

运行结果_____

2. 写程序

（1）设圆柱底面圆半径 r=1.5，圆柱高 h=3，求底面圆周长、圆柱侧面积、圆柱面积、圆柱体积。

（2）输入一个华氏温度，要求输出摄氏温度。公式为

$$c = \frac{5}{9}(F - 32)$$

输出要有文字说明，保留两位小数。

（3）若 a=3，b=4，c=5，x=1.2，y=2.4，z = −3.6，u=33278，n=126765，c1='a'，c2='b'，编写程序输出以下的输出结果。

```
a = __3__ __b=_4__ __c=_5
x=1.200000, y=2.400000,z= -3.6000000
x+y= __3.60__ __ y+z=-1.20 __ __=-2.40
u=__33278 __ __ n=__ __ __126765
c1='a' 其 ASCII 码值为 97
c2='b' 其 ASCII 码值为 98
```

（4）编写程序，读入一个字母，输出与之对应的 ASCII 码，输入输出都要有相应的文字提示。

二、选择题

1. 已知'A'的 ASCII 代码是 65，以下程序的输出结果是（　　　）。

```
#include "stdio.h"
main( )
{   int c1=65,c2=66;
printf("%c, %c",c1,c2);
}
```

    A. 因输出格式不合法，输出错误信息　　B. 65,66

    C. A,B　　　　　　　　　　　　　　　　D. 65,66

2. 若变量已正确定义，要将 a 和 b 中的数进行交换，下面不正确的语句组是（　　　）。

    A. a=a+b,b=a-b,a=a-b;　　　　　　B. t=a,a=b,b=t;

    C. a=t,t=b,b=a;　　　　　　　　　　D. t=b;b=a;a=t;

3. 若 k 是整型变量，则以下程序段的输出是（　　　）。

```
k=-8567;
printf ("|%d|\n",k);
```

    A. 输出格式不正确　　　　　　　　　　B. 输出为|008567|

    C. 输出为|8567|　　　　　　　　　　　D. 输出为|-8567|

4. 下列可作变量的标识符是（　　　）。

    A. 3rt　　　　　　B. je_c　　　　　　C. $89　　　　　　D. a+6

5. C 语言中的标识符只能由字母、数字和下划线 3 种字符组成，且第一个字符（　　　）。

    A. 必须为字母或下划线　　　　　　　　B. 必须为下划线

    C. 必须为字母　　　　　　　　　　　　D. 可以是字母、数字和下划线中的任意一
                                 种字符

6. C 语言并不是非常严谨的算法语言，在以下关于 C 语言的不严谨的叙述中，错误的说法是（　　　）。

    A. 大写字母和小写字符的意义相同

    B. 有些不同类型的变量可以在一个表达式中运算

    C. 在赋值表达式中等号(=)左边的变量和右边的值可以是不同类型

    D. 同一个运算符号在不同的场合可以有不同的含义

第4章 选择结构程序设计

内容导读

C 语言程序的 3 种基本结构是顺序结构、选择结构和循环结构，第 3 章介绍了顺序结构，本章重点介绍选择结构。大多数程序中都会包含选择结构，它的作用是根据指定的条件是否满足，决定从给定的操作中选择其一。

（1）3 种运算符的使用。
（2）C 语言的 if 语句。
（3）条件运算符。
（4）C 语言的 switch 语句。
（5）选择程序设计。

4.1 if 语句

4.1.1 简单 if 语句

【例 4-1】 编写程序求两个数中的最大者。

```
#include "stdio.h"
int main( )
{
    int a, b, max;
    scanf("%d%d",&a,&b);  /*从键盘输入两个整数*/
    max=a;
    if(a<b)
        max = b;  /*如果整数 b 大, max 存 b*/
    printf("%d 和%d 这两个整数中的最大值是: %d\n",a,b,max);
    return(0);
}
```

（1）程序中 if(a<b) max = b;可能执行，也可能不执行，如上面程序输入 6 5 则不执行，因为 a=6 就是 6 和 5 的最大值。这种 if 语句的格式如下。

```
if（表达式）
    语句
```

其语义是：如果表达式的值为真，则执行其后的语句，否则不执行该语句。举例如下。

```
    if（a<b）
        max = b;
```

（2）简单 if 语句的执行过程如下。

首先，判断（表达式）是否成立，若成立则执行语句，否则跳过 if 语句。因此这个语句的（表达式）一般为关系或逻辑表达式，关系或逻辑表达式的相关知识请参阅第 2 章，总而言之，（表达式）的值为 0 就表示不成立，不等于 0 就是成立。

这个"语句"，可能是一条语句，也可以是多条语句，如果是多条语句，一定要用 C 语言的复合语句。

【例 4-2】 输入一个整数 num，若是正数，则输出它。

程序分析如下。

输入整数 num，num>0 就输出 num。

程序如下。

```
#include <stdio.h>
int main( )
{
    int num;             /*num 存储用户输入的整数*/
    printf("请输入一个整数: \n");/*提示用户输入数据*/
    scanf("%d",&num);        /*从键盘输入一个整数*/
    if(num>0)
    printf("正数: %d\n",num);/*判断为正数并输出结果*/
    return(0);
}
```

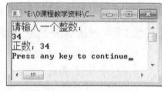

图 4.1 【例 4-2】运行结果

程序运行结果如图 4.1 所示。

4.1.2 双选择 if 语句

【例 4-3】 就是一个典型的双选择 if 语句，也是 C 语言用得最多的选择语句，其格式如下。

```
if（表达式）
 语句 1
 else
 语句 2
```

其语义是：如果表达式的值为真，则执行语句 1，否则执行语句 2。例如如下【例 4-1】的语句。

```
    if（a>b） max = a;
        else      max = b;
```

这种语句的执行过程如图 4.2 所示。

【例 4-4】编程判断一个三位整数是否为"水仙花数"。所谓"水仙花数"，就是各位数字立方和等于自身的三位整数。如 $153=1^3+5^3+3^3$。

```
#include "stdio.h"
int main( )
{ int a, b, c, x;
    printf("从键盘输入三位整数: ");
    scanf("%d",&x); /*从键盘输入三位整数*/
    a=x/100; /*取 a 的百位数字*/
    b=x%100/10; /*取 a 的十位数字*/
    c=x%10; /*取 a 的个位数字*/
    if(x==a*a*a+b*b*b+c*c*c)
        printf("%d 是水仙花数! \n", x);
    else
```

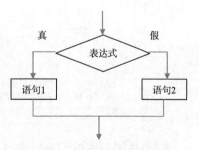

图 4.2 双选择 if 语句流程图

```
    printf("%d不是水仙花数!\n", x);
    return(0);
}
```

程序运行结果如图 4.3 所示。

图 4.3 【例 4-4】运行结果

4.1.3　多选择 if 语句

多选择 if 语句的格式如下。

```
if（表达式 1）        语句 1
else  if（表达式 2）      语句 2
…
else  if（表达式 m）      语句 m
else               语句 n
```

判断（表达式 i）是否成立，若成立，则执行语句 i(i=1, 2, …, m)，如都不成立，则执行语句 n。
其语义是：依次判断表达式的值，当出现某个值为真时，则执行其对应的语句。然后跳到整个
if 语句之外继续执行程序。如果所有的表达式均为假，则执行语句 n。然后继续执行后续程序。

【例 4-5】　输入一个百分制成绩，输出五分制中的优、良、中、及格或者不及格等级。

```
#include "stdio.h"
int main( )
{
    int grade;
    printf("输入百分制成绩:\n");
    scanf("%d",&grade);
    if(grade<0 || grade>100)
    {  printf("输入错误!\n");
      return -1;
    }
    if(grade < 60)
            printf("不及格\n");
    else  if(grade <70)
            printf("及格\n");
    else  if(grade <80)
            printf("中\n");
    else  if(grade <90)
            printf("良\n");
    else
            printf("优\n");
    return(0);
}
```

程序运行结果如图 4.4 所示。

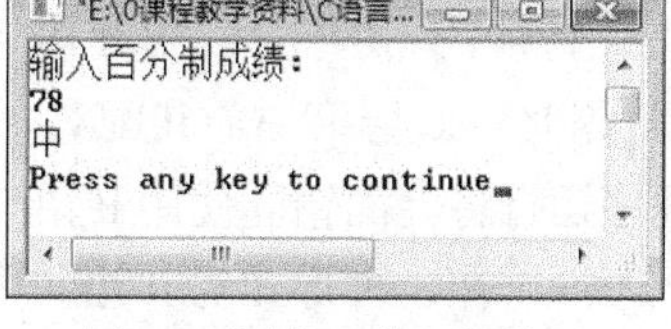

思考：如何编写五分制转换百分制程序？其实 if 还有一种
语句，通常称为嵌套 if 语句（在 if 语句中又包含一个或多个 if
语句）。【例 4-1】求 3 个数中的最大值的问题可以通过如下程序
来实现。

图 4.4 【例 4-5】运行结果

【例 4-6】　用嵌套 if 语句重新编写【例 2-10】输出 3 个数
中的最大值。

```
  #include "stdio.h"
int main( )
{ int a, b, c, max;
 printf("从键盘输入三个整数: \n");
 scanf("%d%d%d",&a,&b,&c); /*从键盘输入三个整数*/
```

```
if( a>b)
    if(a>c)        max = a;
    else           max = c;
  else
    if(b>c)        max = b;
    else           max = c;
    printf("三个数的最大值是: %d  \n", max);
    return(0);
}
```

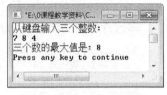

图 4.5 【例 4-6】运行结果

程序运行结果如图 4.5 所示。

if 语句的嵌套是指在一个 if 语句中又包含一个或多个 if 语句。一般形式如下。

```
if( )
    if( )语句 1
    else    语句 2
else
    if( )语句 3
    else    语句 4
```

应当注意 if 和 else 的配对关系。else 总是和它上面最近的 if 配对。如果要改变 else 和 if 的配对关系，需要通过花括号 "{ }" 来实现，如下。

【例 4-7】 用花括号改变 if 语句的限定范围。

```
#include "stdio.h"
int main( )
{
    int n=21;
    if( n%2==0 )
    {
        printf("%d 是一个偶数! \n",n);
        if(n%6==0)
            printf("%d 能被 6 整除! \n",n);
    }
    else
    {
        printf("%d 是一个奇数! \n",n);
        if(n%7==0)
            printf("%d 能被 7 整除! \n",n);
    }
    return(0);
}
```

程序运行结果如图 4.6 所示。

图 4.6 【例 4-7】运行结果

上例中，由于第二条 if 语句被花括号括起来，改变了作用范围，因此 else 与第一个 if 配对。如果将 if 语句后面的花括号去掉，程序运行将会出错。使用 if 语句时还应注意以下问题。

（1）在 3 种形式的 if 语句中，在 if 关键字之后均为表达式。该表达式通常是逻辑表达式或关系表达式，但也可以是其他表达式，如赋值表达式等，甚至也可以是一个变量。例如：if(a=5)语句；if(b)语句；都是允许的。只要表达式的值为非 0，即为 "真"。如在 if(a=5)…; 中表达式的值永远为非 0，所以其后的语句总是要执行的，当然这种情况在程序中不一定会出现，但在语法上是合法的。

（2）又如，有如下程序段。

```
if(a=b)
printf("%d",a);
else
printf("a=0");
```

本语句的语义是，把 b 值赋予 a，如为非 0 则输出该值，否则输出 "a=0" 字符串。这种用法在程序中是经常出现的。在 if 语句中，条件判断表达式必须用括号括起来，在语句之后必须加分号。

（3）在 if 语句的 3 种形式中，所有的语句应为单个语句，如果要想在满足条件时执行一组（多个）语句，则必须把这一组语句用{} 括起来组成一个复合语句。但要注意的是在}之后不能再加分号。如下。

```
if(a>b)
{  a++;b++;   }
else
{   a=0;b=10;  }
```

在实际应用中涉及 3 种以上选择时，尽量不要用这种语句，以免弄错，C 语言提供了另一种多选择语句 switch 语句。在说明 switch 语句之前，我们先了解一下 C 语言唯一的三目运算符。

4.1.4　条件运算符

条件运算符要求有 3 个操作数，是 C 语言中唯一的三目运算符，其一般形式如下。

表达式 1 ?　表达式 2 ：　表达式 3

执行过程：如果表达式 1 的值为真，则整个条件运算的结果为表达式 2 的值；如果表达式 1 的值为假，则整个条件运算的结果为表达式 3 的值。

【例 4-8】　用条件运算符求 3 个数中的最大值。

```
#include "stdio.h"
int main( )
{
    int a=5, b=6, c=7, max;
    max = a>b?a:b;
    max = c>max?c:max;
    printf("三个数中最大值是%d ! \n",max);
    max = a>b?(a>c?a:c):(b>c?b:c);
    printf("三个数中最大值是%d ! \n",max);
    return(0);
}
```

程序运行结果如图 4.7 所示。

【例 4-9】　中求 3 个数的最大值用了两种方法，一种是先求 a、b 的最大值，然后和 c 进行比较得到 3 数中的最大值，用了两条语句。第二种方法是将两个条件表达式嵌入一个条件表达式中，用一条语句巧妙地实现了求 3 个数中最大值，是条件表达式的一个典型案例。

图 4.7　【例 4-8】运行结果

针对条件表达式的一般形式，需要进一步说明如下。

（1）条件运算首先求解表达式 1，若为真则求解表达式 2，而不会再求解表达式 3，若表达式 1 的值为假，则求解表达式 3，而不会再求解表达式 2。

（2）条件运算的优先级高于赋值运算，低于关系运算和算术运算。

（3）条件运算的结合方向是"自右向左"，如下述条件表达式。

```
a>b?a:c>d?c:d
            相当于
```

```
a>b?a:(c>d?c:d)
```

（4）在条件语句中，只执行单个的赋值语句时，可使用条件表达式来实现。不但使程序简洁，也提高了运行效率。

使用条件表达式时，还应注意以下几点。

（1）条件运算符的运算优先级低于关系运算符和算术运算符，但高于赋值符。因此 max=(a>b)?a:b 可以去掉括号而写为 max=a>b?a:b

（2）条件运算符?和：是一对运算符，不能分开单独使用。

（3）条件运算符的结合方向是自右至左。如下。

```
a>b?a:c>d?c:d
应理解为
a>b?a:(c>d?c:d)
```

这也就是条件表达式嵌套的情形，即其中的表达式 3 又是一个条件表达式。

4.2 switch 语句

if 语句只有两个选择可供选择，switch 语句提供多选择选择。比如学生成绩分类（90 分以上为'A'，70 到 89 为'B'，60 到 69 为'C'）；人口统计分类（按年龄分为老、中、青、少、儿童）等，C 语言提供的 switch 语句用于解决两个以上的多选择选择问题。

【例 4-10】 输入一个百分制成绩，输出该五分制成绩的等级。

```
#include<stdio.h>
int main( )
{    int score, n;
     char grade;
     scanf("%d",&score);
     n = score/10;
     switch(n)
     {
     case 10: grade='A'; break;
     case  9: grade='A'; break;
     case  8: grade='B'; break;
     case  7: grade='B'; break;
     case  6: grade='C'; break;
     default: grade='D';
     }
     printf("成绩等级: %c\n",grade);
     return(0);
}
```

程序运行结果如图 4.8 所示。

上例也可以用嵌套 if 语句来实现，但如果选择较多，嵌套的 if 语句较多，会导致程序的可读性降低。C 语言提供的 switch 语句可直接处理多选择选择，其一般形式如下。

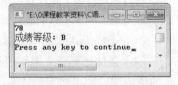

图 4.8 【例 4-10】运行结果

```
switch（表达式）
{
case 常量表达式1:  语句1 [break;]
case 常量表达式2:  语句2 [break;]
…
```

```
case 常量表达式 n: 语句 n [break;]
default: 语句 n+1
}
```

其语义是：计算表达式的值。并逐个与其后的常量表达式值相比较，当表达式的值与某个常量表达式的值相等时，即执行其后的语句，然后不再进行判断，继续执行后面所有 case 后的语句。如表达式的值与所有 case 后的常量表达式均不相同，则执行 default 后的语句。

说明如下。

（1）switch 后面括号内的表达式的值只能为整型或字符型，不能为浮点型和字符串型。

（2）当表达式的值与某一个 case 后面的常量表达式的值相等时，就执行此 case 后面的语句。若所有的 case 中的常量表达式的值都没有与表达式的值匹配的，就执行 default 后面的语句。

（3）每个 case 的常量表达式的值必须互不相同。

（4）"case 常量表达式"只起一个入口标号的作用，程序执行完一个 case 后面的语句后，会转移到下一个 case 继续执行，不再进行判断。因此要想执行完一个 case 语句后，跳出 switch 结构，需要在该 case 语句之后添加 break 语句。例如【例 4-10】中，如果把所有 case 语句中的 break 语句都去掉，则程序变为如下形式。

```
switch(n)
    {
    case 10: printf("成绩等级: A\n");
    case  9: printf("成绩等级: A\n");
    case  8: printf("成绩等级: B\n");
    case  7: printf("成绩等级: C\n");
    case  6: printf("成绩等级: D\n");
    default: printf("成绩等级: E\n");
    }
```

则输入 85 后，程序运行结果如图 4.9 所示。

多个 case 可以共用一组执行语句，比如【例 4-10】的程序中的 switch 结构可以修改为如下内容，运行结果不变。

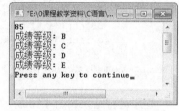

图 4.9 【例 4-10】改进程序运行结果

```
switch(n)
{
case 10:
case  9: grade='A'; break;
case  8:
case  7: grade='B'; break;
case  6: grade='C'; break;
default: grade='D';
}
```

当 n 的值为 10 和 9 时都输出'A'，当 n 的值为 8 和 7 时都输出'B'。

4.3 程序举例

【例 4-11】 求方程 $ax^2 + bx + c = 0$ 的根。其中 a、b、c 由键盘输入。

上一章曾设 $b^2 - 4ac > 0$，给出了该问题的基本算法。实际上应该有以下几种可能。

（1）$a = 0$，不是二次方程。

（2）$b^2 - 4ac = 0$，有两个相等实根。

（3）$b^2 - 4ac > 0$，有两个不相等实根。

（4）$b^2 - 4ac < 0$，有两个共轭复根。

据此编写程序如下。

```c
#include<stdio.h>
#include "math.h"
int main( )
{
    float a,b,c,disc,x1,x2,real,imag;
    scanf("%f%f%f",&a,&b,&c);
    if( fabs(a)<1e-6 )
    {
        printf("该方程不是二次方程!\n");
        return;
    }
    disc = b*b - 4*a*c;
    if( fabs(disc)<=1e-6)
        printf("该方程有两个相等的实根: %.4f .\n",-b/(2*a));
    if( disc>1e-6)
    {
        x1 = (-b+sqrt(disc))/(2*a);
        x2 = (-b-sqrt(disc))/(2*a);
        printf("该方程有两个不相等的实根: %.4f, %.4f.\n",x1,x2);
    }
    if( disc< -1e-6)
    {
        real = -b/(2*a);
        imag = sqrt(-disc)/(2*a);
        printf("该方程有两个共轭复根: \n");
        printf("%.4f + %.4fi\n",real,imag);
        printf("%.4f - %.4fi\n",real,imag);
    }
    return(0);
}
```

程序运行结果如图4.10所示。

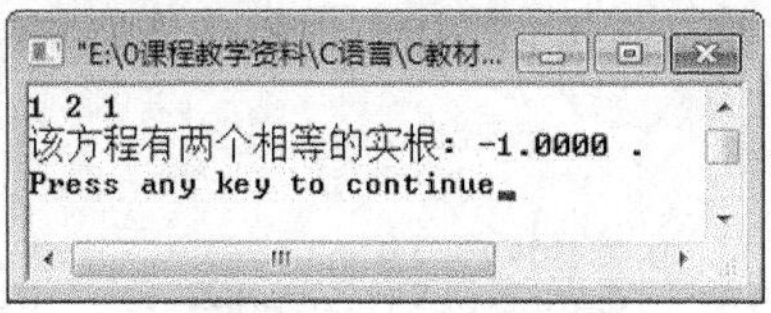

注意，判断实数是否为零，不能用 if（a == 0），因为精度的原因，可能会造成一定的误差，所以一般采用 if(fabs(a)<1e-6)的方法来判断 a 的值是否为 0。

图4.10 【例4-11】运行结果

【例4-12】 运输公司对用户计算运费。路程（s）越远，每公里运费越低。标准如下。

s < 500km	没有折扣
500≤s < 1000	2% 折扣
1000≤s < 2000	5% 折扣
2000≤s < 3000	8% 折扣
3000≤s	12%折扣

设每公里每吨货物的基本运费为 p，货物重为 w，折扣为 d，则总运费 f 的计算公式为

$$f = p * w * s * （1 - d）$$

据此编写程序如下。

```c
#include<stdio.h>
int main( )
{
    int n,s;
    float p,w,d,f;
```

```
    scanf("%f%f%d",&p,&w,&s);
    n = s/500;
    switch(n)
    {
    case 0: d = 0; break;
    case 1: d = 2; break;
    case 2:
    case 3: d = 5; break;
    case 4:
    case 5: d = 8; break;
    default: d = 12;
    }
    f = p * w * s * (1-d/100.0);
    printf("总运费为: %.3f\n",f);
     return(0);
}
```

程序运行结果如图 4.11 所示。

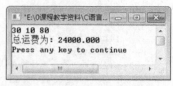

图 4.11 【例 4-12】运行结果

【例 4-13】 输入三角形的三边长，求三角形的面积。

分析："已知三角形的面积公式为

$$area = \sqrt{s(s-a)(s-b)(s-c)}$$

其中，$s = (a+b+c)/2$。

程序如下。

```
#include "stdio.h"
#include "math.h"
int main( )
{
    float a,b,c,s,area;
    scanf("%f%f%f",&a,&b,&c);/* 输入三角形的三边长*/
    if(a+b>c&&a+c>b&&b+c>a)  /* 输入三角形的三边长,能构成三角形*/
    {
        s = (a + b + c) / 2.0;
        area = sqrt(s*(s-a)*(s-b)*(s-c));
        printf("a=%5.2f,b=%5.2f,c=%5.2f,s=%5.2f\n",a,b,c,s);
        printf("area = %5.2f",area);
    }
    else
        printf("对不起, 不能构成三角形\n");
    return(0);
}
```

程序运行结果如图 4.12 所示。

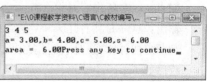

图 4.12 【例 4-13】运行结果

【例 4-14】 输入 3 个数，按从小到大的顺序输出。

```
#include "stdio.h"
int main( )
{
float a,b,c,t;
 printf("input three datas:\n");/*提示用户输入数据*/
 scanf("%f,%f,%f",&a,&b,&c); /*从键盘输入三个数*/
 if (a>b)
    {t=a; a=b; b=t;}     /*a>b 交换 a,b*/
 if (a>c)
    {t=a; a=c; c=t;}     /*a>c 交换 a,c*/
 if (b>c)
    {t=b; b=c; c=t;}     /*b>c 交换 b,c*/
printf("%5.2f,%5.2f,%5.2f\n",a,b,c);
```

```
    return(0);
}
```

程序运行结果如图 4.13 所示。

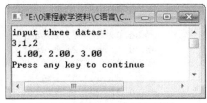

图 4.13 【例 4-14】运行结果

【例 4-15】 简单加、减、乘、除计算器设计。

问题描述：根据用户输入，计算机选择计算任意两个数的和、差、积、商。

如输入 3+4↙

则输出 3+4=5。

程序如下。

```
#include "stdio.h"
int main( )
{
    float a,b,result;
    char opr;
    printf("请输入计算表达式：格式 3+4=\n");
    scanf("%f%c%f=",&a,&opr,&b);
    switch(opr)
    {
    case '+':result=a+b;break;
    case '-':result=a-b;break;
    case '*':result=a*b;break;
    case '/':result=a/b;break;
    default:
        printf("输入错误!");
    }
    printf("the result is:%.0f%c%.0f=%.2f\n",a,opr,b,result);
    return(0);
}
```

程序运行结果如图 4.14 所示。

【例 4-16】 编写程序从键盘输入年份和月份，计算这一年的这一月共有几天。

图 4.14 【例 4-15】运行结果

程序分析如下。

输入：一个年份、月份。

输出：这一月共有几天。

判断方法：① 是月大还是月小；② 是否为 2 月（分闰年和非闰年）。

程序如下。

```
#include "stdio.h"
int main( )
{
    int year,month,day;
    day=0;
    printf("请输入年份和月份：\n");
    scanf("%d%d",&year,&month);
    switch (month)
    {
    case 1:
    case 3:
    case 5:
    case 7:
    case 8:
    case 10:
```

```
    case 12:
        day=31;        break;
    case 4:
    case 6:
    case 9:
    case 11:
        day=30;
        break;
    case 2:
        if(year%4==0 && year%100!=0 ||year%400==0)
            day=29;
        else day=28;
        break;
    default:
        printf("Data error!");
        break;
    }
    printf("day=%d\n",day);
    return(0);
}
```

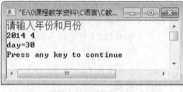

图 4.15　【例 4-16】运行结果

程序运行结果如图 4.15 所示。

【例 4-17】编写一个程序，通过输入两个乘数给学生出一道乘法运算题，如果答案输入正确，则显示 "Right!"，否则显示 "Not correct! Try again!"。

```
#include"stdio.h"
int main( )
{
    int a,b,c;
    printf("ÇëÊäÈëËÁ½¸öÊý:");
    scanf("%d%d",&a,&b);
    printf("%d*%d=?\n",a,b);
    printf("ÇëÊäÈëÄãµÄ´ð°¸:");
    scanf("%d",&c);
    if(a*b==c)
        printf("Right!\n");
    else
        printf("Not correct!Try again!\n");
    return 0;
}
```

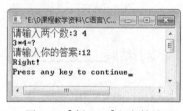

图 4.16　【例 4-17】运行结果

程序运行结果如图 4.16 所示。

4.4　本章小结

C 语言提供了多种形式的选择语句以构成选择结构。

（1）if 语句主要用于单向选择。

（2）if-else 语句主要用于双向选择。

（3）if-else-if 语句和 switch 语句用于多向选择。

这几种形式的选择语句一般来说是可以互相替代的。

习 题 四

一、程序题

1. 阅读程序写运行结果

（1）
```c
int main( )
    {
    float a = 2.5, b = 3.4;
    int c,d;
    c = (a>b);
    d = (c==0);
    printf("%d  %d \n",c,d);
    return(0);
    }
```

运行结果_____

（2）
```c
int main( )
    {
    int a,b,c,d;
    a = !3.1;          printf("%d \n",a);
    b = !'a';          printf("%d \n",b);
    b = !0;            printf("%d \n",b);
    c = 1&&2;          printf("%d \n",c);
    c = a&&2;          printf("%d \n",c);
    d = a||2;          printf("%d \n",d);
    d = a||c;          printf("%d \n",d);
    return(0);
    }
```

运行结果_____

（3）
```c
#include <stdio.h>
int main( )
{
    int op1,op2,result;
    char operato;
    scanf("%d",&op1);
    operato=getchar( );
    while(operato!='='){
        scanf("%d",&op2);
        switch(operato){
            case '+': result =op1+op2;break;
            case '-': result =op1-op2;break;
            case '*': result =op1*op2;break;
            case '/': result =op1/op2;break;
            default: result =0;
        }
        op1= result;
        operato=getchar( );
    }
    printf("%d\n", result);
    return(0);
}
```

程序运行时，

输入 2*3-4=，输出：＿＿＿＿＿＿

输入 2+1/4=，输出：＿＿＿＿＿＿

输入 1+2*5-10/2=，输出：＿＿＿＿＿＿

（4）

```
#include <stdio.h>
int main( )
{
    float a=2.5,b=3.4;
    int c,d;
    c=(a>b);
    printf("%d",c);
    d=(c==0);
     printf("%d",d);
     return(0);
}
```

运行结果＿＿＿＿＿＿

（5）

```
#include <stdio.h>
int main( )
{
    int testnum,remainder;
    printf("Enter your number to be tested.\n");
    scanf("%d",&testnum);
    remainder=testnum%2;
    if(remainder==0)
        printf("The number is even.\n");
    else
        printf("The number is odd.\n");
    return(0);
}
```

运行结果＿＿＿＿＿＿

（6）

```
#include <stdio.h>
int main( )
{
    int i;
    scanf("%d",&i);
    switch(i)
    {
     case1:
     case2:putchar('i');
     case3:printf("%d\n",i);
     default:printf("OK! \n");
    }
    return(0);
}
```

运行结果＿＿＿＿＿＿

（7）下面程序运行时，分别输入 5、D、w 和 ! 后的输出结果是什么？

```
#include <stdio.h>
int main( )
{
    char c;
```

```
    scanf("%c",&c);
    if(c>='0'&&c<='9')
      printf("0-9\n");
    else if(c>='A'&&c<='Z')
      printf("A-Z\n");
    else if(c>='a'&&c<='z')
      printf("a-z\n");
    else
      printf("other character\n");
    return(0);
}
```

运行结果_____

2. 写程序

（1）有一分段函数如下，写程序实现，输入 x 值，输出 y 值。

$$y = \begin{cases} 2x^3 & (-5 < x < 0) \\ x-1 & (x = 0) \\ -2\sqrt{x} & (0 < x < 10) \end{cases}$$

（2）编写程序实现，输入一个整数，判断它能否被 3、5、7 整除，并输出以下信息之一。

① 同时被 3、5、7 整除。

② 能被其中两个数整除（要指出是哪两个数）。

③ 能被其中一个数整除（要指出是哪个数）。

④ 不能被 3、5、7 中任意一个数整除。

（3）某幼儿园收 2 岁到 6 岁的儿童，2、3 岁儿童进小班，4 岁儿童进中班，5、6 岁儿童进大班。用 switch 语句编程实现，输入一个儿童的年龄，输出该儿童应当进入的班级。

（4）编程实现，输入 4 个整数，按从小到大的顺序输出。

（5）给一个不多于 5 位的正整数，要求：① 求出它是几位数；② 分别打印出每一位数字；③ 按逆序打印出各位数字，例如原数为 321，应输出 123。

（6）企业发放的奖金根据利润提成。利润 I 低于或等于 10 万元的，奖金可提 10%；利润高于 10 万元，低于 20 万元（100000<I≤200000）时，低于 10 万元的部分按 10%提成，高于 100000 元的部分，可提成 7.5%；200000<I≤400000 时，低于 20 万元的部分仍按上述办法提成（下同）。高于 20 万元的部分按 5%提成；400000<I≤600000 时，高于 40 万元的部分按 3%提成；600000<I≤1000000 时，高于 60 万元的部分按 1.5%提成。从键盘输入当月利润 I，求应发奖金总数。

要求：① 用 if 语句编程序；② 用 switch 语句编程序。

（7）编写程序实现功能：输入整数 a 和 b，若 a^2+b^2>100，则输出 a^2+b^2 之和的百位以上的数字，否则直接输出 a^2+b^2 的和。

（8）编写程序判断输入的正整数是否既是 5 又是 7 的整数倍。若是则输出"yes"，否则输出"no"。

二、单项选择题

1. "基本结构"不具有以下特点（   ）。

    A. 只有一个入口，只有一个出口   B. 没有死循环

    C. 没有永远执行不到的语句   D. 不允许退出循环

2. 在流程图中，菱形框表示的操作是（   ）。

  A. 数据的输入输出　　　　　　　B. 程序的开始

  C. 条件判断　　　　　　　　　　D. 赋值

3. 以下程序的运行结果是（　　　）。

```
#include<stdio.h>
void main( )
{ int m=5,n=10;
  printf("%d,%d\n",m++,--n);
}
```

  A. 5,9　　　　　　　　　　　　　B. 6,9

  C. 5,10　　　　　　　　　　　　D. 6,10

4. 逻辑运算符两侧的数据类型（　　　）。

  A. 只能是 0 和 1　　　　　　　　B. 只能是 0 或非 0 正数

  C. 只能是整型或字符型数据　　　D. 可以是任何类型的数据

5. 下列关系表达式结果为假的是（　　　）。

  A. 0!=1　　　　　　　　　　　　B. 2<=8

  C. (a=2*2)= =2　　　　　　　　D. y=(2+2)= =4

6. 下列运算符中优先级最低的是（　　　）。

  A. ?:　　　　　　　　　　　　　B. +=

  C. >=　　　　　　　　　　　　　D. = =

第5章
循环结构程序设计

内容导读

循环结构是结构化程序设计的基本结构之一。所谓循环结构是指有限次地重复执行一段程序。C语言中可以用4种方式构成循环结构。

（1）用goto语句和if语句构成循环。

（2）用while语句构成循环。

（3）用do-while语句构成循环。

（4）用for语句构成循环。

循环结构是程序中一种很重要的结构。其特点是，在给定条件成立时，反复执行某程序段，直到条件不成立为止。给定的条件称为循环条件，反复执行的程序段称为循环体。C语言提供了多种循环语句，可以组成各种不同形式的循环结构。

问题：在前面我们已经学会求任意两个整数的和或平均数等，那么若要求10个整数的和或平均数，100个整数的和或平均数……如何让计算机求解呢？

【例5-1】 从键盘输入20个学生的成绩，计算平均分。

程序分析如下。

输入：score。

求和：sum=sum+score。

重复执行20次。

输出：20个score平均成绩。

程序如下。

```
#include "stdio.h"
int main( )
{
    float score,ave,sum;
    int i;
    sum=0;
    for(i=1;i<=20;i++)
    {
        scanf("%f",&score);
        sum+= score;
    }
    ave=ave/20;
    printf("this 20 persons's average is %6.2f",ave);
}
```

显然，这是个循环次数已知的问题，C 语言对这类问题的程序结构通常用 for 语句来实现。

5.1 for 语句实现循环

for 语句的格式如下。

```
for(表达式 1;表达式 2;表达式 3)
    循环体
```

如果循环体超过了一条语句要用花括号括起来。如【例 5-1】程序第 6～10 行，其中第 6 行为 for 语句关键字，第 7～10 行为循环体；通常表达式 1 用于循环赋初值，表达式 2 用作循环控制条件，表达式 3 用于改变循环条件。循环执行过程如下，流程图如图 5.1 所示。

（1）计算表达式 1。

（2）判断表达式 2 是否为真（非 0 为真，0 为假）。

（3）若为真，则执行步骤（4），否则，执行步骤（7）。

（4）执行循环体。

（5）执行表达式 3。

（6）程序流程转移到步骤（2）。

（7）退出循环。

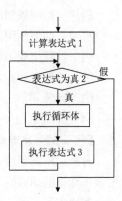

图 5.1 for 循环流程图

注意以下几点。

（1）可省略表达式 1，但应保留分号。

（2）若省略表达式 2，则不判断循环条件，死循环。

（3）若能保证正常结束循环，也可省略表达式 3。

（4）可同时省略表达式 1 和 3，此时完全等同于 while 语句。

（5）3 个表达式可同时省略，死循环。

（6）表达式 1 和 3 还可以是逗号表达式。

（7）表达式 2 通常为关系表达式和逻辑表达式。如：

```
for(i=0; (c=getchar( ))!='\n'; i+=c);
```

若输入的不是换行符'\n'就执行循环体。

因此，一般高级语言称这种循环为"步长型"循环或"计数型"循环。

【例 5-2】 计算 $1+2+3+\cdots+100$ 之和。

分析：本例题是将一个变化的自然数（i）反复（100 次）加入一个变量（sum）中，过程可描述如下。

```
i=0    sum0= 0 (初值)
i=1    sum1= 0+1=S0+1
i=2    sum2=1+2= sum1+2
i=3    sum3=1+2+3= sum2+3
i=4    sum4=1+2+3+4= sum3+4
  …
 i=100      sum100=1+ 2+3+4+…+100= sum99+100
```

程序如下。

```
#include "stdio.h"
int main( )
{
 int sum,i;
    sum=0;    /*存和变量初始化为 0*/
 for(i=1;i<=100;i++)
    sum+=i;
 printf("1+2+…+100=%d",sum);
 return(0);
}
```

程序运行结果如图 5.2 所示。

图 5.2 【例 5-2】程序运行结果

思考：如何利用上面程序通过适当变化来解决以下问题？

（1）计算 1 到 100 之间的奇数、偶数之和。

（2）计算 1 到 n 之间能被 3 整除的数之和。

（3）计算 $n!$。

（4）计算 $1!+2!+…+n!$。

【例 5-3】从键盘输入一批学生的成绩，计算平均分。

分析：不知道输入数据的个数，无法事先确定循环次数，因此，可用一个特殊的数据作为正常输入数据的结束标志，比如选用一个负数作为结束标志。

程序如下。

```
#include "stdio.h"
int  main( )
{
    int num;
    double grade, total;
    num = 0; total = 0;
    printf("Enter grades: \n");
    scanf("%lf", &grade);
    for(;grade >= 0;num++)
    {
        total  = total + grade;
        scanf ("%lf", &grade);
    }
    if(num != 0)
        printf("Grade  average  is  %.2f\n",
total/num);
    else
        printf(" Grade average is 0\n");
    return(0);
}
```

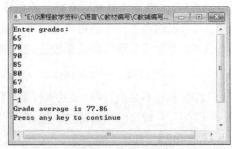

图 5.3 【例 5-3】程序运行结果

程序运行结果如图 5.3 所示。

5.2　while 语句实现循环

while 语句用于实现“当型”循环结构，一般形式如下。

```
while（条件表达式）
    循环体
```

当表达式为非 0 时，执行 while 的循环体内语句，如果循环体超过了一条语句要用花括号括起来。while 循环执行过程如下，流程图如图 5.4 所示。

（1）判断表达式是否为真（非 0 为真，0 为假）。

（2）若为真，则执行步骤（3），否则，执行步骤（4）。

（3）执行循环体，然后程序流程转到步骤（1）。

（4）退出循环，执行循环后的程序段。

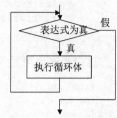

图 5.4　while 循环流程图

特点：先判断表达式，后执行语句，若（条件表达式）开始就为 0，则循环体一次都不执行；反之若（条件表达式）恒不为 0，则循环体执行不停止，这种现象称之为"死循环"，在进行简单程序设计时一定要注意这一点，如下面程序。

```c
int main( )
{
    int i=1;
    while(i>0)
    {
        printf("Hello\n");
        i++;
    }
    return(0);
}
```

循环条件始终成立，因此这就是"死循环"。

【例 5-4】　计算 s=1 + 2 + 3… 直到 s 大于 1000 为止。

分析：这个例题要求将一个变化的自然数（i）反复加入一个存和变量（s）中，直到 s 大于 1000 为止，而不知道循环执行的次数，这时要从题目中挖掘循环条件（s<=1000）。

程序如下。

```c
int main( )
{
    int i,s;
    i=1;
    s=0;
    while(s<=1000)
    {
        s=s+i;
        i++;
    }
    printf("s=%d",s);
    return(0);
}
```

图 5.5　【例 5-4】程序运行结果

程序运行结果如图 5.5 所示。

问题：当循环结束时，s 的值是否一定就是 1000？

如何求 1-1/2+1/3-1/4+1/5…直至增加项绝对值大于等于 10^{-6}。

【例 5-5】　通过键盘输入一行字符然后原样输出。

分析：键盘输入一行字符，若一个一个输入，则换行符'\n'就可以作为循环条件，因此解决这个问题的关键就在于让输入一个字符的语句反复执行。

程序如下。

```c
#include "stdio.h"
int main( )
```

```
{
    char  c;
    while((c=getchar( ))!='\n')
        putchar(c);
    return(0);
}
```

这个程序也可写为以下形式。

```
#include "stdio.h"
int main( )
{
  char c;
   c=getchar( );
   while(c!='\n')
   {
    putchar(c);
    c=getchar( );
   }
   return(0);
  }
```

程序运行结果如图 5.6 所示。

通过分析【例 5-5】程序，请大家思考这样的问题：如何统计一行字符中大写字母的个数？

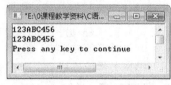

图 5.6 【例 5-5】程序运行结果

另外，我们在前面曾经解决过这样的问题：求任意两个整数的和。当时写出的程序每运行一次，输入两个数，出结果的同时，程序也结束了。很多初学者考虑能否让这个求和动作由用户控制，反复执行，直到用户不想继续才结束呢？现在，我们用 C 语言第三种循环语句 do-while 来解决这个问题。

```
int main( )
{
  int s,a,b;
  do
   {
     printf("please input two datas:0 0 over \n");
     scanf("%d%d",&a,&b);
     s=a+b;
    printf("s=%d\n",s);
    }while(a!=0);
return(0);
}
```

这个程序可以实现上述要求，反复求任意两个数的和，直到输入 0 0 结束。

5.3　do-while 语句实现循环

do-while 语句用于实现"当型"循环结构，一般形式如下。

```
do
   {
   循环体
     }while (表达式);
```

do-while 循环执行过程如下，流程图如图 5.7 所示。

（1）执行循环体。

（2）判断表达式是否为真（非 0 为真，0 为假）。

（3）若为真，则执行步骤（1），否则，执行步骤（4）。

（4）退出循环，执行 while 后的语句。

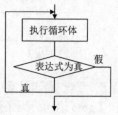

图 5.7　do-while 循环流程图

特点：先执行语句，后判断表达式，即无论条件是否成立循环至少执行一次，因此，一般高级语言称这种循环为"直到型"循环。

【例 5-6】　计算并输出 1+2+3+⋯+n 的值。

分析：这个问题的求解方法和【例 5-2】几乎相同，把 100 改成 n 即可，下面用 do-while 语句来解决。

程序如下。

```c
#include "stdio.h"
int  main( )
{
    int s,i,n;
    scanf("%d",&n);
    s=0;
    i=1;
    do
      {
        s=s+i;
        i++;
      }while(i<=n);
    printf("s=%d\n",s);
    return(0);
}
```

程序运行结果如图 5.8 所示。

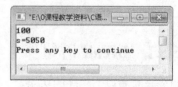

图 5.8　【例 5-6】程序运行结果

思考：

（1）这个问题用 for 语句、while 语句如何实现？

（2）循环体中语句 s=s+i;i++;改成 i++; s=s+i; 结果是否一样？（若 n=100，答案是什么？为什么？）

事实上，各种循环结构间是可以相互转换的。

5.4　用 if 和 goto 语句构成的循环

先看下面这个程序。

```c
#include "stdio.h"
int main( )
{
    int i,sum=0;
    i=1;
loop:if (i<=100)
    {
        sum=sum+i;
        i++;
```

```
            goto loop;
    }
    printf("%d",sum);
    return(0);
}
```

显然，这也是求计算 1+2+3+…+100 之和，应注意以下两点。

（1）goto 语句为无条件转向语句，一般形式如下。

```
    goto    语句标号;
```

语句标号的命名规则与变量名相同。

（2）goto 语句程序的可读性差、无规律，不符合结构化程序设计原则，不提倡使用。

几种循环的比较如下。

（1）虽然 4 种循环可以互相代替，但不提倡用 goto 循环。

（2）对 while 和 do-while 循环，在循环体中包含应反复执行的操作语句；而对 for 循环，可将循环体中的操作全部放到表达式 3 中。因此 for 语句的功能更强，可完全代替 while 循环。

（3）对 while 和 do-while 循环，循环变量的初始化应在 while 和 do-while 语句之前完成，而 for 语句可在表达式 1 中完成。

（4）while 和 for 是先判断后执行，do-while 是先执行后判断。

（5）如果循环次数已知，计数控制的循环用 for；如果循环次数未知，条件控制的循环用 while；如果循环体至少要执行一次用 do-while。

（6）while、do-while、for 可用 break 语句和 continue 语句来改变循环的走向。

5.5 用 break 语句和 continue 语句控制循环

5.5.1 break 语句

首先来看看以下程序的功能。

```
int main( )
{
    int i,s;
      s=0;
    while(1)
    {
        if(s<=1000)
            s=s+i;
        else
            break;
        i++;
    }
    printf("s=%d",s);
    return(0);
}
```

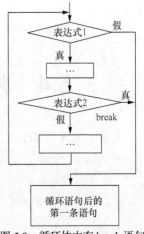

图 5.9 循环体中有 break 语句

这个程序其实和【例 5-4】程序的功能一样，也是求 s=1+2+3+… 直到 s>1000 才结束循环。

break 语句的功能是：终止循环执行，也就是无论循环条件成立与否，只要在循环体中执行 break 语句，循环立即终止，执行循环体以后的语句。其执行过程如图 5.9 所示。

如上述程序，在循环体中 if 语句一旦不成立，就遇到 break 语句，则无论循环条件成立与否，循环立即结束，计算机继续执行循环体以后的语句。

【例 5-7】 编程求任意两个正整数的最小公倍数。

分析：求解这个问题可用穷举法（所谓穷举法，简单地说就是尝试所有可能，然后得到最终答案）。任意两个正整数的最小公倍数，就是同时能够被这两个数整除的数中的最小值。显然，任意的整数和自身的倍数总是能够被自身整除，开始从其中的最大数，试探能否被另一个较小的数整除，如果能整除，则最大数就是所求；否则，依次用其最大数的倍数，继续试探，直到能被其中最小数整除为止。

程序如下。

```c
#include <stdio.h>
int main( )
{
  int  i, a,b;
  printf("Please enter a and b:\n");
  scanf("%d%d", &a,&b);
  if(a>b)
  {
      i=a;       a=b;      b=i;
  }      /*交换 a,b*/
  for (i=b;; i++)
      if (i%a==0&&i%b==0)
          break;
  printf("the maximal common divisor of two datas is %d\n", i);
  return(0);
}
```

运行结果如图 5.10 所示。

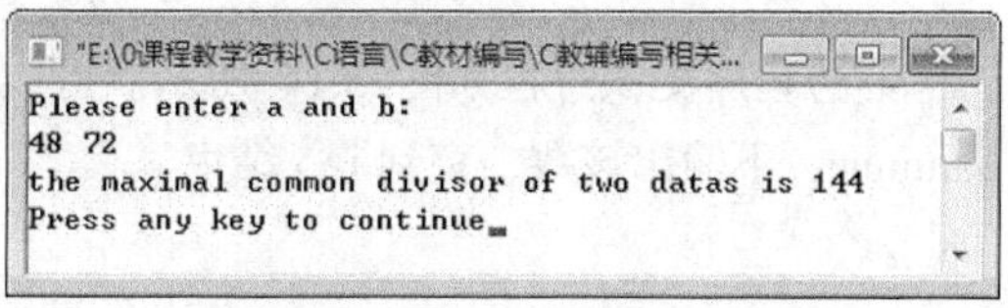

5.5.2　continue 语句

continue 语句的功能是什么？请看下面这个程序。

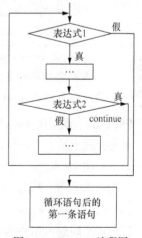

图 5.10 【例 5-7】程序运行结果

```c
#include <stdio.h>
int main( )
{
    int n;
    for (n=100;n<=200;n++)
    {
        if (n%3==0)
            continue;
        printf("%d",n);
    }
     return(0);
}
```

这个程序的功能是：求 100～200 间不能被 3 整除的数，即循环体中 if 语句只要成立，printf("%d", n);就不执行，而循环不一定结束，循环是否结束则要看 n<=200 是否成立，不成立，循环才结束。

continue 语句的功能是：终止本次循环执行，继续判断循环条件。其执行过程如图 5.11 所示。

图 5.11　continue 流程图

如上述程序，在循环体中遇到 continue，则停止 continue 下面语句，执行 n++，再判断 n<=200 是否成立，成立则继续执行 continue 前面的语句，重复执行，直到循环条件不成立，循环才结束。

5.5.3 比较 break 和 continue

请比较以下两个程序的运行结果。

左边程序测试过程如图 5.13 所示。可以反复输入非负数，则反复输出该数。只要输入负数循环即结束。

```
#include <stdio.h>
int main()
{
int   i, n;
for (i=1; i<=5; i++)
{
    printf("Please enter n:");
    scanf("%d", &n);
    if (n < 0)
        break;
    printf("n = %d\n", n);
}
printf("Program is over!\n");
 return(0);}
```

```
#include <stdio.h>
int main()
{
int   i, n;
for (i=1; i<=5; i++)
{
    printf("Please enter n:");
    scanf("%d", &n);
    if (n < 0)
        continue;
    printf("n = %d\n", n);
}
printf("Program is over!\n");
return(0);}
```

图 5.12　循环体中的 break 和 continue 语句

右边程序测试过程如图 5.14 所示。可以反复输入非负数，并输出该数。输入负数时则执行 continue，不输出该数，直到 i>5 结束。

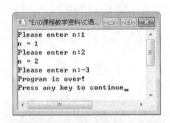

图 5.13　左边程序测试过程

图 5.14　右边程序测试过程

break 和 continue 语句只对包含它们的内层循环起作用，不能用 break 语句跳出后面章节要介绍的多重循环，若要跳出多重循环，必须用 break 语句一层一层地跳出，当然此时可以用 goto 语句直接跳出多重循环。下面再来看一个经典问题。

【例 5-8】淮安民间故事——"韩信点兵"。韩信带兵打仗，战死很多人，他想知道还剩多少人，于是让兵士站 5 人一排，多出 1 人；站 6 人一排，多出 5 人；站 7 人一排，多出 4 人，站 11 人一排，多出 10 人。韩信马上就知道了还剩多少人。请编程计算所剩人数是多少？

分析：设所剩人数为 x，根据题意 x 应该满足下述关系式。

```
x%5==1  && x%6==5&& x%7==4&& x%11==10
```

因此这个问题可用穷举法解决。

程序如下。

```
int main( )
{
  int x;
  for(x=1;;x++)
    if(x%5==1 && x%6==5&& x%7==4&& x%11==10)
      {
        printf("the rest people is %d\n",x);
        break;
      }
    return(0);
}
```

程序运行结果如图 5.15 所示。

图 5.15 【例 5-8】程序运行结果

5.5.4　简单循环的应用

循环算法的两种基本方法：一种是穷举法（逐一测试问题的所有可能状态，直到解答或测试过所有可能的状态为止），分为预知循环的总次数（计数法）和达到某目标，结束循环（标志法）；另一种是迭代法，即不断用新值取代旧值，或由旧值递推出变量的新值的过程。

【例 5-9】　梯形法求下面的数值积分（迭代法）。

$$\int_0^2 \sqrt{4-x^2}\,\mathrm{d}x$$

分析：由数学知识可知，这个积分值为图形的面积 s，且

$$s \approx \frac{h}{2}[f(a)+f(b)]+h\sum_{i=1}^{n-1}f(a+i*h) \begin{cases} s = 0.5*h*(f(a)+f(b)) \\ s = s+h*f(a+i*h) \\ (i=1;i \leq n-1;i++) \end{cases}$$

程序如下。

```
#include "math.h"
#include "stdio.h"
int main( )
{ float a,b;
  double  s,h;
  int n,i;
  printf("input integral area a&b:");
  scanf("%f,%f",&a,&b);
  printf("input n:");
  scanf("%d",&n);
  h=(b-a)/n;
  s=0.5*h*( sqrt(4.0-a*a)+ sqrt(4.0-b*b));
  for (i=1;i<=n-1;i++)
     s=s+sqrt(4.0- (a+i*h)* (a+i*h))*h;
  printf("\nthe value is:%lf",s);
  return(0);
```

```
}
```

程序运行结果如图 5.17 所示。

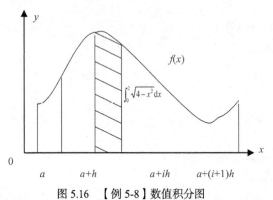

图 5.16 【例 5-8】数值积分图

图 5.17 【例 5-9】程序运行结果

这是一个典型的迭代法求解问题，通过循环不断用新值取代旧值，或由旧值递推出变量的新值的过程。

【例 5-10】 利用循环编程输出下面一行星号。

```
*******
```

程序如下。

```c
#include "stdio.h"
int main( )
{
 int i;
 for(i=1;i<=7;i++)
    printf("*");
return(0);
}
```

这是个简单的预知循环的总次数（计数法）和达到某目标，即结束循环的问题。

【例 5-11】 求 100～200 之间不能被 3 整除也不能被 7 整除的数。

分析：求某区间内符合某一要求的数，可用一个变量"穷举"。所以可用一个独立变量 i，取值范围 100～200。

程序如下。

```c
#include "stdio.h"
int main( )
{
 int i;
 for (i=100;i<=200;i++)
  if (i%3!=0&&i%7!=0)
      printf("i=%d\n",i);
return(0);
}
```

这个程序输出 100～200 内不能被 3 整除也不能被 7 整除的数，显然，循环次数也是已知的。

【例 5-12】 使用格里高利公式求 π 的近似值，要求精确到最后一项的绝对值小于 10^{-4}。

$$\frac{\pi}{4} = 1 - \frac{1}{3} + \frac{1}{5} - \frac{1}{7} + \cdots$$

分析：这是累加求和例子，只是被加项正、负交替，且分母为奇数。

程序如下。

```
#include "stdio.h"
#include "math.h"
int main( )
{
    int denominator, flag;
    double item, pi;
    flag = 1; denominator = 1 ; item = 1.0;   pi = 0;
    while(fabs (item) >= 1e-4)
    {
        item = flag * 1.0 / denominator;
         pi = pi + item;
         flag = -flag;      /*实现正、负交替*/
        denominator = denominator +2;
    }
    pi = pi * 4;
    printf ( "pi = %f\n", pi);
  return(0);
}
```

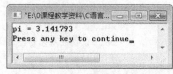

图 5.18 【例 5-12】程序运行结果

程序中用 flag 变量实现正、负交替，变量 denominator 用来产生奇数分母，变量 item 是被累加项，pi 用于保存和，只不过循环结束它的值为 π/4，因此程序还有 pi = pi * 4;这条语句。运行结果如图 5.18 所示。

【例 5-13】　重新编写【例 4-17】，通过输入两个乘数给学生出一道乘法运算题，如果答案输入正确，则显示 "Right!"，否则显示 "Not correct! Try again!"，直到做对为止。

程序如下。

```
#include "stdio.h"
int main( )
{
    int a,b,c;
    printf("请输入两个数:");
    scanf("%d%d",&a, &b);
    printf("%d*%d=?\n",a,b);
    while(1)      /*循环条件恒为真*/
    {
        printf("请输入你的答案:");
        scanf("%d",&c);
        if(a*b==c)
        {
            printf("Right!\n");
            break;   /*计算正确结束循环*/
        }
        else
            printf("Not correct!Try again!\n");
    }
    return 0;
}
```

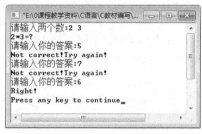

图 5.19 【例 5-13】程序运行结果

程序运行结果如图 5.19 所示。

思考：若上述程序条件改为以下内容，则应如何修改程序？如果答案输入正确，则显示 "Right!"，否则提示重做，显示 "Not correct! Try again!"，最多给 3 次机会，如果 3 次仍未做对，则显示 "Not correct.　You have tried three times! Test over!" 程序结束。

【例 5-14】　连续做 10 道乘法运算题。通过计算机随机产生两个 1～10 之间的乘数让学生计算，如果答案输入正确，则显示"Right!"，否则显示"Not correct!"，不给机会重做，10 道题做完后，按每题 10 分统计总得分，然后打印出总分和做错的题目数量。

程序如下。

```
#include"stdio.h"
#include"time.h"
int main( )
{
    int a,b,c,count=11,worry=0,score=0;
    while(--count)
    {
    srand((int)time(0));
    a=rand( )%10;/* 计算机随机产生 1～10 之间的数*/
    b=rand( )%10;
    printf("%d*%d=?\n",a,b);
    printf("请输入你的答案:");
    scanf("%d",&c);
    if(a*b==c)
    {
      score+=10;
      printf("Right!\n");
    }
    else
    {
      printf("Not correct!Try again!\n");
      worry++;
    }
    }
    printf("你的分数为%d,你做错%d题。\n",score,worry);
    return 0;
}
```

以上所举的例子都是一个简单循环问题，在实际生活中，我们经常会遇到很多复杂问题，比如：设计程序输出下列二维图形。

```
*
***
*****
```

显然，我们用【例 5-10】的方法不能解决问题，但事实上解决它的方法和【例 5-10】又非常相似，具体程序如下。

```
#include "stdio.h"
int main( )
{
 int i,j;
 for(i=1;i<=3;i++)
 {
    for(j=1;j<=2*i-1;j++)
        printf("*");
printf("\n");
}
return(0);
}
```

程序运行结果如图 5.20 所示。

这是个简单的二重循环问题，下面介绍循环嵌套问题。

5.6　嵌套循环

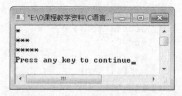

图 5.20　输出图案运行结果

【例 5-15】　求 100～200 间的全部素数

分析：素数是除 1 和自身外，没有其他因子的大于 1 的正整数。6 不是素数，因为除了 1 和 6 是其因子外，2 和 3 也是，2*3 =6；

5 是素数，因为除了 1 和 5 外，没有其他因子。题目求 100～200 内的素数，假设 i 是 100～200 间任意一个数，问题转换为判断 i 是否为素数，也即分析 i 除 1 和自身外，有无其他的大于 1 的因子，有则不是，否则就是。

程序如下。

```c
#include "stdio.h"
int main( )
{
    int i,j,count;
    i=100;
    do
    {
        count=0;
        for(j=2;j<i;j++)
            if(i%j==0)   count++;
        if(count==0)
            printf("%d \n", i);
        i++;
    }while( i<=200);
    return(0);
}
```

这是个 do-while 语句和 for 语句构成的二重循环程序，变量 count 用来统计 i 的因子个数，如果内循环 if 语句成立，count>0，则 i 除了 1 和自身外，还有因子，因此 i 就不是素数，否则就是素数。另外，语句 count=0;一定要放在二重循环的外循环之内、内循环之外。理解这个题目之后，请大家思考下面问题的解法。

（1）计算 1～500 之间的全部"同构数"之和。"同构数"是指一个数本身出现在它的平方数的右端。如 6 的平方是 36，6 出现在 36 的右端，6 就是同构数。

（2）打印出所有的"水仙花数"之和。"水仙花数"是指一个三位数，其各位数字的立方和等于该数本身。例如 153 是一个"水仙花数"，因为 $153=1^3+5^3+3^3$。

【例 5-16】　输入 n 值，计算并输出　$1! + 2! + 3! + \cdots + n!$。

分析：这是一个累乘求积和累加求和叠加的问题，所以用内循环解决累乘求积，用外循环解决累加求和。

程序如下。

```c
#include "stdio.h"
int main( )
{
 int i,j, n;
```

```
    long temp,sum;
    scanf("%d",&n);
    sum=0;
    i=1;
    while(i<=n)
    {
        temp=1;
        for(j=1;j<=i;j++)
            temp=temp*j;
        sum=sum+temp;
        i++;
    }
    printf("%ld \n", sum);
    return(0);
}
```

这是 while 语句和 for 语句构成的二重循环，内循环中变量 temp 用于存累乘 i!，外循环中变量 sum 累加求 i! 和。

思考：这个问题能否不用二重循环，而用一个循环解决？另外，若变为：输入 n 值，计算并输出 $1! +3! + 5! + \cdots +(2n-1)!$，如何求？

【例 5-17】 编程输出九九乘法表，运行结果如图 5.21 所示。

分析：九九乘法表输出思路如同二维图形输出，共有 9 行，因此外循环执行 9 次，而每行的列数是不断变化的。

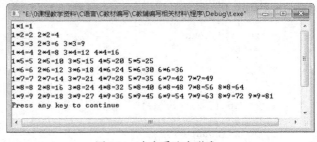

图 5.21　九九乘法表形式一

i=1，内循环执行 1 次

i=2，内循环执行 2 次

i=3，内循环执行 3 次

……

i=9，内循环执行 9 次

因此，内循环为 j=1;j<=i;。

程序如下。

```
#include "stdio.h"
int main( )
{
    int i,j;
    i=1;
    while(i<=9)
    {
        j=1;
        while(j<=i)
        {
            printf("%d*%d=%d ",j,i,i*j);
            j++;
        }
        printf("\n");
        i++;
    }
    return(0);
}
```

思考：若按图 5.22 所示形式输出九九乘法表，如何修改程序？

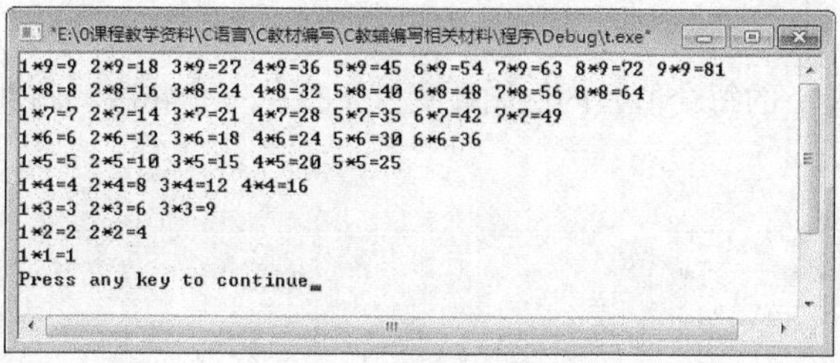

图 5.22　九九乘法表形式二

通过上面几个例题（【例 5-15】～【例 5-17】），大家不难发现：所谓循环嵌套是指在一个循环体内又包含另一个完整的循环结构。理论上讲，C 语言常用的三大循环可以相互嵌套，也可以自身嵌套，有以下 6 种形式。

```
1.  while 与 while 嵌套
        while()
        {......
          while()
          {......}
        }
```

```
2.  do-while 与 do-while 嵌套
        do
        {......
          do
          {......}while();
        }while();
```

```
3.  for 与 for 嵌套
        for( ;   ; )
        {......
          for( ;   ; )
        {......}
        }
```

```
4.  while 与 do-while 嵌套
        while()
        { ......
          do
          {......} while( );
        }
```

```
5.  for 与 while 嵌套
        for( ; ; )
        {......
          while()
          {      }
        }
```

```
6.  do-while 与 for 嵌套
        do
        { ......
          for( ; ;)
          {......}
        }while( );
```

分析嵌套循环的执行过程，如下程序段。

```
for(i = 1; i <= 100; i++)
{
  item = 1;
  for (j = 1; j <= i; j++)
          item = item * j;
  sum = sum + item;
```

```
}
```

说明：外层循环变量 i 的每个值，内层循环变量 j 变化一个轮次。内外层循环变量不能相同。

又如以下程序段。

```
for (i = 1; i <= 100; i++)
    for (j = 1; j <= i; j++)
        printf ("%d %d\n", i, j );
```

其执行过程如图 5.23 所示。

事实上，内嵌的循环中还可以嵌套循环，这就是多重循环。

【例5-18】 编程计算"百元买百鸡"的问题。用一百元钱买一百只鸡。已知公鸡每只 5 元，母鸡每只 3 元，小鸡 1 元买 3 只，试问公鸡、母鸡、小鸡各多少只？

分析：设公鸡为 x 只，母鸡为 y 只，小鸡为 z 只，这是个不定方程——三元一次方程组问题（3 个变量，2 个方程），如图 5.24 所示。

$$x+y+z=100 \qquad 5x+3y+z/3=100$$

公鸡(只)	母鸡(只)	小鸡(只)
0	0	1
		2
		…
		100
	1	1
		2
		…
		99
	2	1
		2
		…
		98
	…	…
1	0	1
		2
		…
		99
…	…	…
100	0	0

i = 1	j = 1	输出 1 1（第1次输出）
i = 2	j = 1	输出 2 1（第2次输出）
	j = 2	输出 2 2（第3次输出）
	……	
i = 100	j = 1	输出 100 1（第 4951 次输出）
	j = 2	输出 100 2（第 4952 次输出）
	……	
	j = 100	输出 100 100（第 5050 次输出）

图 5.23　嵌套循环执行过程　　　　图 5.24　"百元买百鸡"分析过程

程序如下。

```c
#include "stdio.h"
int main( )
{
    int x,y,z;
    for (x=0;x<=100;x++)
        for (y=0;y<=100;y++)
            for (z=0;z<=100;z++)
            {
                if  (x+y+z==100 && 5*x+3*y+z/3.0==100 )
                  printf("cocks=%d,hens=%d,chickens=%d\n",x,y,z);
            }
return(0);
}
```

程序运行结果如下。

```
cocks=0,hens=25,chickens=75
cocks=4,hens=18,chickens=78
cocks=8,hens=11,chickens=81
```

cocks=12,hens=4,chickens=84

此为"最笨"之法——要进行 101×101×101= 1030301 次运算。也可改用下列程序。

```
int main( )
{
  int x,y,z;
  for (x=0;x<=100;x++)
    for (y=0;y<=100;y++)
      {
          z=100-x-y;
          if (5*x+3*y+z/3.0==100 )
            printf("cocks=%d,hens=%d,chickens=%d\n",x,y,z);
      }
  return(0);
}
```

只需进行 101×101= 10201 次运算（前者的 1%），事实上，若取 x≤19，y≤33，则只需进行 20×34= 680 次运算。可见，同样的问题，采用不同解法，程序效率差别会很大。类似问题如下。

某地需要搬运砖块，已知男人一人搬 3 块，女人一人搬 2 块，小孩两人搬一块。问用 45 人正好搬 45 块砖，有多少种搬法？

请读者自己考虑这个问题的解法。

【例 5-19】 雨水淋湿了算术书，8 个数字只能看清 3 个，第一个数字虽然看不清，但可看出不是 1。编程求其余数字。

$$[□×(□3+□)]^2=8□□9$$

分析：设分别用 A、B、C、D、E 5 个变量表示自左到右 5 个未知的数字。其中 A 的取值范围为 2～9，其余取值范围为 0～9。条件表达式即为给定算式。

程序如下。

```
int main( )
{
int A,B,C,D,E;
for (A=2;A<=9;A++)
 for (B=0;B<=9;B++)
  for (C=0;C<=9;C++)
   for (D=0;D<=9;D++)
    for (E=0;E<=9;E++)
     if (A*(B*10+3+C)*A*(B*10+3+C)==8009+D*100+E*10)
             printf("%2d%2d%2d%2d%2d\n",A,B,C,D,E);
  return(0);
}
```

程序运行结果如图 5.25 所示。

其实，解决这个问题所用的方法也是前面提到的穷举法。

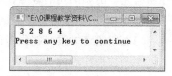

图 5.25 【例 5-18】程序运行结果

5.7 本章小结

在很多实际问题中会遇到有规律的重复运算，需要在程序中重复执行某些语句，这种被重复执行的一组语句体结构就是循环结构。一组被重复执行的语句体称为循环体。每重复一次，都必须做出是继续还是停止循环的决定，这个决定所依据的条件称为循环终止条件。循环语句由循环体和循环终止条件组成。

循环可以由 while，do-while，for 语句构成循环，也可以利用 if 和无条件转向语句 goto 共同构成循环。大部分情况下，循环的功能是类似的，因此，几种循环之间是可以相互替代的。但是从功能上来说，还是 for 更强一些。而 if～goto 循环不建议采用，是因为结构化程序设计的方法，goto 的随意转向扰乱了程序的结构。

要注意 while( )循环和 do-while( )循环的区别，do-while( )至少执行一次循环体，而 while( )可能一次也不执行循环体。在学习这章时应该思考下列问题。

（1）什么是循环？为什么要使用循环？如何实现循环？

（2）实现循环时，如何确定循环条件和循环体？

（3）怎样使用 while 和 do-while 语句实现次数不确定的循环？

（4）while 和 do-while 语句有什么不同？

（5）如何使用 break、contunue 语句处理多循环条件？

（6）如何实现多重循环？

1．循环程序的实现要点

（1）归纳出哪些操作需要反复执行？即明确循环体是什么。

（2）这些操作在什么情况下重复执行？即明确循环条件是什么。

2．掌握典型例题及方法

（1）累加、累乘、判断素数、图形输出等。

（2）枚举、递推方法。

3．简单程序设计小结

（1）从程序执行的流程来看，程序可分为 3 种最基本的结构：顺序结构、选择结构以及循环结构。

（2）程序中执行部分最基本的单位是语句。C 语言的语句可分为五类。

① 表达式语句。任何表达式末尾加上分号即可构成表达式语句，常用的表达式语句为赋值语句。

② 函数调用语句。函数调用加上分号即组成函数调用语句。

③ 控制语句。用于控制程序流程，由专门的语句定义符及所需的表达式组成。主要有条件判断执行语句、循环执行语句、转向语句等。

④ 复合语句。由{}把多个语句括起来组成一个语句。复合语句被认为是单条语句，它可出现在所有允许出现语句的地方，如循环体等。

⑤ 空语句。仅由分号组成，无实际功能。

（3）C 语言中没有提供专门的输入输出语句，所有的输入输出都是由调用标准库函数中的输入输出函数来实现的。

● scanf 和 getchar 函数是输入函数，接收来自键盘的输入数据。

● scanf 是格式输入函数，可按指定的格式输入任意类型数据。

● getchar 函数是字符输入函数，只能接收单个字符。

● printf 和 putchar 函数是输出函数，向显示器屏幕输出数据。

● printf 是格式输出函数，可按指定的格式显示任意类型的数据。

● putchar 是字符显示函数，只能显示单个字符。

（4）关系表达式和逻辑表达式是两种重要的表达式，主要用于条件执行的判断和循环执行的判断。

（5）C 语言提供了多种形式的条件语句以构成选择结构。

- if 语句主要用于单向选择。
- if-else 语句主要用于双向选择。
- if-else-if 语和 switch 语句用于多向选择。

这几种形式的条件语句一般来说是可以互相替代的。

（6）C 语言循环语句。

- for 语句主要用于给定循环变量初值、步长增量以及循环次数的循环结构。
- 循环次数及控制条件要在循环过程中才能确定的循环可用 while、do-while 语句。
- 3 种循环语句可以相互嵌套组成多重循环。循环之间可以并列但不能交叉。
- 可用转移语句把流程转出循环体外，但不能从外面转向循环体内。
- 在循环程序中应避免出现死循环，即应保证循环变量的值在运行过程中可以得到修改，并使循环条件逐步变为假，从而结束循环。

习 题 五

一、程序题

1. 阅读程序写运行结果

（1）

```c
#include<stdio.h>
#include <conio.h>
int main( )
{
 int  i=0;
 while(i<10)
 {
 if(i<1) continue;
 if(i==5)  break;
 i++;
 }
 return(0);
 }
```

while 循环的循环次数：＿＿＿＿

（2）

```c
#include<stdio.h>
#include <conio.h>
int main( )
{
    int  i,j,m=1;
    for(i=1;i<3;i++)
        for(j=1;j<=i;j++)
        {
            if(i*j>3) break;
            m*=i*j;
        }
    printf("m=%d\n",m);
    return(0);
}
```

运行结果是：＿＿＿＿

（3）

```c
#include<stdio.h>
#include <conio.h>
int main( )
{
 int i,n;
 long t=1,s=0;
 clrscr( );
 printf("please input n:");
  scanf("%d",&n);
 for(i=1;i<=n;i++)
    { t*=7; s+=t; }
 printf("%ld\n",s);
  return(0);
}
```

输入 3

运行结果是：＿＿＿＿

（4）

```c
#include<stdio.h>
#include <conio.h>
int main( )
{
 int n,s=0;
 scanf("%d",&n);
 while(n>0)
   {
    s=s+n%10;
    n=n/10;
    }
 printf("sum is: %d \n",s);
   return(0);
}
```

输入 5246

运行结果是：＿＿＿＿

（5）

```c
#include<stdio.h>
#include <conio.h>
int main( )
{
 int i,t=0,s=0;
 for(i=1;i<=5;i++)
    { t=t*10+i; s=s+t;}
 printf("s=%d\n",s);
  return(0);
}
```

运行结果是：＿＿＿＿

（6）

```c
#include<stdio.h>
#include <conio.h>
int main( )
{
 int a,i=1;
 double tn=0,sn=0;
```

```
    scanf("%d",&a);
    printf("a=%d\n",a);
    while(i<=10
        { tn=tn*10+a; sn=sn+tn; ++i;}
    printf("sn=%.0lf\n",sn);
      return(0);
}
```

运行结果是：_____

（7）

```
#include<stdio.h>
#include <conio.h>
int main( )
{
 int i,j;
 for(i=1;i<=4;i++)
    {
    for(j=1;j<=4-i;j++)
      printf(" ");
    for(j=1;j<=2*i-1;j++)
      printf("*");
    printf("\n");
    }
 for(i=3;i>=1;i--)
    {
    for(j=1;j<=4-i;j++)
        printf(" ");
    for(j=1;j<=2*i-1;j++)
        printf("*");
    printf("\n");
    }
  return(0);
}
```

运行结果是：_____

（8）

```
#include<stdio.h>
#include <conio.h>
int main( )
{
    int a,b;
    for(a=1;a<=26;a++)
    {
    for(b=1;b<=26-a;b++)
     printf("");
    for(b=1;b<=a;b++)
     printf("%c",b+64);
        for(b=a-1;b>=1;b--)
     printf("%c",b+64);
        printf("\n");
    }
    return(0);
}
```

运行结果是：_____

（9）

```
#include "stdio.h"
```

```
int main( )
{
    char c; int i,data=0;
    for(i=0;i<6;i++)
    {
        c = getchar( );
        if(c<'0' || c>'9')
            break;
        data=data*10+c-'0';
    }
    printf("data=%d\n",data);
    return(0);
}
```

输入 326F28 运行后的运行结果是：_____

（10）

```
#include "stdio.h"
int main( )
{
 int m,n,sign,t;
 scanf("%d%d",&m,&n);
 while(m*n)
   {
   if (m>=0&&n>=0||m<=0&&n<=0)
   sign=0;
   else
   sign=1;
   m=m>0?m:-m;
   n=n>0?n:-n;
   t=0;
   while(n--)
    t+=m;
   printf("\nThe result is:");
   if (sign)
     printf("-");
   printf("%d\n",t);
   scanf("%d%d",&m,&n);
   }
   return(0);
}
```

输入 3 -9 后程序运行结果是：_____

2. 编写程序

（1）编程实现输出 100 以内的所有是 3 的倍数并含有 3 的正整数，比如，3、6、9、13、31 等都符合条件，要求输出时所有的数都以顿号隔开。最后还要输出符合条件的正整数一共有多少个。

（2）输出以下图形（循环实现）。

```
    A
   ABC
  ABCDE
```

（3）输入两个正整数 m 和 n，求其最大公约数和最小公倍数，并输出。

（4）（中国古典算术问题）某工地需要搬运砖块，已知男人一人搬 3 块，女人一人搬 2 块，小孩两人搬一块。问用 45 人正好搬 45 块砖，有多少种搬法？

（5）利用公式 s=1/12−1/22+1/32−1/42+⋯计算 s 的值，直到最后一项的绝对值小于 0.000001。

（6）从键盘输入一批学生的成绩，找出最高分。

（7）输入一个正整数，将其逆序输出。例如，输入 12345，输出 54321。

（8）爱因斯坦数学题：有一条长阶梯，若每步跨 2 阶最后剩下 1 阶；若每步跨 3 阶最后剩下 2 阶；若每步跨 5 阶最后剩下 4 阶；若每步跨 6 阶最后剩下 5 阶；只有每步跨 7 阶，最后才正好 1 阶不剩。编程计算这条阶梯共有多少阶？

（9）4 位同学中有一位做了好事，没有留名，表扬信来了之后，校长问这 4 位同学是谁做的好事。

A 说：不是我。

B 说：是 C。

C 说：是 D。

D 说：他胡说。

已知 3 个人说的是真话，一个人说的是假话。现在要根据这些信息，编写程序找出做了好事的人。

（10）编程输出下列图形。

```
*
***
*****
*******
*****
***
*
```

二、单选题

1. 若输入字符串：abcde<回车>，则以下 while 循环体将执行（   ）次？
```
while((ch=getchar( ))=='e') printf("*");
```
    A. 5   B. 4   C. 6   D. 1

2. 有以下程序段，则 while 循环执行的次数是（   ）。
```
int k=0;
 while (k=1) k++;
```
    A. 无限次   B. 有语法错，不能执行

    C. 一次也不执行   D. 执行一次

3. 语句 while(!e);中的条件 !e 等价于（   ）。

    A. e==0   B. e!=1   C. e!=0   D. ～e

4. 以下 for 循环是（   ）。
```
for(x=0,y=0;(y!=123) && (x<4);x++)
```
    A. 无限循环   B. 循环次数不定

    C. 执行 4 次   D. 执行 3 次

5. C 语言中 while 和 do-while 循环的主要区别是（   ）。

    A. do-while 的循环体至少无条件执行一次

    B. while 的循环控制条件比 do-while 的循环控制条件严格

    C. do-while 允许从外部转到循环体内

    D. do-while 的循环体不能是复合语句

6. 以下叙述正确的是（   ）。

    A. continue 语句的作用是结束整个循环的执行

    B. 只能在循环体内和 switch 语句体内使用 break 语句

    C. 在循环体内使用 break 语句或 continue 语句的作用相同

    D. 从多层循环嵌套中退出时只能使用 goto 语句

7. 对下面程序段，描述正确的是（　　　）。

```
for(t=1;t<=100;t++)
{ scanf("%d",&x);
if (x<0) continue;
printf("%d\n",t);
}
```

    A. 当 x<0 时，整个循环结束

    B. 当 x>=0 时，什么也不输出

    C. printf 函数永远也不执行

    D. 最多允许输出 100 个非负整数

8. 在下列选项中，没有构成死循环的程序段是（　　　）。

    A.
```
int i=100;
while (1)
{ i=i%100+1;
  if (i>100) break;
}
```

    B.
```
for(   );
```

    C.
```
int k=1000;
do {++k;} while (k>=1000);
```

    D.
```
int s=36;
while (s)
 --s;
```

第6章
预编译处理

内容导读

在前面各章例题中，已多次使用过以"#"号开头的预处理命令。如文件包含命令#include，宏定义命令#define 等。在源程序中，这些命令都放在函数之外，而且一般都放在源文件的前面。在 C 语言编译系统对 C 源程序编译之前，先要对这些命令进行预处理，所以称它们为预处理部分。

C 语言提供了多种预处理功能，如宏定义、文件包含、条件编译等。合理使用预处理功能编写的程序便于阅读、修改、移植和调试，也有利于模块化程序设计。

事实上，编译阶段可细分为预处理和编译两个阶段，编译器编译的都是经过预处理后的代码，预处理的内容包括以下几个方面。

（1）对于#define 命令，进行宏替换。

（2）对于#include 命令，使用被包含文件的内容替换该命令所在的行。

（3）对于#ifdef、#if、#else 等命令，进行代码剪裁，选择部分代码进入编译阶段。

6.1　宏定义

宏定义就是利用#define 命令，用一个指定的标识等（即名字）代替一个字符串，实际上就是一种替换，也称为宏替换。

宏分为有参数和无参数两种。

6.1.1　不带参数的宏定义

1. 无参宏定义

无参宏的宏名后不带参数，其定义的一般形式如下。

#define 宏名 字符串

功能：编译预处理时，将程序中所有的该宏名（标识符）用该字符串替换。

（1）#define 是宏定义命令。

（2）宏名是用户定义的标识符，不得与程序中其他标识符同名。宏名中不能含空格，宏名与字符串之间用空格分隔开。

（3）字符串可以是常数、表达式、格式串等，如果字符串加了双引号等其他符号，双引号也一起参与替换。

【例6-1】　计算球的表面积和体积，π 取 3.1415926。

程序分析如下。

输入：球半径 r。

输出：表面积 s 和体积 v。

计算公式：$s = 4\pi r^2$，$v = \dfrac{4}{3}\pi r^3$。

程序如下。

```
#define  PI  3.1415926
int main( )
{    float r;                      /*r 存储球半径*/
     float s,v;                    /*s,v 分别存储球的表面积和体积*/
     printf("请输入球半径：\n");    /*提示用户输入*/
     scanf("%f",&r);               /*从键盘输入球半径*/
     s=4*PI*r*r;                   /*计算*/
     v=4.0/3*PI*r*r*r;
     printf("表面积为%f,体积为%f\n",s,v); /*输出结果*/
     return 0;
}
```

上述程序中的#define   PI   3.1415926 即是宏定义，它定义了 PI 的值是 3.1415926，需要说明的是，这里的 PI 是常量，被称为符号常量或宏常量（表示常量的标识符一般用大写字母，以区别于变量）。

在 C 语言源程序中允许用一个标识符来表示一个字符串，称为"宏"。被定义为"宏"的标识符称为"宏名"。

如，对于宏定义#define   PI   3.1415926，其中 PI（符号常量）即是宏名，3.1415926 是真正的常量，在源程序中，符号名称 PI 和 3.1415926 具有同等的意义，都代表 3.1415926。

在编译预处理时，对程序中所有出现的"宏名"，都用宏定义中的字符串去替换，称为"宏替换"或"宏展开"。具体来说，就是使用相应的字符串原样替换宏名，如【例 6-1】中的程序，预处理后的结果如下。

```
int main( )
{    float r;                      /*r 存储球半径*/
     float s,v;                    /*s,v 分别存储球的表面积和体积*/
     printf("请输入球半径：\n");    /*提示用户输入*/
     scanf("%f",&r);               /*从键盘输入球半径*/
     s=4*3.1415926*r*r;            /*计算*/
     v=4.0/3*3.1415926*r*r*r;
     printf("表面积为%f,体积为%f\n",s,v); /*输出结果*/
     return 0;
}
```

从上面的程序可以看到，尽管使用宏定义符号常量和直接使用常量来写程序，效果是一样的，但使用宏定义符号常量可以增强程序的可读性，减少程序设计人员由于不小心出错的概率，即使程序设计人员不小心将 3.1415926 写错，也可通过修改宏定义轻松解决。因此，宏定义在 C 程序中有着广泛的应用。

另外需要注意的是：宏替换只是一种简单的字符替换，不进行任何计算，也不做语法检查。对程序中用双引号括起来的字符，即使与宏名相同，也不进行替换。

宏定义时在行末如果加了分号，分号也作为字符串的一部分内容参与替换。假设在【例 6-1】中宏定义如下。

```
#define  PI 3.1415926;
```

则在进行宏替换时，会将

```
s=4*PI*r*r;
v=4.0/3*PI*r*r*r;
```

替换为

```
s=4*3.1415926;*r*r;
v=4.0/3*3.1415926;*r*r*r;
```

在编译时，显然会报出语法错误。

2. 终止宏定义作用域

宏定义必须写在函数外面，一般置于源程序开头，其默认作用域为定义点起到本源程序结束。如要在某处终止其作用域可使用#undef 命令，格式如下。

```
#undef 宏名
```

举例如下。

```
#define  PI  3.1415926      /*宏定义作用域开始*/
main( )
{
……
}
#undef  PI                  /*取消 PI 宏定义，此后出现的 PI 不再用 3.1415926 来替换*/
func1 ( )
{
……
}
```

此时，PI 只在 main 函数中有效，在 func1 中就不起作用了。

3. 宏定义嵌套

宏定义允许嵌套，即在宏定义的字符串中可以使用已经定义过的宏名。在预处理时，会由编译预处理程序层层替换。

【例 6-2】　计算球的表面积和体积，π 取 3.1415926。

程序如下。

```
#define  PI  3.1415926
#define  R  5
#define  S  4*PI*R*R    /*宏定义 S 引用前面已定义过的宏名 PI 和 R */
#define  V  S*R/3       /*宏定义 V 引用前面已定义的宏名 S 和 R */
int main( )
{
    printf("S=%.2f,  V=%.2f\n",S,V);  /*输出结果*/
    return 0;
}
```

上述程序经过宏替换后，其内容如下。

```
int main( )
{
    printf("S=%.2f,  V=%.2f\n",4*3.1415926*5*5,4*3.1415926*5*5*5/3);  /*输出结果*/
    return 0;
}
```

上述程序中，用双引号括起来的字符串 S 和 V，即使与宏名相同，也不替换。但要注意编译预处理只是起替换宏名的作用，不做语法检查，所以用户必须保证宏定义的正确性。

6.1.2　带参数的宏定义

形式为"#define 宏名 字符串"的宏定义不包含参数，被称为不带参数的宏定义，相对地，宏定义还有另一种形式：带参数的宏定义，形式如下。

```
#define  宏名(形参表)  字符串
```

在预处理时，将源程序中所有带参数的宏名用相应的宏定义中的字符串替换。

【例 6-3】 带参数宏定义的应用。

程序如下。

```
#define  MAX(a,b)  a>b?a:b
int main( )
{int x,y;
   x=3;
   y=5;
   printf("最大值为%d",MAX(x,y));
   return 0;
}
```

预处理后的结果如下（用 x 替换宏定义字符串中的 a，y 替换宏定义字符串中的 b）。

```
int main( )
{   int x,y;
    x=3;
    y=5;
    printf("最大值为%d",x>y?x:y);
    return 0;
}
```

带参数的宏定义的好处是增加了代码处理的速度，因为不需要函数调用的时间开销。但一般也会因宏替换后增加代码的长度。

使用带参数的宏定义时，需要注意括号的应用，如下。

假设 $x=2$，$y=3$，现在要计算$(x+y)^2$，宏定义为

```
#define  S(a)  a*a
```

若程序中使用以下宏名

```
printf("%d",S(x+y));
```

则预处理后的结果为 printf("%d", x+y*x+y);，这样经编译、链接、运行得到的结果，不是程序设计者所期望的。因此，在带参数的宏定义中，经常使用括号，如，将#define S(a) a*a 改为#define S(a) (a)*(a)，则程序的运行会得出期望的结果。请大家仔细调试下列程序。

```
1    #define S(a)  (a)*(a)
2    int main( )
3    {int y,sq;
4    printf("input a number: ");
5    scanf("%d",&y);
6    sq=S(y+1);
7    printf("sq=%d\n",sq);
8    return(0);
9    }
```

上例中第 1 行为宏定义，形参为 a。第 6 行宏调用中实参为 y+1，是一个表达式，在宏展开时，用 y+1 替换 a，再用(a)*(a)代换 SQ，得到语句 sq=(y+1)*(y+1);。这与函数的调用是不同的，函数调用时要把实参表达式的值求出来再赋予形参。而宏代换中对实参表达式不做计算直接照原样代换。

注意宏名和括号之间不能有空格。

如有宏定义：#define A (s) s/3+1

若程序中有宏引用：x=A/(8+a);

则宏展开：x=(s)   s/3+1(8+a);

显然这并不是程序设计者的本来意图，且展开后在语法上是有错误的。

带参数的宏定义使用起来与函数很像，但与函数有本质区别，如表 6.1 所示。

表 6.1   带参宏与函数的区别

	带参宏	函数
处理时间	编译时	程序运行时
参数类型	无类型问题	定义实参、形参类型
处理过程	不分配内存，简单的字符置换	分配内存，先求实参值，再代入形参
程序长度	变长	不变
运行速度	不占运行时间	调用和返回占时间

6.2   文件包含

文件包含是 C 程序最常用的预处理命令，其功能是用被包含的文件内容取代该命令行，从而把指定的被包含文件和当前的源程序文件连成一个源文件。在程序设计中，文件包含是很有用的。一个大的程序可以分为多个模块，由多个程序员分别编程。有些公用的符号常量或宏定义等可单独组成一个文件，在其他文件的开头用包含命令包含该文件即可使用。这样，可避免在每个文件开头都去书写那些公用量，从而节省时间，并减少出错。

其一般形式有以下两种（注意没有分号）。

格式 1：#include <文件名>

格式 2：#include "文件名"

使用格式 1，预处理时，仅在默认目录（一般是 INCLUDE 目录，如 TurboC 环境，其指定目录就是\TC\INCLUDE）下查找指定的文件，若不能找到，则编译时报错。

使用格式 2，预处理时，首先在当前目录中查找指定文件，若找不到，继续到默认目录下查找，若还找不到，则编译时报错。

下面通过一个例子来说明#include 命令的预处理方法。

【例 6-4】 #include 命令的预处理方法展示。

若有两个 C 程序：file1.c 和 file2.c，且其内容如下。

file1.c

```
#include "file2.c"
int main()
{int a,b;
scanf("%d%d",&a,&b);
printf("max=%d\n",max(a,b));
return 0;
}
```

file2.c

```
int max(int x,int y)
{
return (x>y ?x:y);
}
```

预处理后的结果如下。

file1.c

```
    int max(int x,int y)
    {
return (x>y ?x:y);
    }
    int main()
    {int a,b;
scanf("%d%d",&a,&b);
printf("max=%d\n",max(a,b));
return 0;
    }
```

由此可见，预处理的方法很简单，只需将#include 命令中指定文件的内容替换该命令行即可。

清楚了#include 的含义之后，就很容易理解为什么前面所有的程序都有#include <stdio.h>这行命令了，这是因为 stdio.h 文件中有对 printf( )、scanf( )等库函数的声明内容，为了使用 stdio.h 文件中的内容，就必须将 stdio.h 包含进来，同样，若要使用一些数学函数，则需将 math.h 包含进来。

6.3　条件编译

条件编译，顾名思义，就是根据一定的条件有选择性地将部分代码送入编译阶段进行编译，因此，会有一部分代码被剪裁掉，有剪裁代码的功能。

条件编译的功能由#ifdef、#else、#if、#ifndef、#endif 组合实现，具体使用形式和含义如表 6.2 所示。

表 6.2　　　　　　　　　　　　　条件编译的使用形式和含义

使用形式	含义
#ifdef 标识符 　　程序段 1 #else 　　程序段 2 #endif	若标识符已通过#define 被定义，则程序段 1 被编译，而程序段 2 被剪裁掉
#if 标识符 　　程序段 1 #else 　　程序段 2 　#endif	若标识符已通过#define 被定义且相应的字符串为真，则程序段 1 被编译，而程序段 2 被剪裁掉
#ifndef 标识符 　　程序段 1 #else 　　程序段 2 #endif	若标识符没有通过#define 被定义，则程序段 1 被编译，而程序段 2 被剪裁掉

以下面的代码为例来说明。

```
#define USE_INT  0
#if   USE_INT
int  foo;
int  bar;
#else
long  foo;
long  bar;
#endif
```

预处理后，只有：long foo;long bar;两行代码进入编译阶段被编译，而 int foo;int bar 被剪裁掉。

虽然目前初学者接触的程序中很少使用条件编译，但条件编译是 C 语言一个非常重要的功能，几乎所有的大型软件都会用到。比如轻松修改几个宏定义，就可以让编译后的代码含有或不含有某些功能，以避免不必要的浪费。有些软件就是用这种方法将一套代码编译为精简版、专业版和旗舰版等多种版本。再比如，一些软件要有跨平台能力，在 Windows、Linux，UNIX 和 Mac OS 下都能工作，但不同平台之间有很大差异，同一件事情可能在不同平台上需要使用不同的代码来做，条件编译恰好能绝妙地完成这个工作。

6.4　本章小结

宏定义有两种形式，即带参数与不带参数的宏定义。注意这两种宏定义的预处理过程（称为宏替换或宏展开）。

带参数的宏定义，宏调用时是以实参代换形参。而不是"值传递"。

为了避免宏替换时发生错误，宏定义中的字符串应加括号，字符串中出现的形式参数两边也应加括号。

文件包含是预处理的一个重要功能，它可用来把多个源文件连接成一个源文件进行编译，结果将生成一个目标文件。

在写程序时，需要将程序中用到的文件通过#include 命令包含进来。注意两种命令格式（#include　<文件名>和#include　"文件名"）的区别。

条件编译允许只编译源程序中满足条件的程序段，使生成的目标程序较短，从而减少了内存的开销并提高了程序的效率。条件编译虽然目前用得不多，但有实际的应用需求，了解条件编译的应用场景，可以为以后写较大的、实用性高的程序打下坚实的基础。

预处理功能便于程序的修改、阅读、移植和调试，也便于实现模块化程序设计。

习 题 六

程序题

1．阅读程序写运行结果

（1）

```
#include<stdio.h>
#define PT 5.5
#define S(x) PT*x*x
int main( )
```

```
{ int a=1,b=2;
   printf("%4.1f\n",S(a+b));
   return(0);
}
```

运行结果：＿＿＿＿＿

（2）

```
#include<stdio.h>
#define  MA(x)  x*(x-1)
int main( )
{ int a=1,b=2;
   printf("%d \n",MA(1+a+b));
return(0);
}
```

运行结果：＿＿＿＿＿

（3）

```
#include<stdio.h>
#define MIN(x,y)  (x)<(y)? (x):(y)
int main( )
{ int i,j,k;
   i=10; j=15;
   k=10*MIN(i,j);
   printf("%d\n",k);
   return(0);
}
```

运行结果：＿＿＿＿＿

（4）

```
#include "stdio.h"
#define   SQR(X)   X*X
main( )
{ int a=10,k=2,m=1;
   a/=SQR(k+m)/SQR(k+m);
   printf("%d\n",a);
   return(0);
}
```

运行结果：＿＿＿＿＿

（5）

```
include <stdio.h>
#define A  "This is the first macro"
void f1( )
{printf("A");
 printf("\n");
}
#define  B  "This is the second macro"
void f2( )
{printf(B. ;
}
#undef B
int main(void)
{ f1( );
  f2( );
  return 0;
}
```

运行结果：_____

（6）

```
#include "stdio.h"
#define M 3
#define N  (M+1)
#define NN N*N/2
int main( )
{printf("NN=%d,",NN);
 printf("5*NN=%d\n",5*NN);
 return 0;
}
```

运行结果：_____

（7）

```
#include "stdio.h"
#define   SUM(y)     1+y
int main( )
{int x=2;
 printf("%d\n",SUM(5)*x);
 return 0;
}
```

运行结果：_____

（8）

```
/* powers.h */
#define  sqr(x)     ((x)*(x))
#define  cube(x)    ((x)*(x)*(x))
#define  quad(x)    ((x)*(x)*(x)*(x))
#include "powers.h"
#include "stdio.h"
#define  MAX_POWER 10
int main( )
{int n;
 printf("number\t exp2\t exp3\t exp4\n");
 printf("----\t----\t-----\t------\n");
 for(n=1;n<=MAX_POWER;n++)
 printf("%2d\t %3d\t %4d\t %5d\n",n,sqr(n),cube(n),quad(n));
 return 0;
}
```

运行结果：_____

（9）

```
#define  PRINT(V)   printf("V=%d\t",V)
int main( )
{int a,b;
 a=1;b=2;
 PRINT(a);
 PRINT(b);
return 0;
}
```

运行结果：_____

（10）

```
#include "stdio.h"
 #define  LETTER   0
```

```
    int main( )
    { char  str[20]="C language",c;
       int  i=0;
       while  ((c=str[i])!='\0')
           { i++;
               #if  LETTER
                if (c>='a'&& c<='z')
                    c=c-32;
               #else
               if (c>='A'&& c<='Z')
                    c=c+32;
               #endif
             printf("%c",c);
           }
        printf("\n");
    return 0;
    }
```

运行结果：＿＿＿＿＿＿

2．编写程序

（1）编写程序：利用带参宏实现两个整数的交换。

（2）编写程序：利用带参宏求任意三角形的面积。

（3）输入圆的半径 r，计算并输出圆的周长和面积，要求将 π 定义为符号常量。

第7章
数组

内容导读

前面几章介绍了基本数据类型，本章将重点介绍一种最基本的构造类型——数组。首先通过实例介绍了为什么需要使用数组，及数组的应用场景，在此基础上，详细介绍了数组的概念、定义和数组的使用方法，最后通过大量的案例介绍了数组的应用。在内容安排上，按照从易到难的顺序，先介绍一维数组的定义和引用，后介绍二维数组的定义和引用，最后介绍字符数组的定义和引用。

7.1 一维数组

7.1.1 为什么需要使用数组

数组是同一数据类型的变量组成的有序集合，比如，由一组整型变量组成的有序集合，即是整型数组；由一组浮点型变量组成的有序集合，即是浮点型数组；由一组字符型变量组成的有序集合，即是字符数组。从维度的角度来说，又分为一维数组和多维数组，下面以一维整型数组为例来说明为什么需要使用数组。

【例 7-1】 编程求任意 5 个整数的最大值。

分析：根据题意，需要定义 5 个整型变量来存储题目要求的 5 个整数，假设这 5 个整形变量分别为 a0，a1，a2，a3，a4。判断最大值的方法是，先假设第一个变量值（这里是 a0）为当前最大值 max，然后将当前最大值 max 依次和剩下的 4 个变量（a1 至 a4）进行比较，确定谁最大。

下面对比一下不使用数组和使用数组的程序。

程序 A（不使用数组的做法）

```
int main( )
{ int a0,a1,a2,a3,a4;
  int max;
  scanf("%d",&a0);
  scanf("%d",&a1);
  scanf("%d",&a2);
  scanf("%d",&a3);
  scanf("%d",&a4);

  max=a0;
  if(a1>max)  max=a1;
  if(a2>max)  max=a2;
  if(a3>max)  max=a3;
```

程序 B（使用数组的做法）

```
int main( )
{ int a[5];/*定义数组a,长度为5*/
  int i,max;
  for(i=0;i<5;i++)
      scanf("%d",&a[i]); /*输入数组a*/
  max=a[0]; /*假设数组a第一个为最大*/
  for(i=1;i<5;i++)
      if(a[i]>max)  max=a[i];
  printf("max=%d\n",max);
  return(0);
}
```

```
    if(a4>max)  max=a4;
    printf("max=%d\n",max);
    return(0);
}
```

对于此问题，不使用数组时尚能通过上述程序 A 的方法解决，但是，当需要计算 100 或 1000 个整数的最大值时，还能使用这种方法吗？显然不能，这说明程序 A 的方法可扩展性差。而程序 B，使用数组很好地解决了这一问题，如果要计算 1000 个整数的最大值，只需要将数组长度定义为 1000，相应地将循环变量 i 的终值修改一下即可，其他无需做任何修改。

从程序 B 可以看出，长度为 5 的数组 a 相当于 5 个整型变量的集合，也就是说，数组是一组变量的集合，该集合的大小由数组的长度决定，该集合中变量的数据类型由数组的数据类型决定。虽然数组也相当于一组变量，但是，使用数组要比使用一组变量方便得多，因为数组可以通过下标来引用。

输入 5 个数，则出现图 7.1 所示的运行结果。

【例 7-2】 编程计算并输出 Fibonacci 数列前 20 项的值：1，1，2，3，5，8，13，…

分析：这个问题可以使用递推算法来解决，如下。

首先，设变量 f1、f2 和 f3，并为 f1 和 f2 赋初值 1，令 f3=f1+f2 得到第 3 项；

然后，将 f1←f2，f2←f3，再求 f3=f1+f2 得到第 4 项；依此类推求第 5 项、第 6 项……

这种递推算法，通过变量来保存并计算 Fabonacci 数列，但每计算完新的数列项，变量中保存的已计算的数列项就被覆盖了（参见下面的程序 A），如果要求保存计算出的所有的数列项，这种递推算法就显得不那么好用了，如果使用数组来解决（参见下面的程序 B），则显得更加自然，因为通过下标可以直接引用相应的数组元素（即变量）。

程序 A（不使用数组的做法）

```
#define N 20
int main( )
{ int i,f1,f2,f3;
  f1=f2=1;
  printf("\n%8d%8d",f1,f2);
  for (i=3; i<=N; i++)
  { f3=f1+f2;
    f1=f2;
    f2=f3;
    printf("%8d",f3);
    if (i%5==0) printf("\n");
  }
  return 0;
}
```

程序 B（使用数组的做法）

```
#include <stdio.h>
int main( )
{int i,f[20]={1,1};
 for(i=2;i<20;i++)  f[i]=f[i-2]+f[i-1];
 for(i=0;i<20;i++)
   {
      if(i%5==0) printf("\n");
      printf("%5d",f[i]);
   }
 printf("\n");
 return(0);
}
```

程序的运行结果如图 7.2 所示。

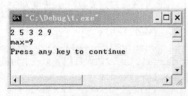

图 7.1 【例 7-1】的运行结果

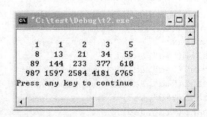

图 7.2 【例 7-2】程序的运行结果

通过对【例 7-1】和【例 7-2】的分析，可以看出使用数组的必要性，以及使用数组带来的便利，因此，数组对于程序的编写是非常重要的，下面简单介绍 C 语言中一维数组的定义和引用。

7.1.2 一维数组的定义和引用

1. 一维数组的定义

一维数组的定义格式如下。

类型说明符 数组名[常量表达式];

类型说明符指的是数组元素的数据类型，可以是基本数据类型（整型、浮点型和字符型），也可以是后续章节将讲到的构造类型（如结构体类型）。

数组名需要使用合法的标识符，尽量做到见名知意。

常量表达式表示数组中有多少个元素，即数组的长度。它可以是整型常量、整型常量表达式或符号常量。

例如：int a[10];

定义了一个整型数组 a，该数组长度为 10，共有 10 个元素（即 10 个变量），分别为 a[0]，a[1]，…，a[9]，这 10 个元素（或变量）的数据类型都是整型（由数组定义中的类型说明符决定），用以存放整型数据。

再比如：float score[4];

定义了一个浮点型数组，该数组长度为 4，共有 4 个元素（即 4 个变量），分别为 score[0]，score[1]，score[2]，score[3]，这 4 个元素（或变量）的数据类型都是浮点型（由数组定义中的类型说明符决定），用以存放浮点型数据。

从上述分析不难看出，数组是同一数据类型的变量组成的集合，不仅如此，数组可以通过下标来引用，而下标是从 0 开始到 $n-1$（n 是数组长度），是有序的，这是因为，在计算机内存中，数组元素是按顺序存放的。图 7.3 给出了 TurboC 环境下数组在内存中的存放形式，左边的 a 数组是整型数组，每个整型变量在 TurboC 环境下占用 2 字节的存储空间，所以前后两个元素在内存中的地址相差 2（假设 a[0]的地址是 2000H，则 a[1]的地址是 2002H，依此类推）；右边的 score 数组是浮点型数组，每个浮点型变量在 TurboC 环境下占用 4 字节的存储空间，所以前后两个元素在内存中的地址相差 4。

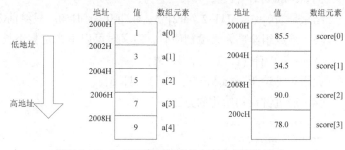

图 7.3 TurboC 环境下数组在内存中的存放形式

特别说明如下。

（1）数组元素的下标是从 0 开始编号的。

（2）一维数组的数组元素在内存中按顺序存放。

（3）数组名代表数组的首地址，即 score 的值与 score[0] 的地址值相同。注意：数组名是常量。

2. 一维数组的引用

一维数组的引用格式如下。

数组名[下标表达式]

下标表达式必须是整型表达式。

例如，输入学生成绩：

```
for(i=0;i<4;i++)
    scanf("%f",&score[i]);
```

在引用数组元素时，需要特别注意数组的越界问题，因为数组下标是从 0 开始（下界为 0）的，因此，数组的最大下标（上界）是数组长度减 1。

例如，

```
int a[10];
    scanf ("%d",&a[10]);            /* 下标越界 */
```

就是错误的做法，因为超出了数组的上界。

C 编译系统在编译时只做语法检查，并不做越界检查，虽然上述程序片段中的 a 数组并没有 a[10]元素，但是，&a[10]（scanf("%d", &a[10])中的）在内存中是存在的，这是因为，计算机读取数组元素是按地址来读取的，计算机会根据 a[9]的地址顺序向下找。这种处理方法是非常危险的，因为超出数组范围读写数据会破坏其他变量的值，写程序时要特别注意这一点。

7.1.3　一维数组的初始化

（1）定义时初始化。

例如：int a[5]={1，2，3，4，5};将花括号{ }中的这些数据依次赋给数组的各元素，结果是 a[0]=1，a[1]=2，a[2]=3，a[3]=4，a[4]=5。

注意，如果先定义数组，然后再赋值，就不能使用如下形式。

```
int a[5];
a[5]={1,2,3,4,5};
```

必须使用：

```
a[0]=1;a[1]=2;a[2]=3;a[3]=4;a[4]=5;
```

逐个给数组元素赋值，这时通常会使用循环。

（2）只给部分元素赋值。

例如：int a[5]={1，2，3};

结果是 a[0]=1，a[1]=2，a[2]=3，a[3]=0，a[4]=0。只给前 3 个元素赋值，后两个元素值为 0。

（3）给数组全部元素赋初值时，定义时可以不指定数组长度

例如：int a[]={1，2，3，4，5};

此语句等价于 int a[5]={1，2，3，4，5};

（4）通过键盘初始化的方法。

```
for(i=0;i<n;i++)
scanf("%d", &a[i]);
```

其中 n 为数组的长度，每个元素相当于一个相同数据类型的变量。

注意，初始化时数组也不能越界，比如，int a[5]={1，2，3，4，5，6}就是错误的，因为，数组长度为 5，却赋了 6 个初值。

7.1.4　一维数组的应用

一维数组常用于解决数列或与数据位置相关的问题。如果想对整个数组各个元素进行处理，必须逐一处理各个元素。常用算法有：输入输出、插入、删除、排序、查找、求平均值、求最大最小值及位置等。

【例 7-3】 用冒泡法对键盘输入的 5 个整型数据进行从小到大的排序，并输出排序结果。

分析：冒泡排序的算法思想是每次对相邻的两个数进行比较，如果前面的数大于后面的数（假

设从小到大排序），就交换位置。

第一趟：在 N 个元素中找出最大的元素（N 为数组的长度），并放到最后，如图 7.4 所示；第一趟排序产生的最大值存储于 a[4] 中，此时，a[4] 已经有序，不需要再参与后面的排序。

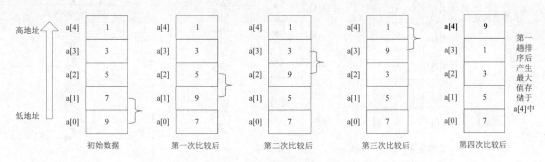

图 7.4　冒泡排序第一趟排序的过程

第二趟：在剩下的 N−1 个元素中找出最大的元素并放到第 N−1 的位置，如图 7.5 所示，第二趟排序产生的次大值存储于 a[3] 中，此时，a[3]，a[4] 已经有序，不需要再参与后面的排序。

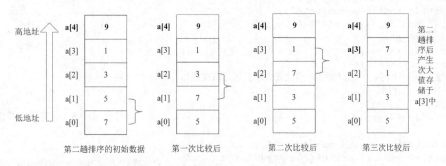

图 7.5　冒泡排序第二趟排序的过程

第三趟：在剩下的 N−2 个元素中找出最大的元素并放到第 N−2 的位置，如图 7.6 所示，第三趟排序产生的第三大值存储于 a[2] 中，此时，a[2]，a[3]，a[4] 已经有序，不需要再参与后面的排序。

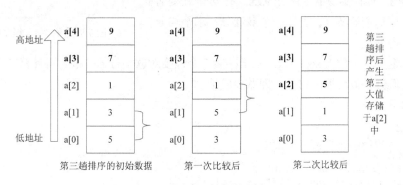

图 7.6　冒泡排序第三趟排序的过程

第四趟：在剩下的 N−3 个元素中找出最大的元素并放到第 N−3 的位置，如图 7.7 所示，第四趟排序后，a[0]，a[1]，a[2]，a[3]，a[4] 已经按从小到大的顺序排列。

对于有 N 个元素的数组，共进行 $N-1$ 趟。

根据上述分析，其具体的算法流程图如图 7.8 所示。

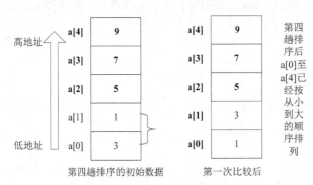

图 7.7　冒泡排序第四趟排序的过程

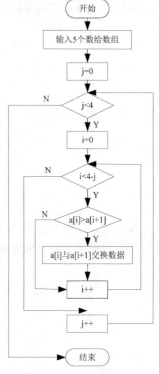

图 7.8　冒泡排序算法流程图

程序如下。

```c
#include <stdio.h>
int main( )
{int a[5],i,j,temp;
 printf("Input 5 numbers:\n");
 for(i=0;i<5;i++)scanf("%d",&a[i]);
 printf("\n");
 for(j=0;j<4;j++)
  for(i=0;i<4-j;i++)
   if(a[i]>a[i+1]) /*相邻两项比较大小，逆序就交换*/
    {temp=a[i];
     a[i]=a[i+1];
     a[i+1]=temp;
    }
 printf("the sorted numbers:\n");
 for(i=0;i<5;i++)printf("%d ",a[i]);
 printf("\n");
 return(0);
}
```

输入 5 个数则出现图 7.9 所示的结果。

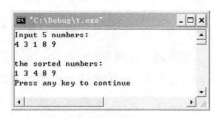

图 7.9　【例 7-3】程序的运行结果

【例 7-4】　编程实现歌手评分系统。有 7 个评委对歌手打分，去掉一个最高分，去掉一个最低分，求平均分，就是歌手应得分。

分析：定义一个数组 score[7]，用于存储 7 个评委对歌手打的分数，再计算 7 个评委的总分、最高分、最低分，最后求平均分，即歌手成绩。

程序如下。

```c
int main( )
{float score[7],max,min,ave;
 int i;
 printf("Input 7 scores:\n");
 for(i=0;i<7;i++)scanf("%f",&score[i]);
 ave=max=min= score[0];
 for(i=1;i<7;i++)
 {if(max< score[i])max= score[i]; /*求歌手最高分*/
  if(min> score[i])min= score[i]; /*求歌手最低分*/
  ave=ave+ score[i]; /*求歌手总分*/
 }
 ave=(ave-max-min)/5; /*求歌手得分*/
```

```
printf("the singer's score is :%7.2f\n",ave);
return(0);
}
```

程序的运行结果如图 7.10 所示。

【例 7-5】 数据查询系统：一维数组（假设 10 个数）遍历查询位置，查找数组中是否有等于某个数据的数，若有的话找出位置，否则输出"查无此数"。

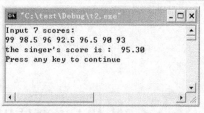

图 7.10 【例 7-4】程序的运行结果

分析：定义一个数组 a[10] 和要查找的元素 x，然后用 x 的值和数组 a 的各个元素值一一比对，若相等，把当前的下标号打印输出即可，如果直到和最后一个元素值比较还不同，则查找失败，输出"查无此数"。

程序如下。

```
#include<stdio.h>
int main( )
{int a[10],x,index,i;
 printf("请输入 10 个整数：\n");
 for(i=0;i<10;i++)scanf("%d",&a[i]);
 printf("请输入要查找的数据：\n");
 scanf("%d",&x);
 for( i=0;i<10;i++)printf("%4d ",a[i]);
 printf("\n ");
 for( i=0;i<10;i++)
   if(x==a[i]){index=i;break;}
 if(i>=10) printf("查无此数\n");
 else
   printf("找到了该数，位置在第：%d 号\n",(index+1));
 return 0;
}
```

程序的运行结果如图 7.11 所示。

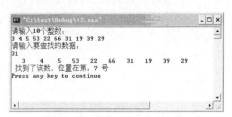

图 7.11 【例 7-5】程序的运行结果

本节小结如下。

（1）数组的各个元素在内存中，从第一个元素开始依次连续存储，其中所有的元素具有相同的数据类型。

（2）数组的定义与变量类似，只是在数组名称之后，必须紧接着一对方括号[]，方括号中指明该数组的元素个数（但只能用常量表达式来表明其元素的个数）。如定义一个有 5 个元素的整型数组 int a[5];，其中，类型说明符 int 说明数组 a 的所有元素的数据类型都是整型。若要用于存储不同类型的数据，只要指定相应的类型说明符即可。它可以是 C 语言中所有的数据类型，如 int、char、float、long、unsigned 和以后要学习的自定义类型。

（3）数组不能整体使用，只能使用其各个元素。

（4）访问一维数组的程序结构通常是循环结构，一般是单循环，有时也会使用多重循环（如排序等问题）。

7.2　二维数组

7.2.1　为什么需要使用二维数组

先看下述问题。

若有 3 个学生学习 4 门课，现要求编程计算每个学生的平均分和每门课的平均分。

分析：现实生活中，通常使用图 7.12 所示的 Excel 表来解决这类问题（横向求平均值和纵向求平均值），那么如何使用计算机程序来求解呢？

因为涉及的数据不再是单纯的线性数据，而是有行有列的数据，行表示的是学生信息，列表示的是课程信息，因此，使用一维数组就显得不那么合适了。

类似的问题还有：数学中的矩阵问题，如矩阵的转置或矩阵的加、减等运算，为了解决这类问题，就需要学习二维数组了。

下面通过一个例子来介绍二维数组是怎么应用的。

【例 7-6】　编程求  矩阵的转置。

程序如下。

```
#include <stdio.h>
int main( )
{int a[3][4]={{1,2,3,4},{5,6,7,8},{9,10,11,12}},b[4][3],i,j;
 printf("array a:\n");
 for(i=0;i<3;i++)
 {for(j=0;j<4;j++)
   {printf("%5d",a[i][j]) ;
    b[j][i]=a[i][j];
   }
  printf("\n");
  }
  printf("\narray b:\n");
  for(i=0;i<4;i++)
  {for(j=0;j<3;j++)  printf("%5d",b[i][j]) ;
   printf("\n");
   }
  return(0);
}
```

程序的运行结果如图 7.13 所示。

图 7.12　Excel 表存储的学生成绩　　　　　图 7.13　【例 7-6】程序的运行结果

7.2.2　二维数组的定义和引用

1．二维数组的定义

二维数组的定义格式如下。

类型说明符　数组名[常量表达式 1][常量表达式 2]；

类型说明符和数组名与一维数组定义中的含义相同。

与一维数组定义不同的是常量表达式，二维数组有两个常量表达式，常量表达式 1 表示数组中有多少行，常量表达式 2 表示数组中有多少列。其值和一维数组定义中的相同，可以是整型常量、整型常量表达式或符号常量。

例如：float score[2][3]；

定义 score 为 2 行 3 列的整型数组，共有 6 个元素，分别如下。

```
score[0][0]   score[0][1]   score[0][2]
score[1][0]   score[1][1]   score[1][2]
```

这 6 个元素数据类型相同，都是浮点型变量。

特别说明如下。

（1）二维数组元素的行下标、列下标均是从 0 开始编号的。

（2）数组名代表数组的首地址，即 score 的值与 score[0][0]的地址值相同。

（3）不管是一维数组还是二维数组，在计算机内存中都是按顺序存放的。针对二维数组有行有列的情况，计算机在处理时，先存储第 0 行，然后存储第 1 行，直至第 $N-1$ 行（N 为行的长度），也就是说，二维数组元素在内存中是按行存放的，每行相当于一个一维数组。

图 7.14 所示为 TurboC 环境下二维数组在内存中的存放形式。

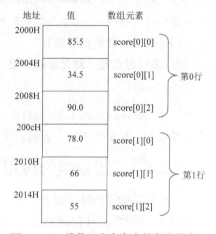

图 7.14　二维数组在内存中的存放形式

2．二维数组的引用

二维数组的引用格式如下。

数组名[行下标表达式][列下标表达式]；

与一维数组引用相同的是，二维数组的引用也要特别注意数组越界问题，行、列均不能越界。

例如：

```
int a[3][4];
a[3][4]=3;
```

就是错误的，存在数组越界问题。

如果要对数组所有元素进行处理，必须逐一处理各个元素。因此有必要了解二维数组中元素下标的变化规律。

（1）主对角线上的元素：a[i][i]　　　(i=0,1, …, n-1)

（2）次对角线上的元素：a[i][n-i-1]　　　(i=0,1, …, n-1)

（3）第 2 列的所有元素：a[i][2]　　　(i=0,1, …, n-1)

（4）第 0 行的所有元素：a[0][i]　　　(i=0,1, …, n-1)

7.2.3 二维数组的初始化

1. 按行赋初值

（1）分行给二维数组赋初值，每行写在一个花括号内。如下。

```
int a[2][3]={{1, 2, 3}, {4, 5, 6}};
```

（2）将所有数据写在一个花括号内如下。

```
int a[2][3]={1, 2, 3, 4, 5, 6};
```

上述两种方法赋值结果相同，均是 a[0][0]=1，a[0][1]=2，a[0][2]=3，a[1][0]=4，a[1][1]=5，a[1][2]=6。

（3）可以部分元素赋初值。如下

```
int a[3][4]={{1},{5},{9}};
```

只对各行第一列元素赋初值，其余各元素自动为 0，初始化之后数组元素如下。

$$\begin{bmatrix} 1 & 0 & 0 & 0 \\ 5 & 0 & 0 & 0 \\ 9 & 0 & 0 & 0 \end{bmatrix}$$

（4）可以对各行中某些元素赋初值。如下。

```
int a[3][4]={{1},{0,6},{0,0,11}};
```

初始化之后数组元素如下。

$$\begin{bmatrix} 1 & 0 & 0 & 0 \\ 0 & 6 & 0 & 0 \\ 0 & 0 & 11 & 0 \end{bmatrix}$$

（5）如果对全部元素都赋初值，定义时可以省略第一维的长度，但第二维不能省略。如下。

```
int a[][4]={1,2,3,4,5,6,7,8,9,10,11,12};
```

初始化之后数组元素如下。

$$\begin{bmatrix} 1 & 2 & 3 & 4 \\ 5 & 6 & 7 & 8 \\ 9 & 10 & 11 & 12 \end{bmatrix}$$

2. 通过键盘逐个对元素赋初值

```
for(i=0;i<M;i++)
    for(j=0;j<N;j++)
        scanf("%d",&a[i][j]);
```

其中 M，N 分别为行、列的长度。

7.2.4 二维数组的应用

二维数组的常用算法如下。

（1）二维数组的输入输出。

（2）二维数组最大最小值及位置、行最大最小值、列最大最小值。

（3）行平均值，列平均值。

（4）转置矩阵。

下面来看具体应用。

【例 7-7】 找出矩阵中的最大元素所在的位置。

```
#include <stdio.h>
int main( )
{int a[3][4],i,j,row,col;
  printf("Enter 12 integers:\n");
  for(i=0;i<3;i++)
  for(j=0;j<4;j++)
   scanf("%d",&a[i][j]) ;
  printf("\narray:\n");
  for(i=0;i<3;i++)
   {for(j=0;j<4;j++)printf("%5d",a[i][j]) ;
```

```
    printf("\n");
   }
  row=col=0;
  for(i=0;i<3;i++)
   for(j=0;j<4;j++)
    if(a[i][j]>a[row][col]){row=i;col=j; }
printf("max=a[%d][%d]=%d\n",row,col,a[row][col]);
  return(0);
 }
```

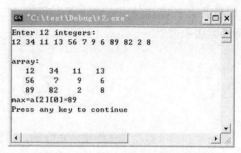

图 7.15　【例 7-7】程序的运行结果

程序的运行结果如图 7.15 所示。

【例 7-8】　若有 3 个学生学习 4 门课（图 7.12 Excel 表格中的数据求和问题）：现要求编程实现求每个学生的平均分和每门课的平均分。

分析：①定义一个二维数组 score[3][4]用于存储 3 个学生学习 4 门课的成绩。②定义两个一维数组 stave[3]、ke[4]分别用于存储每个学生的平均分和每门课的平均分。

程序如下。

```
#include <stdio.h>
int main( )
{float score[3][4], stave[3],ke[4];
 int i,j;
 printf("Enter 12 datars:\n");
 for(i=0;i<3;i++)
   for(j=0;j<4;j++)
     scanf("%f",& score [i][j]) ;
 printf("\narray:\n");
 for(i=0;i<3;i++)stave[i]=0;     /*初始化为 0*/
 for(i=0;i<4;i++)ke [i]=0;       /*初始化为 0*/
 for(i=0;i<3;i++)
 {for(j=0;j<4;j++)stave[i]= stave[i]+score [i][j];
  stave[i]= stave[i]/4;
 }   /*求每个学生的平均分*/
 for(i=0;i<4;i++)
 {for(j=0;j<3;j++) ke [i]= ke [i]+score [j][i];
  ke [i]= ke [i]/3;
 } /*求每门课的平均分*/
 for(i=0;i<3;i++)
 {for(j=0;j<4;j++)printf("%5.1f", score [i][j]) ;
  printf("%5.1f ", stave[i]);
  printf("\n");
 } /*输出每个学生的成绩及平均分*/
 for(i=0;i<4;i++) printf("%5.1f", ke [i]); /*输出每门课的平均分*/
 return(0);
 }
```

程序的运行结果如图 7.16 所示。

有了二维数组，那么三位、四维……多维数组又如何定义、输入、输出、初始化呢？可见，一维到二维是质变，那么二维到多维数组就是量变了，请读者自己查资料举一反三。

本节小结如下。

（1）二维数组在内存中按行存储。

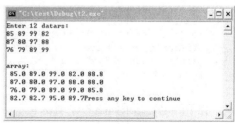

图 7.16　【例 7-8】程序的运行结果

（2）二维数组同样不能整体使用，只能使用其各个元素。

（3）数组往往需要与循环配合使用。遍历一维数组需要使用单循环（因为排序需要遍历多次（即趟数），故需要使用双重循环），而遍历二维数组需要使用双重循环，外循环通常表示行，内循环通常表示列。

7.3 字符数组

一维、二维数组是从维度来划分的，而整型数组、浮点型数组、字符数组是从数组元素的数据类型来划分的。由于字符数据的特殊性，在前面两节中，主要是以整型数组和浮点型数组为例来介绍一维数组和二维数组的定义和引用，对于字符数组尚未涉及，因此，本节重点介绍字符数组。

7.3.1 字符型数据的特殊性

字符常量是单引号括起来的一个字符，如'h'，单个字符可以存储到字符型变量中。

字符型数据的特殊性体现在字符串。字符串是双引号括起来的一个字符序列，如""（空字符串）、"a" "student"等。C 语言中没有字符串类型（有的语言中有 String 类型，可直接定义字符串类型的变量），那么字符串在 C 语言中是如何存储的呢?

C 语言采用字符数组存储字符串，在从字符数组中读取字符串时，计算机是根据数组的首地址来顺序读取的，如果不给一个结束标记，计算机并不知道什么时候字符串结束，因此，计算机在存储字符串时，会自动给字符串加一个结束标志 "\0"。注意："\0" 代表 ASCII 码为 0 的字符，它不是可显示字符，是一个空操作符，即它什么也不干，用它作结束标志不会产生附加的操作或增加有效字符，仅是一个供辨识的标志。

由于字符串结束标记的存在，字符串实际的存储空间的大小（字节数）=字符串的长度+1，比如字符串 "a" 的存储空间是 2 字节，而其长度为 1（字符串的长度是字符串中所包含的字符的个数，而其存储空间的大小还需要加上 "\0" 所占的空间）。

字符串结束标记 "\0" 常常作为我们编程判断是否结束的标志。

【例 7-9】 编程计算一个字符串 s 中大写字母 A 的个数。

分析：① 定义一个字符型数组用于存储字符串。② 定义一个整型变量统计 A 的个数。

程序如下。

```
#include <stdio.h>
int main( )
{char str[20];
 int i,count=0;
 scanf("%s",str);
 for(i=0;str[i]!='\0';i++)
  if(str[i]=='A') count++;
 printf("count=%d\n",count);
 return(0);
}
```

程序的运行结果如图 7.17 所示。

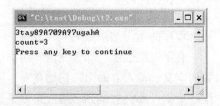

图 7.17 【例 7-9】程序的运行结果

7.3.2　字符数组的定义和引用

1. 字符数组的定义

不管是一维还是二维字符数组，其定义格式均和整型数组、浮点型数组相同，将类型说明符改为 char 即可。

字符数组定义为一维还是二维，应根据具体情况而定。如果要存储若干个字符，或一个字符串，则定义为一维字符数组，若要存储多个字符串，则定义为二维字符数组（每行存储一个字符串）。只是，为了存储字符串定义数组时，数组的长度需要考虑字符串结束标记所占的存储空间。

一维字符数组定义格式如下。

`char 数组名[常量表达式]`

例如：char c[10];

定义 c 为一维字符数组，包含 10 个元素，分别为 c[0]，c[1]，…，c[9]。它可以存放 10 个字符或一个长度不大于 9 的字符串。

二维字符数组定义格式如下。

`char 数组名[常量表达式 1] [常量表达式 2]`

例如：char s[3][10];

定义 s 是一个二维的字符数组，可以存放 30 个字符或 3 个长度不大于 10 的字符串。

　　　　字符串只能存储到字符数组中，但字符数组中存储的不一定是字符串。

2. 字符数组的引用

若字符数组中存储的不是字符串（由字符串结束标记决定），则需要逐个元素引用，这种引用方法和整型数组、浮点型数组没有任何区别（不管一维还是二维）。

若字符数组中存储的是字符串，则可以逐个元素引用，也可以使用%s 整体引用。如下。

```
int main( )
{ char c[10]={'I',' ','a','m',' ','a',' ','b','o','y'};
 int i;
 for (i=0;i<10;i++)  printf("%c",c[i]);
 printf("\n");
 return(0);
}

int main( )
{ char c[ ]={'I',' ','a','m',' ','a',' ','b','o','y','\0'};
 printf("%s\n",ch);
 return(0);
}
```

上面两段程序的运行结果是一样的，需要注意的是，在用%s 时，一定要在初始化时主动加字符串结束标志'\0'。

【例 7-10】　利用二维数组编程输出以下图形。

```
  *
 ***
*****
```

分析：① 定义一个二维数组 g[3][5]用于存储图形中的 "*"，没有出现 "*" 就用空格代替。
② 按 3 行 5 列形式输出。

第一种做法，逐个元素引用。

```
#include <stdio.h>
int main( )
{char a[3][5]={{' ',' ','*'},
               {' ','*','*','*'},
               {'*','*','*','*','*'}};
int i,j;
for(i=0;i<3;i++)
 {for(j=0;j<5;j++)  printf("%c",a[i][j]);
  printf("\n");
} /*输出每个字符*/
return(0);
}
```

第二种做法，整体引用（注意 a 数组的列长度和第一种做法不一样）。

```
#include <stdio.h>
int main( )
{char a[3][6]={{' ',' ','*'},
               {' ','*','*','*'},
               {'*','*','*','*','*'}};
int i;
for(i=0;i<3;i++)
 {printf("%s",a[i]);
  printf("\n");
} /*输出每个字符*/
return(0);
}
```

上述两种做法运行结果相同，因为存储字符串需要考虑字符串结束标记所占的空间，所以，第二种做法的列长度比第一种做法的列长度要长。

程序的运行结果如图 7.18 所示。

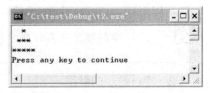

图 7.18 【例 7-10】程序的运行结果

7.3.3 字符数组的初始化

（1）若使用字符数组存储若干个字符，而非字符串，则采用逐个字符赋值的方法。

例如：char c[5]={'P', 'a', 'r', 't', 'y'};

或 char c[]={'P', 'a', 'r', 't', 'y'};

若提供的初值个数与预定的数组长度相同，定义时可以省略数组长度。

初始化后，数组 c 在内存中存放内容如下。

c[0]	c[1]	c[2]	c[3]	c[4]
P	a	r	t	y

（2）使用字符数组存储一个字符串时，也可采用逐个字符赋值的方法，此时，需要手动添加'\0'。

例如：char c[10]={'P', 'a', 'r', 't', 'y', '\0'};

定义一个字符数组 c 来存储字符串"Party"。

若数组长度大于字符个数，则后面元素的值默认为 0，即'\0'的 ASCII 码，因此，char c[10]={'P', 'a', 'r', 't', 'y'}也实现了同样的功能，即将字符串"Party"存储到字符数组 c 中。

初始化之后，数组 c 在内存中存放的内容如下。

	c[0]	c[1]	c[2]	c[3]	c[4]	c[5]	c[6]	c[7]	c[8]	c[9]
	P	a	r	t	y	\0	\0	\0	\0	\0

除了逐个字符赋值的方法外，还有一种更简洁、更直观、更方便的方法，就是直接使用字符串进行初始化。使用方法如下。

`char c[]="Party"`

初始化之后，计算机自动会在 c 数组的末尾加上字符串结束标记'\0'，数组 c 在内存中存放内容如下。

P	a	r	t	y	\0

若要使用字符数组存储字符串，直接使用字符串进行初始化的方法应用得更普遍。

（3）使用字符数组存储多个字符串时，也可逐行逐个字符赋值，但这种方法不方便，通常采用字符串对每行赋值。

例如：char a[3][10]={"basic", "pascal", "c"};

初始化后，a 数组在内存中存放的内容如下。

b	a	s	i	c	\0	\0	\0	\0	\0
p	a	s	c	a	l	\0	\0	\0	\0
c	\0	\0	\0	\0	\0	\0	\0	\0	\0

（4）使用输入输出函数进行初始化。

① 用格式符"%c"输入一个字符，如下。

scanf("%c", &a);

② 用格式符"%c"输出一个字符，如下。

printf("%c", a);

③ 用格式符"%s"输入一个字符串，如下。

scanf("%s", str);

④ 用格式符"%s"输出一个字符串，如下。

printf("%s", str);

输入输出字符时，也可使用 getchar，putchar 函数。输入输出字符串时，也可使用字符串处理函数 gets 和 puts（具体用法将在 7.3.4 节中详细介绍）。

7.3.4 字符串处理函数

字符串和整型数据、浮点型数据不同，对字符串的操作，可以通过对字符数组的整体引用来实现，C 语言提供了实现相关操作的字符串处理函数。在使用字符串处理函数时，必须在程序的开始写上如下代码。

`#include "stdio.h"` 或 `#include "string.h"`。

1. 字符串输出函数 puts

调用格式：puts(str)

功能：输出一个字符串，输出后自动换行。

说明：str 可以是字符数组名或字符串常量。

举例如下。

```
char str1[ ]= "China";
char str2[ ]= "Beijing";
puts(str1);
puts(str2);
```

输出结果：

```
China
Beijing
```

说明：puts(str)和 printf（"%s\n"，str);实现的功能相同。

2. 字符串输入函数 gets

调用格式：gets(str)

功能：从键盘读入一个字符串存入 str 数组中。

说明：str 是数组名。

举例如下。

```
main( )
{ char c1[20],c2[20];
  gets(c1);  gets(c2);
  puts(c1);  puts(c2);
}
```

程序运行情况如下。

输入：

```
How are you? （回车）
```
Fine thank you.（回车）

输出结果：

```
How are you?
Fine thank you.
```

思考：这里的 get(str)是否能用 scanf（"%s"，str)代替呢？

细心的读者可能已经发现，gets 接收的字符串中可以包含空格，而 scanf 函数使用"%s"读入字符串时遇到空格或回车就结束读操作，自动加结束标志"\0"，因此若读入的字符串包含空格就不能使用 scanf（"%s"，str)读入字符串。

3. 字符串连接函数 strcat

调用格式：strcat(str1，str2)

功能：把 str2 中的字符串连接到 str1 字符串的后面，结果放在 str1 数组中（要求 str1 数组长度足够大），函数值是 str1 的值。

举例如下。

```
char str1[21]="beijing and ";
char str2[ ]="shanghai";
printf("%s",strcat(str1,str2));
```

输出结果：

```
beijing and shanghai
```

需要注意的是，字符数组 1 必须足够大，以便容纳连接后的新字符串。连接前，两字符串后都有'\0'，连接时将字符数组 1 后的'\0'自动取消，只在新串最后保留'\0'。

4. 字符串复制函数 strcpy

调用格式：strcpy(str1，str2)

功能：将 str2 中的字符串复制到 str1 数组中（要求 str1 数组长度足够大）。

举例如下。

```
char s1[10],s2[ ]= "Beijing";
    strcpy(s1,s2);
```

或：strcpy(s1，"Beijing");

导致的结果是：s1 中存储以下内容。

B	e	i	j	i	n	g	\0		

思考：采用 s1="Beijing" ;或　s1=s2;的方式赋值可以吗？为什么？

需要注意的是，字符数组 1 必须足够大，以便容纳被复制的字符串，字符数组 1 必须写成字符数组的形式，字符串 2 可以是字符数组名，也可以是一个字符串常量。

5. 部分字符串复制函数 strncpy

调用格式：strncpy(str1，str2，n);

功能：将字符串 str2 中前 n 个字符复制到字符串 str1 中。

举例如下。

```
char s1[10],s2[ ]= "Beijing";
    strncpy(s1,s2,3);
```

s1 的结果如下。

B	e	i	\0						

6. 字符串比较函数 strcmp

调用格式：strcmp(str1，str2)

功能：比较两个字符串 str1 和 str2 的大小。

比较规则是自左向右逐个字符相比较（按 ASCII 码值大小比较），直到出现不同的字符或遇到'\0'为止。如果全部字符相同，则认为相等；若出现不相同的字符，则以第一个不相同的字符比较结果为准。比较的结果由函数值带回，如果 str1 等于 str2，函数值为 0；如果 str1 大于 str2，函数值为一正整数；如果 str1 小于 str2，函数值为一负整数。表 7.1 给出了 3 种比较的结果。

表 7.1　　　　　　　　　　　　　　字符串比较

字符串 str1	字符串 str2	比较结果
"abcde"	"abcde"	strcmp(str1,str2)==0
"abc"	"abcde"	strcmp(str1,str2)<0
"abcd"	"Abcde"	strcmp(str1,str2)>0

特别注意：两字符串比较，不能直接用以下形式。

```
if(str1>str2)  printf("YES");
```

而只能用以下形式。

```
if(strcmp(str1,str2)>0)   printf("YES");
```

7. 求字符串长度函数 strlen

调用格式：strlen(str)

功能：测试字符串长度。函数值就是 str 中字符的个数。

举例如下。

```
char str[10]= "China";
printf("%d",strlen(str));
```

或

```
printf("%d",strlen("China"));
```

输出结果为 5。

8. 大写字母转换成小写字母函数 strlwr

调用格式：strlwr(str)

功能：将 str 字符串中的大写字母转换成小写字母。

举例如下。

```
char str[ ]="MICRO SOFT WORD" ;
strlwr(str);
puts(str);
```

输出结果：

```
micro soft word
```

9. 小写字母转换成大写字母函数 strupr

调用格式：strupr(str)

功能：将 str 字符串中的小写字母转换成大写字母。

举例如下。

```
char ch[10]="pascal";
printf("%s",strupr(ch));
```

输出结果：

```
PASCAL
```

说明：使用这些字符串处理函数，可以简化程序，当然，并不要求必须使用这些字符串，用户完全可以自己写函数实现相关的功能，比如，对字符串进行比较时，可以不使用 strcmp 函数，而是根据字符串比较的过程写程序或函数。

7.3.5 字符数组应用

【例 7-11】 由键盘输入一行字符（少于 100 个，以回车符作为结束），要求分别统计出其中英文大写字母、小写字母、数字、空格和其他字符的个数。

程序如下。

```
#include <stdio.h>
int main( )
{char str[100],c;
int i=0,j,alpha1=0,alpha2=0,digit=0,space=0,other=0;
printf("Please input a string(<=100): ") ;
while((str[i]=getchar( ))!='\n')  i++;
str[i]='\0' ;
i=0;
while(str[i]!='\0')
{if(str[i]>='A'&&str[i]<='Z') alpha1++;
 else if(str[i]>='a'&&str[i]<='z') alpha2++;
     else  if(str[i]>='0'&&str[i]<='9') digit++;
```

```
        else  if(str[i]==' ') space++;
             else  other++;
   i++;
  }
  printf("alpha1=%d,alpha2=%d,digit=%d,
space=%d,other=%d\n",alpha1,alpha2,digit,
space,other);
  return(0);
 }
```

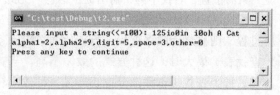

程序的运行结果如图 7.19 所示。

图 7.19　【例 7-11】程序的运行结果

【例 7-12】　由键盘输入一行字符（少于 20 个，以回车符作为结束），判断该字符串是否为回文。所谓回文就是该串与逆序串相等，如 "abcba" "abccba" 是回文，而 "abcab" 不是回文。

分析：设置两个下标变量 i 和 j，i 的初值为字符串第一个元素下标，j 的初值为字符串最后一个元素下标，然后依次比较字符串的第一个与最后一个字符、第二个与倒数第二个字符，如此循环，直至出现不相等字符即停止，当 i>=j 还未发现不相等的字符，则可判定为回文，否则不是回文。

程序如下。

```
#include <stdio.h>
#include <string.h>
int main( )
{char str[20];
 int i,j,k;
 printf("Please input a string(<=20): ") ;
 gets(str);        /*输入字符串*/
 k=strlen(str)  ;/*求串长*/
 for(i=0,j=k-1;i<j;i++,j--)if(str[i]!=str[j]) break;
 if(i>=j)  printf("该串是回文\n\n") ;
 else     printf("该串不是回文\n\n") ;
 return(0);
}
```

程序的运行结果如图 7.20 和图 7.21 所示。

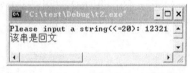

图 7.20　【例 7-12】程序的运行结果一

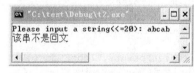

图 7.21　【例 7-12】程序的运行结果二

小结如下。

字符数组不仅可以存储若干个字符还可以存储字符串，当存储若干个字符时，和数值型数组（整型数组、浮点型数组）的使用几乎没有区别，只需注意格式说明符用的是%c 即可，但这种用法应用的场合相对较少，更广泛的应用是使用字符数组来存储字符串。当存储字符串时，可以通过数组名对字符串进行整体引用，这点和数值型数组有着本质的区别。从输入、输出，到对字符串的处理，都有着不一样的方法，需要特别注意。

7.4　综合案例

【例 7-13】　在一个按值有序排列的数组中查找指定的元素，即有序数据查询。假设数组有 10

个元素，按值由小到大有序排列，由键盘输入一个数 x，然后在数组中查找 x，如果找到，输出相应元素的位置，若找不到，输出提示信息"无此元素"。

查找是程序设计的常用算法，若查找过程是从头到尾的遍历过程，则称之为顺序查找，当查找的数组元素量（有时称为查找表）很大时，这种方式的效率不高。当查找表为有序表时，折半查找（也称二分查找）是一种效率较高的方式。折半查找思想是（具体算法如图 7.22 所示）：设 n 个元素的数组 a 已有序（假定 a[0]到 a[n-1]升序排列），用 low 和 high 两个变量来表示查找的区间，即在 a[low]和 a[high]间去查找 x。初始状态为 low=0，high=n-1。首先用要查找的 x 与查找区间的中间位置元素 a[mid]（mid=(low+high)/2）比较，如果相等则找到，算法终止；如果 x<a[mid]，由于数组是升序排列的，则只要在 low～mid-1 区间继续查找，故修正变量 high=mid-1；如果 x>a[mid]，由于数组是升序排列的，则只要在 mid +1～high 区间继续查找，故修正变量 low=mid+1。也就是根据与中间元素比较的情况产生了新的区间 low 和 high，当出现 low>high 时算法终止，即不存在值为 x 的元素。

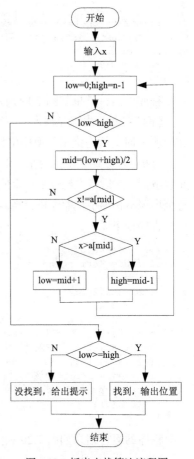

图 7.22　折半查找算法流程图

程序如下。

```c
#include "stdio.h"
int main( )
{int a[10]={1,2,3,4,5,6,7,8,9,10},low,high,mid,n=10,x;
 printf("Enter x:") ;
 scanf("%d",&x);
 low=0;high=n-1;
 while(low<=high)
{mid=(low+high)/2;
 if(x==a[mid]) break;
 else if(x<a[mid])  high=mid-1;
        else  low=mid+1;
 }
 if(low<=high)printf("Index is %d\n",mid+1);
 else  printf("Not Found!\n");
 return(0);
}
```

程序的运行结果如图 7.23 和图 7.24 所示。

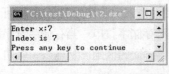

图 7.23　查找成功时的运行结果

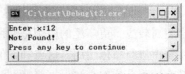

图 7.24　查找不成功时的运行结果

【例 7-14】　有一个已经排好序的数组（假设从小到大排序），现输入一个数，要求按原来的规律将它插入数组中。

分析：首先，查找插入点，即查找待插入数据应该插入的位置，可从前向后，也可从后向前查找。然后，将插入点后面的所有数据，向后移动一个位置，注意，需从后向前逐个元素移动，否则会覆盖掉一些数据。最后，将待插入数据插入到插入点。

程序如下。

```c
#include "stdio.h"
int main( )
{int a[11]={1,4,6,9,13,16,19,28,40,100};
 int number,end,i,j;
 printf("original array is:\n");
 for(i=0;i<10;i++)
     printf("%5d",a[i]);
 printf("\n");
 printf("insert a new number:");
 scanf("%d",&number);
 printf("\n");
 for(i=0;i<10;i++)
     if(a[i]>number)break;   /*查找插入点*/
 for(j=10;j>i;j--)
     a[j]=a[j-1];       /*移动数据*/
 a[i]=number;  /*插入数据*/
 for(i=0;i<11;i++)
     printf("%5d",a[i]);
 printf("\n");
 return(0);
}
```

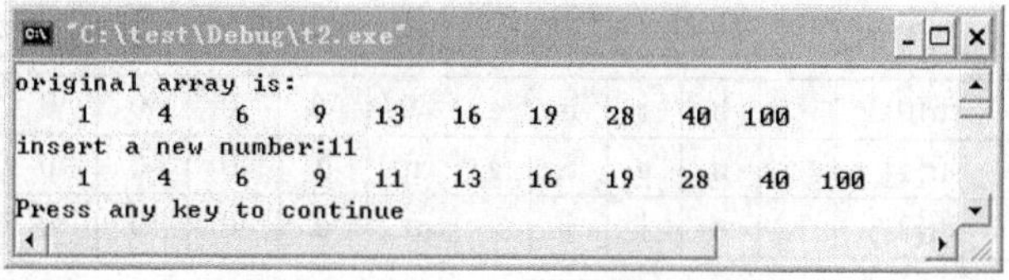

图 7.25　【例 7-14】程序的运行结果

程序的运行结果如图 7.25 所示。

【例 7-15】　打印出以下 10 行杨辉三角形。

```
1
1  1
1  2  1
1  3  3  1
1  4  6  4  1
1  5  10  10  5  1
1  6  15  20  15  6  1
1  7  21  35  35  21  7  1
1  8  28  56  70  56  28  8  1
1  9  36  84  126  126  84  36  9  1
```

分析：采用二维数组的下三角（行下标 i≤列下标 j）保存杨辉三角形中的每个元素，而且三角形中第一列和对角线元素均为 1，其他元素均满足 a[i][j]=a[i-1][j-1]+a[i-1][j]。

程序如下。

```c
#include "stdio.h"
void main( )
{int i,j;
 int a[10][10];
 printf("\n");
 for(i=0;i<10;i++)
  {
     a[i][0]=1;
     a[i][i]=1;
  }
 for(i=2;i<10;i++)
     for(j=1;j<i;j++)
         a[i][j]=a[i-1][j-1]+a[i-1][j];
 for(i=0;i<10;i++)
  {
     for(j=0;j<=i;j++)
```

```
      printf("%5d",a[i][j]);
    printf("\n");
  }
}
```

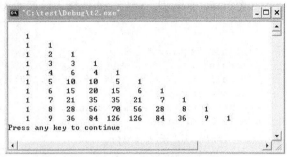

图 7.26 【例 7-15】程序的运行结果

程序的运行结果如图 7.26 所示。

【例 7-16】 从键盘输入 3 个字符串，输出其中最大的字符串。

分析：可采用二维字符数组来保存多个字符串，数组每行保存一个字符串。如定义数组 str[3][20]，则 str[i] 代表不同的字符串，二维数组的存储情况如表 7.2 所示。然后利用常用字符串处理函数（strcmp 和 strcpy）来完成串比较和串复制工作。

表7.2　　　　　　　　　　　　　3 个字符串的存储形式

str[0]	c	h	i	n	a	\0	\0	\0	\0	\0	\0	\0	\0	\0	\0	\0	\0	\0	\0
str[1]	e	n	g	l	a	n	d	\0	\0	\0	\0	\0	\0	\0	\0	\0	\0	\0	\0
str[2]	h	o	l	l	a	n	d	\0	\0	\0	\0	\0	\0	\0	\0	\0	\0	\0	\0

程序如下。

```
#include "stdio.h"
#include "string.h"
int main( )
{char maxstr[20],str[3][20];
 int i;
 for(i=0;i<3;i++) gets(str[i]);
 if(strcmp(str[0],str[1])>0) strcpy(maxstr,str[0]);
 else strcpy(maxstr,str[1]);
 if(strcmp(str[2],maxstr)>0)  strcpy(maxstr,str[2]);
 printf("\nThe largest string is:%s\n",maxstr);
 return(0);
}
```

程序的运行结果如图 7.27 所示。

【例 7-17】 用筛选法求 100 之内的素数。

分析：第 5 章介绍了采用循环结构设计程序求解素数的方法，这里介绍结合数组存储来求解素数的方法——筛选法。

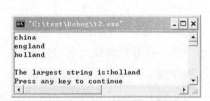

图 7.27 【例 7-16】程序的运行结果

筛选法是古希腊的埃拉托斯特尼（Eratosthenes，约公元前 274～194 年）发明的，又称埃拉托斯特尼筛子。

具体做法是：先把 N 个自然数按次序排列起来。1 不是质数，也不是合数，要划去。第二个数 2 是质数留下来，而把 2 后面所有能被 2 整除的数都划去。2 后面第一个没划去的数是 3，把 3 留下，再把 3 后面所有能被 3 整除的数都划去。3 后面第一个没划去的数是 5，把 5 留下，再把 5 后面所有能被 5 整除的数都划去。这样一直做下去，就会把不超过 N 的全部合数都筛掉，留下的就是不超过 N 的全部质数。因为希腊人是把数写在涂腊的板上，每划去一个数，就在上面记以小点，寻求质数的工作完毕后，这许多小点就像一个筛子，所以就把埃拉托斯特尼的方法叫作"埃拉托斯特尼筛"，简称"筛法"。

程序如下。

```c
#include <stdio.h>
#include <math.h>
int main( )
{int i,j;
 int a[100];
 for(i=0;i<100;i++) a[i]=i+1;
 for(i=1;i<100;i++)
 {if(a[i]==0)  continue;
  for(j=i+1;j<100;j++)  if(a[j]%a[i]==0)  a[j]=0;
 }
 for(j=1;j<100;j++)  if(a[j]!=0) printf("%d ",a[j]);
 printf("\n");
 return(0);
}
```

程序的运行结果如图 7.28 所示。

【例 7-18】 输入长度不超过 10 的 5 个字符串，编程将其按字典排序并输出。

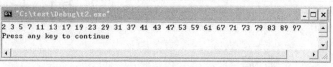

图 7.28 【例 7-17】程序的运行结果

分析：定义一个二维数组 s 存放 5 个字符串，按字典排序就是从小到大排序。"冒泡"排序算法已经在前面介绍过。下面介绍使用冒泡法对字符串进行排序的过程。

（1）第一次，在 5 个字符串（s[0]~s[4]）中，相邻两个字符串进行比较，如果前面的字符串大于后面的字符串，则将这两个字符串进行交换。即 s[0]与 s[1]比较，如果 s[0]大于 s[1]则交换，然后将 s[1]与 s[2]比较，如果 s[1]大于 s[2]则交换，以此类推，最后最大字符串在 s[4]中。

（2）第二次，在 4 个字符串（s[0]~s[3]）中，重复进行步骤（1）的比较过程，最后 4 个字符串中的最大一个字符串在 s[3]中。

（3）第三次，在 3 个字符串（s[0]~s[2]）中，重复进行步骤（1）的比较过程，最后 3 个字符串中的最大一个字符串在 s[2]中。

（4）第四次，在 2 个字符串（s[0]~s[1]）中，重复进行步骤（1）的比较过程，最后 2 个字符串中的最大一个字符串在 s[1]中。

此时 s[0]中一定是最小的一个字符串。

设 j 是外循环变量，用来表示第几次循环，其取值范围从 0 到 3，k 是内循环变量，用来表示相邻的字符串比较，其取值范围从 0 到 3-j。

程序如下。

```c
#include <stdio.h>
#include <string.h>
main( )
{char s[5][10],t[10];
 int k,j;
 for(k=0;k<5;k++) gets(s[k]);
 for(j=0;j<4;j++)
 for(k=0;k<4-j;k++)
 if(strcmp(s[k],s[k+1])>0)
  {strcpy(t,s[k]);strcpy(s[k],s[k+1]);strcpy(s[k+1],t);}
 printf("\nsort:\n");printf("\n");
 for(k=0;k<5;k++)puts(s[k]);
}
```

图 7.29 【例 7-18】程序的运行结果

程序的运行结果如图 7.29 所示。

7.5   本章小结

本章通过一些实例，阐述了什么是数组，为什么需要使用数组，以及数组的应用场景，再详细介绍一维数组的定义和引用，一维数组在内存中的存放形式，二维数组的定义和引用，二维数组在内存中的存放形式，最后，针对特殊的字符数组给予详细的介绍，包括字符数组的定义和引用，字符串处理函数的应用等。每一部分都有大量的案例，最后又给出了综合应用案例。

习 题 七

一、程序题

1. 阅读程序写运行结果

（1）

```
#include "stdio.h"
main( )
{char ch[7]={"12ab56"};
  int i,s=0;
  for(i=0;i<7;i++)
  if(ch[i]>='0' && ch[i]<='9')  s=10*s+ch[i]-'0';
  printf("%d\n",s);
}
```

运行结果：_____

（2）

```
#include "stdio.h"
main( )
{int a[6][6],i,j;
  for(i=1;i<6;i++)
    for(j=1;j<6;j++)
      a[i][j]=(i/j)*( j/i);
  for(i=1;i<6;i++)
  {
    for(j=1;j<6;j++)
      printf("%2d ",a[i][j]);
    printf("\n");
  }
}
```

运行结果：_____

（3）

当运行以下程序时，从键盘输入：aa__bb<CR>

cc__dd<CR>（__表示空格，<CR>表示回车），写出下面程序的运行结果。

```
#include "stdio.h"
main( )
{char a1[5],a2[5],a3[5],a4[5];
 scanf("%s%s",a1,a2);
 gets(a3);gets(a4);
 puts(a1);puts(a2);
 puts(a3);puts(a4);
}
```

运行结果：_____

（4）

```
#include "stdio.h"
#include "string.h"
main( )
{char a[80]="AB",b[80]="LMNP";
 int i=0;
 strcat(a,b);
 puts(a);
 while(a[i++]!='\0')  b[i]=a[i];
 puts(b);
}
```

运行结果：_____

（5）

```
#include "stdio.h"
main( )
{char a[]="morming",t;
  int i,j=0;
  for(i=1;i<7;i++)
    if(a[j]<a[i])j=i;
  t=a[j];
  a[j]=a[7];
  a[7]=a[j];
  puts(a);
}
```

运行结果：_____

（6）

```
#include "stdio.h"
main( )
{int a[10]={1,2,2,3,4,3,4,5,1,5};
  int n=0,i,j,c,k;
  for(i=0;i<10-n;i++)
  {c=a[i];
    for(j=i+1;j<10-n;j++)
      if(a[j]==c)
      {for(k=j;k<10-n;k++)
            a[k]=a[k+1];
        n++;
      }
  }
  for(i=0;i<(10-n);i++)
      printf("%d ",a[i]);
  printf("\n");
}
```

运行结果：_____

（7）当从键盘输入 18 时，写出下面程序的运行结果。

```
#include "stdio.h"
main( )
{int x,y,i,a[8],j,u,v;
  scanf("%d",&x);
  y=x;i=0;
  do
  {u=y/2;
    a[i]=y%2;
    i++;y=u;
  }while(y>=1);
  for(j=i-1;j>=0;j--)
    printf("%d",a[j]);
```

```
}
```

运行结果：_____

（8）

```
#include "stdio.h"
#include "string.h"
main( )
{ char w[ ][10]={"ABCD","EFGH","IJKL","MNOP"},k;
  for (k=1;k<3;k++)
    printf("%s\n",&w[k][k]);
}
```

运行结果：_____

（9）从键盘上输入以下代码（在此<CR>代表回车符）。

```
C++<CR>
BASIC<CR>
QuickC<CR>
Ada<CR>
Pascal<CR>
```

写出下面程序的运行结果。

```
#include "stdio.h"
#include"string.h"
main( )
{int i;
 char str[10], temp[10];
 gets(temp);
 for (i=0; i<4; i++)
 {
   gets(str);
   if (strcmp(temp,str)<0) strcpy(temp,str);
 }
 printf("%s\n",temp);
}
```

运行结果：_____

2. 编程题

（1）从键盘输入若干整数（数据个数应少于 50），其值在 0～4 的范围内，用−1 作为输入结束的标志。统计每个整数的个数。

（2）若有说明：int a[2][3] = {{1，2，3}，{4，5，6}}；将 a 的行和列的元素互换后存到另一个二维数组 b 中。

（3）定义一个含有 30 个整型元素的数组，按顺序分别赋予从 2 开始的偶数；然后按顺序每 5 个数求出一个平均值，放在另一个数组中并输出。

（4）通过循环按行顺序为一个 5×5 的二维数组 a 赋 1～25 的自然数，然后输出该数组的左下半三角。

（5）从键盘输入一个字符，用折半查找法找出该字符在已排序的字符串 a 中的位置。若该字符不在 a 中，则打印出**。

（6）求一个 5×5 数阵中的马鞍数，输出它的位置。所谓马鞍数，是指在行上最小而在列上最大的数。如下。

```
5 6 7 8 9
4 5 6 7 8
3 4 5 2 1
2 3 4 9 0
1 2 5 4 8
```

则 1 行 1 列上的数就是马鞍数。

（7）有二维数组 a[3][3]={{5.4，3.2，8}，{6，4，3.3}，{7，3，1.3}}，将数组 a 的每一行元素均除以该行上的主对角元素（第 1 行除以 a[0][0]，第 2 行同除以 a[1][1]，…），按行输出新数组。

（8）输入一个以回车结束的字符串（少于 80 个字符），将它的内容颠倒过来再输出。如"ABCD"颠倒过来为"DCBA"。

（9）从键盘输入两个字符串 a 和 b，要求不用库函数 strcat 把串 b 的前 5 个字符连接到串 a 中；如果 b 的长度小于 5，则把 b 的所有元素都连接到 a 中。

（10）某班期末考试科目为数学、英语和计算机，有最多不超过 30 人参加考试，考试后要求如下。

① 计算每个学生的总分和平均分。

② 按总分成绩由高到低排出成绩的名次。

③ 打印出名次表，表格内包括学生学号、各科分数、总分和平均分。

④ 任意输入一个学号，能够查找出该学生在班级中的排名及其考试分数。

二、单选题

1. 在 C 语言中，数组名代表了（　　）。

　　A. 数组的全部元素值　　　　　　　　B. 数组中第一个元素的值

　　C. 数组中元素的个数　　　　　　　　D. 数组中第一个元素的地址

2. 不能把字符串"china"赋予数组 a 的语句是（　　）。

　　A. char a[8]={'c'，'h'，'i'，'n'，'a'}　　　B. char a[]="china"

　　C. char a[8];a="china";　　　　　　D. char a[8];strcpy(a，"china");

3. 设有如下定义语句：

```
int a[10]={1,2,3,4,5,6,7,8,9,10};
```

则下面是正确的数组元素的是（　　）。

　　A. a[a[2]+1]　　　B. a（4）　　　C. a[10]　　　D. a[a[4]+5]

4. 设 a,b 是两个已定义的字符数组，则下面语句中正确的是（　　）。

　　A. gets(a，b);　　　　　　　　　　B. scanf("%s%s"，a，b);

　　C. scanf("%s%s"，&a，&b);　　　　D. gets("a");gets("b");

5. 设有定义：

```
int j=2,a[]={1,2,3,4,5};
```

则数组 a[j]的值为（　　）。

　　A. 2　　　　　　B. 3　　　　　　C. 4　　　　　　D. 5

6. C 语言中，一维数组下标的最小值是（　　）。

　　A. 随便　　　　B. 根据说明　　　C. 1　　　　　　D. 0

7. 下面描述中不正确的是（　　）。

　　A. 字符数组中可以存放字符串

　　B. 可以对字符数组进行整体输入、输出

　　C. 可以对任何数组进行整体输入、输出

　　D. 不能通过赋值运算符"="对字符数组进行整体赋值

8. 若有说明：

```
char a[]="ABCDEF";
char b[]={'A','B','C','D','E','F'};
```

则下面描述中正确的是（　　）。

　　A. a 数组长度比 b 数组长　　　　　　B. a 和 b 不相同，a 是指针数组

　　C. a 数组和 b 数组长度相同　　　　　D. a 和 b 完全相同

第8章
函数

内容导读

C 语言中的函数相当于其他高级语言的子程序。C 语言不仅提供了极为丰富的库函数(如 Turbo C，MS C 都提供了 300 多个库函数)，还允许用户建立自己定义的函数。用户可以把自己的算法编成一个个相对独立的函数模块，然后用调用的方法来使用函数。本章主要介绍以下内容。

（1）函数的概念及种类。

（2）函数的定义及调用。

（3）函数形参类型。

（4）函数的递归调用。

（5）变量的作用域与存储属性。

（6）内部函数与外部函数。

【例 8-1】 编写程序实现两个整数的一些常用运算：求和、求差的绝对值、求最大值、交换两个数的值。

很多人会说这个问题很简单，但是不知大家是否想过，功能再强大的软件也是由众多简单功能模块组合而成的，就像 Word，包含有文件、编辑、视图等子功能模块。人们利用函数思想将这些功能加以模拟化处理，以便以后能够反复使用，这就是软件复用的思想；同样，在用计算机处理一些复杂问题时，通常会利用这种思想（模块化）把问题分而治之，达到化整为零，简化问题的目的。C 语言就是通过函数来实现这种思想的。

程序如下。

```
#include "stdio.h"
int sum(int x,int y)
{
    return(x+y);
}
int abs(int x,int y)
{
if(x>=y)
    return(x-y);
else
    return(y-x);
}
int max(int x,int y)
{ int mx;
  mx=(x>y)?x:y;
  return(mx);
}
```

```
int main( )
{
 int a,b,result,choice;
 printf("请输入任意两个整数: \n");
 scanf("%d%d",&a,&b);
 printf("请输入整数 1: 求和, 2: 求差的绝对值, 3: 求最大值\n");
 scanf("%d",& choice);
 switch(choice)
 {
case 1: result=sum(a,b);printf("%d 和%d 两个整数和是: %d\n",a,b, result);break;
case 2: result=abs(a,b);printf("%d 和%d 两个整数差的绝对值是: %d\n",a,b, result); break;
case 3: result=max(a,b);printf("%d 和%d 两个整数最大值是: %d\n",a,b, result); break;
default:
        printf("对不起, 程序无此功能: \n");
 }
 return(0);
}
```

这个程序由 4 个函数组成, 分别是: 求和函数 sum( )、求绝对值函数 abs( )、求最大值函数 max( )以及主函数 main( ), 程序运行结果如图 8.1 所示。

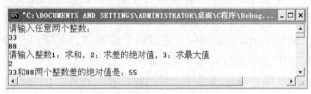

图 8.1 【例 8-1】运行结果

第 1 章已经介绍过, C 源程序是由函数组成的。虽然在前面各章的程序中都只有一个主函数 main( ), 但实用程序往往由多个函数组成, 而程序执行过程其实就是每个函数分别执行的过程。函数是 C 源程序的基本模块, 通过对函数模块的调用实现特定的功能。

8.1 函数的种类及定义

可以说 C 程序的全部工作都是由各式各样的函数完成的, 所以也把 C 语言称为函数式语言。由于采用了函数模块式的结构, C 语言易于实现结构化程序设计, 使程序的层次结构清晰, 便于程序的编写、阅读、调试。我们可从不同的角度对 C 语言函数分类。

8.1.1 函数概念及种类

从函数定义的角度看, 函数可分为库函数和用户定义函数两种。

1. 库函数 (系统函数或标准函数)

由 C 系统提供, 用户无需定义, 也不必在程序中做类型说明, 只需程序前包含该函数原型的头文件即可在程序中直接调用。在前面各章的例题中反复用到的 printf、scanf、getchar、putchar、gets、puts、strcat 等函数均属此类。库函数大致可分为以下类别。

(1) 字符类型分类函数: 用于对字符按 ASCII 码分类: 字母、数字、控制字符、分隔符、大小写字母等。

（2）转换函数：用于字符或字符串的转换；在字符量和各类数字量（整型，实型等）之间进行转换；在大、小写之间进行转换。

（3）目录路径函数：用于文件目录和路径操作。

（4）诊断函数：用于内部错误检测。

（5）图形函数：用于屏幕管理和各种图形功能。

（6）输入输出函数：用于完成输入输出功能。

（7）接口函数：用于与 DOS、BIOS 和硬件的接口。

（8）字符串函数：用于字符串操作和处理。

（9）内存管理函数：用于内存管理。

（10）数学函数：用于数学函数计算。

（11）日期和时间函数：用于日期、时间转换操作。

（12）进程控制函数：用于进程管理和控制。

（13）其他函数：用于其他各种功能。

以上各类函数不仅数量多，而且有的还需要具备硬件知识才能掌握，因此要想全部掌握则需要一个较长的学习过程。应首先掌握一些最基本、最常用的函数，再逐步深入。由于篇幅关系，本书只介绍了很少一部分库函数，其余部分读者可根据需要查阅教材附录 B 及有关手册。不同的系统库函数有所不同，例如 Turbo C 就提供了近 400 个库函数，习惯 C 语言开发的用户，一定要掌握一些基本函数。在使用这类函数时通常要嵌套一些头文件。

就像一位经验丰富的统帅能够根据手下将领的特点排兵布阵，他总是知道把什么样的将领放到何位置能最大限度地发挥他的作用。掌握了基本的库函数便能在编程时做到游刃有余。在上面的类比中，这位统帅或许就是 main( )主函数，而各位将领则是起到相关作用的库函数。

例如：利用库函数 rectangle( )画一个矩形的程序如下。

```
#include <graphics.h>
#include <stdlib.h>
#include <stdio.h>
#include <conio.h>
int main( )
{
    int gdriver = DETECT, gmode, errorcode;
    int left, top, right, bottom;
    initgraph(&gdriver, &gmode, "");/* 初始化图模式 */
    errorcode = graphresult( );/* 读取初始化数值 */
    if (errorcode != grOk)  /*错误处理*/
    {
        printf("Graphics error: %s\n",
        grapherrormsg(errorcode));
        printf("Press any key to halt:");
        getch( );
        exit(1); /* 返回终端错误代码 */
    }
    left = getmaxx( ) / 2 - 50;
    top = getmaxy( ) / 2 - 50;
    right = getmaxx( ) / 2 + 50;
    bottom = getmaxy( ) / 2 + 50;/* 矩形大小位置*/
    rectangle(left,top,right,bottom);
    getch( );
    closegraph( );
    return 0;
}
```

此程序在 Turbo C 2.0 环境下运行，输出一个矩形。实际上，库函数的编写是有规律可循的，虽然初次接触的人不是太熟悉，但是仍可从中看出一般需要初始化几个参数。

再例如如下程序，用于判断输入的一个数是否是素数。

```
#include <stdio.h>
IsPrime(int data)
{  int i;
    for(i=2;i<data;i++)
    {
        if(data%i==0)
            break;
    }
    if(i==data)
      printf("yes\n");
    else
      printf("no\n");
}
main( )
{
   int x;
   scanf("%d",&x);
   IsPrime(x);
}
```

在这个例子中，读者如果想判断一个数是否为素数，只要在主函数 main( )中调用 IsPrime( )函数进行判断就可以了，如果不理解 IsPrime( )函数的细节，直接调用已经定义好的 IsPrime( )，似乎也能解决问题。IsPrime( )函数的定义能屏蔽很多技术和实现上的细节，让主程序 main( )看上去更加清晰易懂。实际上，我们实现这个例子的功能时，可以划分两个功能模块，一个是主函数 main( )调用模块，另一个是 IsPrime( )模块，这两个模块完全可以由两个人独立完成而不相互影响，由此，读者能初步感受到函数模块化思想对于编程带来的好处。

下面解释一下 IsPrime( )函数判断素数实现的过程细节。编程者利用 for 循环依次判断从 2 到倒数第二个数是否能整除该输入值 data，若有一个能整除，用 break 结束 for 循环，也就意味着 i 变量无法自加到 data 变量数值，后面再用 if 判断，很容易便可得到是否为素数。

2. 用户定义函数

用户定义函数就是由用户按需要写的函数，这是介绍的重点。对于用户自定义函数，不仅要在程序中定义函数本身，有时在主调函数模块中还必须对该被调函数进行类型说明，然后才能使用，例如【例 8-1】中的函数 sum( )、abs( )、max( )以及上面例子中的 IsPrime( )等就是用户定义函数。在这一点上，自定义函数和库函数是有些区别的，库函数只需要包含#include 和后面的函数库名称，主函数中不需要额外介绍。然而，对于用户自定义函数，由于事先库函数没有定义好，所以应在 main( )函数之前加以说明。

根据需求，用户在定义这类函数时可分为以下几类。

（1）根据函数参数分为参函数、无参函数；例如【例 8-1】中的函数 sum( )、abs( )、max( )都是有参函数，而下面函数则是无参函数，所谓无参函数，就是函数名称后面的括号部分没有参数。

```
void print( )
{
printf("****************\n");
}
```

显然意见，这个无参函数的功能是输出一行星号。

（2）C语言的函数兼有其他语言中的函数和过程两种功能，从这个角度看，又可把函数分为有返回值函数和无返回值函数两种；例如【例8-1】中的函数 sum( )、abs( )、max( )都是有值函数，而 print( )函数则是无返回值函数，注意屏幕输出的*符号，不是返回值。另外，区别是否有返回值有一个简单方法，就是看是否有 return 语句。

（3）函数一旦定义后就可被其他函数调用。但当一个源程序由多个源文件组成时，在一个源文件中定义的函数能否被其他源文件中的函数调用呢?为此，C语言又把函数分为两类：内部函数和外部函数（这个问题有点复杂，在本章后面讨论）。

8.1.2　定义函数格式

通过【例8-1】不难得出用户定义函数的一般格式，如下。

1．无参函数的一般形式

类型说明符　函数名( )

{

类型说明

语句

}

例如函数 print( )，其中类型说明符和函数名称为函数头。类型说明符指明了本函数的类型，函数的类型实际上是函数返回值的类型。该类型说明符与第2章介绍的各种说明符相同。函数名是由用户定义的标识符，函数名后有一个空括号，其中无参数，但括号不可少。{}中的内容称为函数体。在函数体中也有类型说明，这是对函数体内部所用到的变量的类型说明。如果采用 dummy( )函数编写，也是无参函数，并且由于函数体中无任何内容，我们称为空函数，如下。这种函数一般是程序开发初期，编写者初步构思函数时所搭建的框架而无实际内容，以后可以补上内容。

```
dummy( )
{
}
```

2．有参函数的一般形式

类型说明符　函数名(类型　形参，类型　形参…)

{

类型说明

语句

}

上例函数定义中的参数叫形式参数，简称形参。有参函数比无参函数多了两个内容，其一是形式参数表，其二是形式参数类型说明。形式参数可以是各种类型的变量，各参数之间用逗号间隔。形参既然是变量，当然必须给以类型说明。如【例8-1】中的函数 sum( )、abs( )、max( )都是有参函数，x，y 为形式参数。

【例8-2】　已知三角形的三边长 a、b、c，编写程序求三角形的面积。

已知三角形的面积公式为

$$area = \sqrt{s(s-a)(s-b)(s-c)}$$

其中 $s = (a+b+c)/2$。

　　分析：第 4 章讲过这个问题的解法，这里改用函数形式处理，根据题意，求面积函数至少有 3 个参数（三角形三边 a，b，c），函数功能是求面积，因此函数的返回值为三角形的面积。

函数定义如下。

```
float area(float a,float b,float c)
{float s,l;
if(a+b>c&&a+c>b&&b+c>a)  /* 三角形的三边长,能构成三角形*/
{
    l=(a+b+c)/2.0;
    s= sqrt(l*(l-a)*(l-b)*(l-c));
    return(s);
}
else
{
    printf("不能构成三角形\n");
    return(0);
}
}
```

再例如：比较两个数大小。

函数定义如下。

```
#include <stdio.h>
decide(int x,int y)
{  if(x>y)
    {printf("大于\n");}
    else
    {printf("小于\n");}
}
main( )
{   int a=5,b=3;
    int c=4,int d=6;
    decide(a,b);
    decide(c,d);
}
```

　　上面的例子虽然简单，但是能看出函数传入参数可以根据实际需要定义个数，【例 8-2】传入的是 3 个浮点型变量参数，本例子传入的是 2 个整形变量参数，可以看出，参数数据类型可以不一样，但是主函数传入参数数据类型必须和定义函数一致。

　　思考：【例 8-2】的函数能直接上机实验吗？后面的比较大小的例子，能运行吗？

　　还应该指出，在 C 语言中，所有的函数定义，包括主函数 main 在内，都是平行的。也就是说，在一个函数的函数体内，不能再定义另一个函数，即不能嵌套定义。简言之，就是函数里定义函数是不可取的。

8.2　函数的调用

　　计算机在执行程序时，从主函数 main 开始执行，如果遇到某个函数调用，主函数被暂停执行，转而执行相应的函数；该函数执行完后，将返回主函数，然后再从原先暂停的位置继续执行。【例 8-2】显然不可以直接上机运行，因为运行的必须是 C 程序，而一个 C 语言程序至少应该要有一个 main( )函数，因此调试【例 8-2】必须再编写一个 main( )函数。

【例 8-2】 的完整程序如下。

```
#include "stdio.h"
#include "math.h"
float area(float a,float b,float c)
{float s,l;
if(a+b>c&&a+c>b&&b+c>a)  /* 三角形的三边长，能构成三角形*/
{
    l=(a+b+c)/2.0;
    s= sqrt(l*(l-a)*(l-b)*(l-c));
    return(s);
}
else
{
    printf("不能构成三角形\n");
    return(0);
}
}

int main( )
{   float x,y,z,s;
    printf("请输入三角形的三边长\n");
    scanf("%f%f%f",&x,&y,&z);
    s=area(x,y,z);
    if(s)
    printf("三角形的面积是：%.2f\n",s);
    return(0);
}
```

输入 3 4 5 时的运行结果如图 8.2 所示。

输入 1 2 3 时的运行结果如图 8.3 所示。

图 8.2 【例 8-2】运行结果一

图 8.3 【例 8-2】运行结果二

程序中 float area(float a，float b，float c){……};叫作函数定义；而 s=area(x，y，z);叫作函数调用。函数从调用角度分为主调函数和被调函数，如例题中的 main( )函数为主调函数，而 area( )函数为被调函数，也就是函数之间允许相互调用，也允许嵌套调用。习惯上把调用者称为主调函数。函数还可以自己调用自己，称为递归调用。main 函数是主函数，它可以调用其他函数，而不允许被其他函数调用。这很容易理解，试问哪位元帅愿意被手下的将领去调用安排。因此，C 程序的执行总是从 main 函数开始，完成对其他函数的调用后再返回到 main 函数，最后由 main 函数结束整个程序。值得一提的是，area( )函数中的 if(a+b>c&&a+c>b&&b+c>a)语句，是一条非常好的检验非法数据的有效判断，这样会避免程序接受非法数据导致的不可预知的一些错误，这在编程中是一个好习惯，大家以后要慢慢体会。一个 C 源程序必须有，也只能有一个主函数 main。

8.2.1 函数参数之间的关系

函数的参数分为形参和实参两种。上面定义函数 area 中的 a，b，c 就是形参，而函数调用 s=area(x，y，z)中的 x，y，z 叫实际参数，简称实参，实参指的是实际调用参数的意思。

形参出现在函数定义中，在整个函数体内都可以使用，离开该函数则不能使用。实参出现在调用函数中（例中的 main( )函数），进入被调函数（area( )）后，实参变量也不能使用。形参和实参的功能是数据传送。发生函数调用时，主调函数把实参的值传送给被调函数的形参，从而实现主调函数向被调函数的数据传送。

函数的形参和实参具有以下特点：

（1）形参变量只有在被调用时才分配内存单元，在调用结束时，即刻释放所分配的内存单元。因此，形参只有在函数内部有效。函数调用结束返回主调函数后则不能再使用该形参变量，另外，形参和实参在内存中是放在两个不同的区域。

（2）实参可以是常量、变量、表达式、函数等，无论实参是何种类型的量，在进行函数调用时，它们都必须具有确定的值，以便把这些值传送给形参。因此应预先用赋值、输入等办法使实参获得确定值。

（3）实参和形参在数量上、类型上、顺序上应严格一致，否则会发生"类型不匹配"的错误，就好像 CD 机中放入 DVD 盘，显然格式不兼容，会出问题。如下面的函数。

```c
#include "stdio.h"
float add(int a, int b)
{
    printf("a=%d,b=%d\n",a,b);
    return(a+b);
}
int main( )
{
    float x=1.5,y=-5.7;
    printf("%f+%f=%f\n",x,y,add(x,y));
    return(0);
}
```

编译时会出现警告：warning C4244: 'argument' : conversion from 'float' to 'int'，possible loss of data，以上定义函数形式参数是整形，实际实参则是浮点型，显然格式不兼容，在去掉小数点的过程中会丢失精度。

再例如下面的函数。

```c
#include <stdio.h>
f(int x,int y)
{
    return x+y;
}
main( )
{
    f(3);
}
```

编译时会出现错误：error C2660: 'add' : function does not take 2 parameters。
传入参数需要两个数值，可是 f(3)只给了一个，显然不匹配，错误的提示就不难理解了。

8.2.2 函数调用

函数调用也就是主调函数使用被调函数，函数调用的一般形式如下。
函数名([实际参数表])
对无参函数调用时则无实际参数表。实际参数表中的参数可以是常数，变量或其他构造类型数据及表达式。各实参之间用逗号分隔。
当在主调函数发生调用关系时（例如【例 8-2】中 main( )函数中的 s=area(x，y，z);），计算机会发生以下动作。

（1）计算机自右至左依次求解主调函数实参的值。

（2）系统给形参分配临时存储单元。

（3）自左至右把实参的值传给形参。

（4）执行被调函数。

【例 8-3】 编写函数计算 $1+2+\cdots+n$。

程序如下。

```c
#include "stdio.h"
int sum(int n)
{
    int s=0,i;
    for(i=1;i<=n;i++)
            s+=i;
    return(s);
}
```

编写以下 main( )时，计算机将实参的值 100 传给形参 n。因此，函数 sum(100)就是求 1 到 100 的和。

```c
int main( )
{
printf("1+2+…+99+100 的和是：%d",sum(100));
return(0);
}
```

再看看下面的程序。

```c
#include "stdio.h"
int f(int a, int b)
{   int c;
    if (a>b) c=1;
    else if (a==b) c=0;
    else c=-1;
    return(c);
}
int main( )
{
    int i=5,p;
    p=f(i,++i);
    printf("%d\n",p);
    return(0);
}
```

计算机在执行 p=f(i, ++i);函数调用语句时，先自右至左求实参值：6，6，然后自左至右把实参的值传给形参，因此程序运行结果如图 8.4 所示。

在 C 语言中，主调函数可以用以下几种方式调用被调函数。

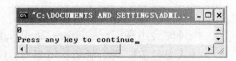

图 8.4 【例 8-3】运行结果

1. 函数表达式

函数作为表达式中的一项出现在表达式中，以函数返回值参与表达式的运算。这种方式要求函数是有返回值的。例如：s=area(x，y，z)中是一个赋值表达式，把 area 的返回值赋予变量 s。

2. 函数语句

函数调用的一般形式加上分号即构成函数语句。例如： printf ("%D", a);scanf ("%d", &b);

都是以函数语句的方式调用函数。

3．函数实参

函数作为另一个函数调用的实际参数出现。这种情况是把该函数的返回值作为实参进行传送，因此要求该函数必须是有返回值的。例如：printf("%d"，sum(100))；即是把 sum 调用的返回值又作为 printf 函数的实参来使用的。在函数调用中还应该注意求值顺序的问题。所谓求值顺序是指对实参表中各量是自左至右使用，还是自右至左使用。对此，各系统的规定不一定相同。

8.2.3　函数的返回值

若函数有返回值，则一定要考虑如何处理该函数值。每一个函数都能很专业地完成一个特定功能，这种特定功能完成后以返回值的形式体现。一般编程规范要求每一个函数都要有一个返回类型，这是一种良好的编程习惯，因此对函数的值（或称函数返回值）有以下一些说明。

（1）函数的值只能通过 return 语句返回主调函数。

return 语句的一般形式如下。

return 表达式；

或者为

return (表达式)；

该语句的功能是计算表达式的值，并返回给主调函数。在函数中允许有多个 return 语句，但每次调用只能有一个 return 语句被执行，因此只能返回一个函数值。

（2）函数值的类型和函数定义中函数的类型应保持一致。如果两者不一致，则以函数类型为准，自动进行类型转换。

（3）如函数值为整型，在函数定义时可以省去类型说明。

（4）若被调函数中没有 return 语句，则函数带回的是一个不确定的值，没有实际意义。不返回函数值的函数，可以明确定义为"空类型"，类型说明符为"void"。有些函数如果前面没有任何返回类型，在本质上可以认为和加"void"说明符的效果等价。如【例 8-3】中，函数 print( ) 并不向主函数返回函数值，因此可定义为：void 类型。一旦函数被定义为空类型后，就不能在主调函数中使用被调函数的函数值了。例如，在定义 print( ) 为空类型后，在主函数中写语句 sum=print( )；就是错误的。

（5）函数的返回值作为表达式的一部分，这是允许的，例如，称 c=max(a，b)*2；为函数表达式，这种编程模式给 C 语言带来了更大的灵活性。

（6）函数返回值作为实参也是可以的，例如 m=max(a，max(b，c))；，该形式本质也是函数表达式的一种。

为了使程序有良好的可读性并减少出错，凡不要求返回值的函数都应定义为空类型。

以【例 8-2】程序为基础，改变主调函数与被调函数位置后的程序如下。

```c
#include "stdio.h"
#include "math.h"
int main( )
{    float x,y,z,s;
     printf("请输入三角形的三边长\n");
     scanf("%f%f%f",&x,&y,&z);
     s=area(x,y,z);
     if(s)
     printf("三角形的面积是：%.2f\n",s);
     return(0);
```

```
    }
    float area(float a,float b,float c)
    {float s,l;
    if(a+b>c&&a+c>b&&b+c>a)  /* 三角形的三边长,能构成三角形*/
      {
        l=(a+b+c)/2.0;
        s= sqrt(l*(l-a)*(l-b)*(l-c));
        return(s);
      }
      else
    {   printf("不能构成三角形\n");
        return(0);
      }
    }
```

调试程序后出现：error C2373: 'area' : redefinition; different type modifiers。

仔细想一下问题不难理解，main( )主函数在调用 area( )函数时，还没有被系统识别，这样必然导致调用错误。试想一位元帅在调用将领的时候，结果将领还没找到，他怎么作战指挥呢？那么怎样才能让系统识别，不报错呢？我们的思路是，元帅调用将领作战之前，将领就已经来了（在程序中 area( )被先定义了），这样程序编译就能顺利通过，修改的代码如下。

```
#include "stdio.h"
#include "math.h"
float area(float a,float b,float c)
{float s,l;
 if(a+b>c&&a+c>b&&b+c>a)  /* 三角形的三边长,能构成三角形*/
 {
    l=(a+b+c)/2.0;
    s= sqrt(l*(l-a)*(l-b)*(l-c));
    return(s);
 }
 else
 {    printf("不能构成三角形\n");
    return(0);
 }
}
int main( )
{   float x,y,z,s;
    printf("请输入三角形的三边长\n");
    scanf("%f%f%f",&x,&y,&z);
    s=area(x,y,z);
    if(s)
    printf("三角形的面积是：%.2f\n",s);
    return(0);
}
```

8.2.4 函数的说明

在主调函数中调用某函数之前应对该被调函数进行说明，这与使用变量之前要先进行变量说明是一样的。在主调函数中对被调函数进行说明的目的是使编译系统知道被调函数返回值的类型，以便在主调函数中按此种类型对返回值做相应的处理。对被调函数的说明有两种格式。

一种为传统格式，其一般格式如下。

类型说明符 被调函数名( )；

这种格式只给出函数返回值的类型，被调函数名及一个空括号。这种格式由于在括号中没有任何参数信息，因此不便于编译系统进行错误检查，易于发生错误。

另一种为现代格式，其一般格式如下。

类型说明符 被调函数名(类型 形参，类型 形参...);

或为

类型说明符 被调函数名(类型，类型...);

现代格式的括号内给出了形参的类型和形参名，或只给出形参类型。这便于编译系统进行检错，以防止可能出现的错误。因此上面程序错误，只需要在 main( )加一条语句 float area(float a，float b，float c); 即可。这种说明相当于给元帅这位主函数吃了颗定心丸，告诉他需要启用的将领肯定会准时到位，请他放心调用。注意，此种用法和上一节先定义函数再通过主函数调用的方法不同，但是殊途同归，请读者自己体会。程序修改如下。

```c
#include "stdio.h"
#include "math.h"
 int main( )
{float x,y,z,s;
 float area(float a,float b,float c); /*函数说明,也可以 float area( ); */
 printf("请输入三角形的三边长\n");
 scanf("%f%f%f ",&x,&y,&z);
 s=area(x,y,z);
 if(s)
 printf("三角形的面积是: %.2f\n",s);
 return(0);
}
float area(float a,float b,float c)
{float s,l;
 if(a+b>c&&a+c>b&&b+c>a)  /* 三角形的三边长,能构成三角形*/
 {  l=(a+b+c)/2.0;
    s= sqrt(l*(l-a)*(l-b)*(l-c));
    return(s);
 }
 else
 {printf("不能构成三角形\n");
 return(0);
 }
 }
```

C 语言中又规定，以下几种情况可以省去主调函数中对被调函数的函数说明。

（1）如果被调函数的返回值是整型或字符型，可以不对被调函数做说明，而直接调用。这时系统将自动对被调函数返回值按整型处理。如【例 8-1】的函数 sum( )、abs( )、max( )都是整型，可以放在 main( )后面。

（2）当被调函数的函数定义出现在主调函数之前时，在主调函数中也可以不对被调函数再做说明而直接调用，如【例 8-1】。

（3）如在所有函数定义之前，在函数外预先说明了各个函数的类型，则在以后的各主调函数中，可不再对被调函数做说明。总之，（2）、（3）两条强调的是函数自定义时，一定要有声明，如果都不声明，会出现"undefined"错误。

（4）对库函数的调用不需要再做说明，但必须把该函数的头文件用 include 命令包含在源文件前部。

定义和说明函数的区别如下。

函数定义：确立函数的功能，包括指定函数名、函数值类型、形参及其类型、函数体等，是一个完整的、独立的函数单位。

函数说明：是对已定义的函数的返回值进行类型说明，只包括函数名、函数类型及一个空括号，不包括形参和函数体，可以认为函数说明只是对函数基本内容框架的说明，不会涉及太多具体代码的实现细节。

下面继续完成【例 8.1】，编写函数交换两个数的值。

```
void swap(int a,int b)
{int t;
 t=a;
 a=b;
 t=a;
 }
在 main( )函数中使用该函数
int main( )
{int i=5,j=6;
 printf("交换前: i=%d,j=%d\n",i,j);
swap(i,j);
printf("交换后: i=%d,j=%d\n",i,j);
return(0);
 }
```

运行结果图 8.5 所示。

显然，定义函数 swap( )没有起到作用，为什么？大家不妨从内存空间中变量的生存周期以及实参和形参角度考虑（后面会详细介绍）。

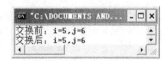

图 8.5　运行结果

8.3　函数形参类型

8.3.1　函数形参类型简介

前面讲过函数形参从数据类型角度可以分为整型、实型、字符型等，但是，C 语言的函数形参从功能上又可以分为数值型参数（值参）和地址型参数。所谓数值型参数，就是在主调函数发生调用动作时，计算机将实参的值计算出来，然后传给形参，以后实参和形参就没有关系了。现在来分析一下上面例子中的函数 swap( )，为什么没有完成设计者的意图：交换两个数。

在 main( )函数执行时，先给变量 i，j 分配空间，且 i=5，j=6；调用动作发生时给形参 a，b 分配临时空间，并把 i，j 的值依次传给 a，b，如图 8.6 所示。

然后执行被调函数 swap( )，而 t=a;a=b;t=a;只是交换形参 a，b 的值，而不影响实参 i，j，因此这种传递就是值传递，也就是通常所说的单项传递，换言之，刚才 swap( )函数中所完成的数值交换只是对形参 a，b 有效，它们自顾自完成了 a，b 的数值交换，对于实际的实参 i，j 没有丝毫影响。所以 swap( )函数不能改变 i，j 的值。那么如何才能让函数实现交换两个整数的功能呢？可以把上面程序中的两个函数修改如下。

图 8.6　参数传递示意图

```
#include "stdio.h"
void swap(int a[2])
{
 int t;
```

```
    t=a[0];
    a[0]=a[1];
    a[1]=t;
}
int main( )
{
  int x[]={5,6};
  printf("交换前: x[0]=%d,x[1]=%d\n",x[0],x[1]);
  swap(x);
  printf("交换后: x[0]=%d,x[1]=%d\n",x[0],x[1]);
  return(0);
}
```

运行结果如图 8.7 所示。

图 8.7　运行结果

函数 swap( )的形参与实参都是数组名，而数组名是地址，因此这种传送就是地址传送。当函数调用发生时，swap(x)相当于实参数组 x 首个地址传给形参数组 a，抓住了数组 a 的首地址，操作数组各个元素就游刃有余，只要通过数组下标就可以了。C 语言系统会给形参数组 a 分配临时空间，由于地址相同，导致两者占有相同空间，故而，执行被调函数时对形参数组单元修改，也就是修改实参数组。这就实现了形参数组中元素的值发生变化会使实参数组元素的值同时发生变化的功能，也就是所谓的双向传递。可以认为，在 swap( )函数中对于数值的交换修改直接影响了主函数 main( )中的 x[0]，x[1]的数值，换言之，x[0]、x[1]以及 a[0]、a[1]指向的是同一部分数值，它们的影响是相互的，如表 8.1 所示。

表 8.1　　　　　　　　　　　　　　　数组间的影响

实参数组	公用单元	形参数组
x[0]		a[0]
x[1]		a[1]

大家可以考虑这样一道简单的编程题：有一个一维数组名 score，里面放 10 个学生的成绩，求它们的平均成绩，要求写一个专门的 average 函数来求平均数。是否可以参考上面函数形参传入数组首地址的方法处理呢？

程序如下。

```
#include "stdio.h"
double average(double a[10]);
void main( )
{
    double score[10]={ 88,89,79,100,95,85,78,65,81,93};
    double result;
     result=average(score);
     printf("average score is %5.2f\n",result);
}
double average(double a[10])
{
    double result =0;
    int i;
    for(i=0;i<10;i++)
    {
        result+=a[i];
    }
    result=result/10;
    return result;
}
```

8.3.2　数组名作为函数形参

数组名作为函数参数就是地址传送，具有双向传递功能。

【例8-4】　编写程序按如下要求处理 n 个整数。

① 定义函数 input 实现输入 n 个整数。

② 定义函数 output 实现输出 n 个整数。

③ 定义函数把 n 个整数从小到大排序。

程序如下。

```c
#include "stdio.h"
void input(int a[ ], int n)
{
    int i;
    for(i=0;i<n;i++)
    scanf("%d",&a[i]);
}
void output(int a[ ], int n)
{
    int i;
    for(i=0;i<n;i++)
    printf("%4d",a[i]);
    printf("\n");
}
void sort(int a[ ], int n)
{
    int i,j,k,t;
    for (i=0;i<n-1;i++)
        {k=i;
         for (j=i+1;j<n;j++)
             if (a[j]<a[k]) k=j;
         t=a[k];
         a[k]=a[i];
         a[i]=t;
         }
}
int main( )
{
    int x[5];
    printf("输入5个数: \n");
    input(x,5);
    printf("5个数排序前: \n");
    output(x,5);
    sort(x,5);
    printf("5个数排序后: \n");
    output(x,5);
    return(0);
}
```

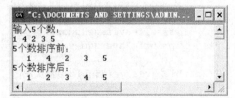

图8.8 【例8-4】运行结果

运行结果图8.8所示。

说明如下。

（1）数组名作函数参数时，应在主调函数和被调函数中分别定义数组。

（2）实参数组与形参数组的类型要一致。

（3）sort 函数是通过两层循环实现两两数组数据比较并交换排序的目的，外层循环确定一共排序次数，内层循环每次比较两个数组数据，如果有不符合排序的就交换。交换的过程是两两数值比较，如果不符合大小关系就一直移动交换，直到该数找到正确位置。

（4）实参数组与形参数组的大小不要求一致。数组元素的个数可在定义函数时在数组名后跟一个空的方括号，并由另外的参数来传递。

【例 8-5】　编写函数统计 *n* 个学生 4 门课中每门课的平均分。（前面处理过类似问题，此处做了一些变化）。

分析：①定义一个二维数组 score[][4]用于存储 *n* 个学生学习 4 门课的成绩。

②定义一个一维数组 ke[4]用于存储每门课的平均分。

```c
#include "stdio.h"
void input(float score[][4], int n)
/*输入 n 个学生学习 4 门课的成绩*/
{
    int i,j;
    for(i=0;i<n;i++)
    for(j=0;j<4;j++)
    scanf("%f",&score[i][j]);
}
void output(float score[][4], int n,float ke[4])
/*输出 n 个学生学习 4 门课的成绩*/
{ int i,j;
for(i=0;i<n;i++)
 {
    for(j=0;j<4;j++)
    printf ("%-7.1f ", score [i][j]);
    printf ("%-7.1f", ke [i]) ;
    printf("\n"); /*输出每门课的平均分*/
 }
}


void average(float score[ ][4], int n, float ke[4])
/*score[][4]用于存储 n 个学生学习 4 门课的成绩,ke[4]用于存储每门课的平均分*/
 {
    int i,j;
    printf("输入%d 个学生学习 4 门课的成绩\n",n);
    input(score,n);
    for(i=0;i<4;i++)
    ke[i]=0;   /*初始化为 0*/
    for(i=0;i<4;i++)
    {
       for(j=0;j<n;j++)
            ke [i]= ke [i]+score [j][i];
       ke [i]= ke [i]/n;
    } /*累加每门课程成绩，并求每门课的平均分*/
    printf("\n第 1 门课\t 第 2 门课\t 第 3 门课\t 第 4 门课\t 平均分\n");
    output (score,n,ke);
}

int main( )
{
    float score[3][4],ke[4];
    average(score,3,ke);
    return(0);
}
```

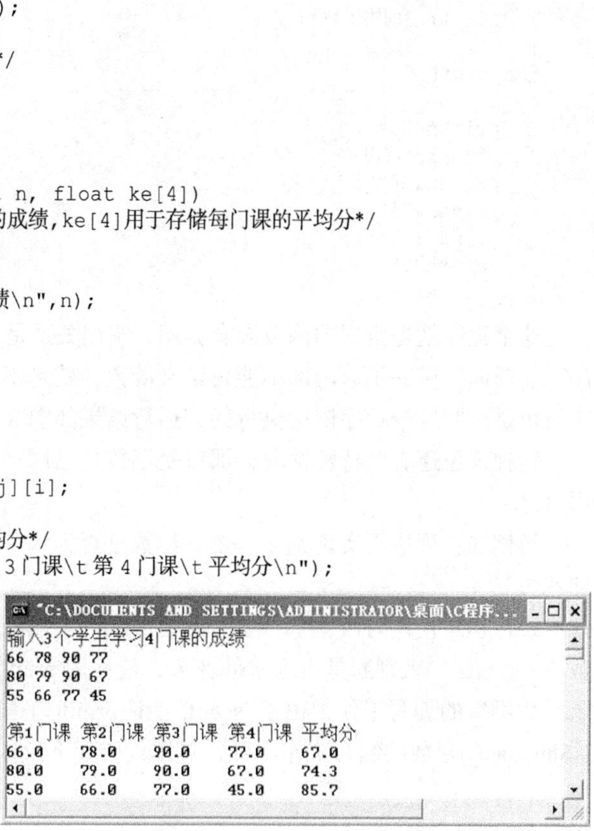

运行结果如图 8.9 所示。

图 8.9　【例 8-5】运行结果

程序中函数 average( )两个形参数组的作用是双向传地址。目前我们学习的知识中，只有数组能够实现双向传地址，后面学习指针时还要进一步介绍。但是在这个程序中，从函数调用角度出现了这种情况：main( )函数调 average( )函数，average( )函数又调 input( )、output( )函数。这种现象 C 语言叫函数嵌套调用，也就是说函数调用过程中参与的函数有主次之分。就像元帅 main( )安排将领 average( )执行作战任务，该将领当然可以安排级别更低一点的军官 input( )、output( )去完成，当 input( )和 output( )完成任务后，自然会向将领 average( )汇报任务完成情况，而 average( )又会把执行情况向元帅汇报，这就是层层上报机制。

学习程序设计首先要会分析这种结构的程序，就像写作文时先写个大纲，然后再围绕大纲写具体内容。大纲就是每个函数的名称，内容自然是代码的具体实现细节。

举例如下。

```c
#include "stdio.h"
void f3( )
{
    printf("3");
}
void f2( )
{
    f3( );/*调用 f3( )*/
    printf("2");
}
void f1( )
{
    printf("1");
    f2( );/*调用 f3( )*/
}
int main( )
{
    printf("0");
    f1( );/*调用 f1( )*/
    printf("4");
    printf("4");
    printf("\n");
    return(0);
}
```

这个程序就是典型的函数嵌套调用，调用关系是：main 调用 f1( );，f1( )调用 f2( );，f2( )调用 f3( );。前面所讲的函数内部不能再定义函数，就是不允许嵌套定义，但是嵌套调用是允许的。计算机也是按照这个顺序依次执行的，运行结果如图 8.10 所示。

这种现象还有个特殊情况，那就是函数自己调用自己。

再例如：程序要实现判断一个三位数是否为水仙花数。

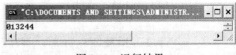

图 8.10　运行结果

设计程序代码时候，可以在主函数 main( )中先调用 scanf( )函数接受键盘输入，再调用专用函数 IsShuixian( )来判断是否为水仙花数，最后用 printf( )函数打印输出完成操作。这样我们就完成了"大纲"的编写工作，由于 scanf( )和 printf( )是系统函数，不需要我们实现，所以只要完成 IsShuixian( )函数的编写工作即可，具体代码如下。

```c
#include <stdio.h>
IsShuixian(int i)
{
    int a,b,c;
    a=i%10;
    b=i/10%10;
```

```
        c=i/100;
        if(a*a*a+b*b*b+c*c*c==i)
        {
            printf("%d 是水仙花数",i);
        }
        else
        {
            printf("%d 不是水仙花数",i);
        }
main( )
{
    int x;
    scanf("%d",&x);
    IsShuixian(x);
}
```

需要说明的是，这个例子中，a，b，c 分别是一个数的个、十、百位数字，读者可以带入一个具体数值分析过程，比如 153 就是一个水仙花数。

8.4　函数的递归调用

8.4.1　递归调用定义与种类

如果一个函数自己调用自己，则称为函数递归调用。在函数递归调用中，主调函数又是被调函数。这种现象在实际生活中经常有，比如你去问 5 个人中的第 5 个人的年龄，第 5 个人说：第 5 个人比第 4 个人大 3 岁，第 4 个人比第 3 个人大 3 岁……第 1 个人说自己 12 岁，求第 5 个人多大？再比如有这样一个故事：故事说山里有个庙，庙里有个老和尚在给一个小和尚讲故事，故事说山里有个庙，庙里有个老和尚在给一个小和尚讲故事……这个递归例子中，老和尚必须有一天和小和尚说故事结束了，否则，递归永远不会终止。递归是程序设计中最常用的方法之一，在程序设计中使用递归方法常常会起到事半功倍的效果。如果一个函数在其定义体内直接调用自己，则称直接递归函数。如下。

```
int f(int x)
{int  y, z;
 z=f(y);
 return (2*z);
}
```

如果一个函数经过一系列的中间调用语句，通过其他函数间接调用自己，则称间接递归函数。如下。

```
int f1(int x)
{int  y, z;
 z=f2(y);
 return (2*z);
}
int f2(int x)
{int  a, c;
 c=f1(a);
 return (3+c); }
```

现实中，有许多实际问题是递归定义的或者是递推定义的（如数值计算中的递推函数），对它们采用递归方法求解，可以使问题大大简化，处理过程结构清晰，编写程序的正确性也容易证明。

8.4.2 递归调用应用举例

【例 8-6】 编写递归函数求 $1+2+\cdots+n$。

分析：如果知道 $1+2+\cdots+n-1$ 的和 s，则 $s+n$ 就是 $1+2+\cdots+n-1+n$ 的和，依此类推。程序如下。

```
  int sum(int n)  /*递归函数求 1+2+…+n-1+n*/
{
int s;
  if(n==1)
      s=1;
  else
      s=sum(n-1)+n;   /*sum(n-1)为求 1+2+…+n-1*/
  return(s);
}
```

如果把数值 3 代入变量 n，则过程如下。

进入函数后执行 else 选择中的 s=sum(3−1)+3，再执行 sum(3−1)=sum(2)，再次自己调用自己 sum(2)，继续执行选择语句 else 部分 s=sum(2−1)+2，同理，sum(2−1)=sum(1)，再一次自我调用。不难看出，这次可以执行 if 选择语句，返回值是 s=1。以上不断返回函数值，最终完成递归调用。分析程序执行过程是学好和理解编程的关键所在。以上程序也可以用非递归的方法来求和，具体程序如下。

```
int sum(int n)
{
 int s=0;
 int i;
 for(i=1;i<=n;i++)
 {
   s=s+i;
 }
 return s;
}
```

基于对上面程序的理解，下面来看看分别用递归和非递归方法实现求 5! 的程序。

递归方法实现如下。

```
#include <stdio.h>
int f(int n) {
int fn=1;
if(n<0){
 printf("n<0 dataerror!");
 fn=0;
 }
 else if (n==1) fn=1;
 else fn=f(n-1)*n;
 return (fn);
}

void main( )
{
int n=5;
printf("%d\n",f(n));
}
```

非递归方法实现如下。

```
#include <stdio.h>
int f(int n)
{ int fn=1;
```

```
  int i;
  if(n<0)
  {
  printf("n<0 dataerror!");
  fn=0;
  }
for(i=1;i<=n;i++)
  fn=fn*i;
return fn;
}

void main( )
{ int n=5;
  printf("%d\n",f(n));
}
```

【例 8-7】 编写递归函数求 Fibonacci 数列第 *n* 项，并编程输出前 20 个数。可以对比【例 7-2】来思考。

分析：Fibonacci 数列中，$f_1=1$，$f_2=1$，$n \geqslant 3$ 时 $f_n=f_{n-1}+f_{n-2}$。

程序如下。

```
#include "stdio.h"
int fib(int n)
{ if(n==1||n==2)
   return(1);
  else
 return(fib(n-1)+fib(n-2));
}
int main( )
{
int i;
for(i=1;i<=20;i++)
{
   printf("%8d",fib(i));
   if(i%5==0)
        printf("\n");
}
return(0);
}
```

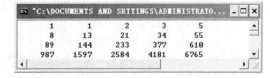

运行结果如图 8.11 所示。

图 8.11 【例 8-7】运行结果

当一个问题具有如下 3 个特征时，就可以采用递归算法求解。

（1）大问题能分解成若干个子问题。

（2）子问题、或者是一个定值（直接解）、或者是与大问题具有同样性质的问题，仅仅是规模比大问题小，即被定义项在定义中的应用具有更小的尺度。

（3）子问题在最小尺度上有直接解，即分解过程最终能结束（递归有结束条件）。

从上面几个递归的例子中可以发现，每个问题都可以分解成更小的相似问题求解，执行这样的递归调用时，问题一直会分解到最后一个简单的问题。例如【例 8-6】中 n==1 的结果是 1，【例 8-7】中（n==1||n==2）返回值是 1，求解了它再返回求解问题就迎刃而解了。

又如，求任意 *n* 个整数和，显然和求任意 *n*-1 个整数和一样。

【例 8-8】 编写递归函数求任意 *n* 个整数和。

程序如下。

```
#include "stdio.h"
```

```
int sum(int a[],int n)  /*递归函数求任意 n 个整数和*/
{
    if(n==1)
        return(a[0]);
    else
        return (sum(a,n-1)+a[n-1]);  /* sum(a,n-1)函数求任意 n-1 个整数和*/
}
int main( )
{
    int x[]={1,2,3,4,5};/*可以输入数组 x*/
    printf("%d\n",sum(x,5));
    return(0);
}
```

运行结果如图 8.12 所示。

思考：如何求一维数组的最大数？

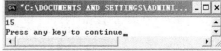

图 8.12 【例 8-8】运行结果

【例 8-9】 编写递归函数把一个字符串逆置（例如将字符串 "abcde" 变成 "edcba"）。

分析：要将字符串逆置，可以将第一个元素和最后一个元素调换，再将剩下的字符串逆置，而剩下的字符串长度就在原来的长度上减 2，规模缩小，但方法和整个字符串倒置一致；如果字符串的串长≤1 则无需倒置直接返回。

程序如下。

```
#include "stdio.h"
void  converstr( char str[],int start,int end)
/* 将字符串逆置，str 为字符串，strat 和 end 为字符数组的开始和结束下标*/
{
 char ch;
 if(end-start<1)
        return;/*Str 的串长≤1*/
 else
 {
    ch= str[start];
    str[start]= str[end];
    str[end]=ch;  /*将首尾字符交换*/
    converstr(str,start+1,end-1);/*str 的串长>1，字符串的首尾元素调换，再将去掉首尾元素的字符串调换*/
 }
}

int main( )
{
    char x[]="abcde";
    converstr(x,0,4);/* x 为字符串,0 和 4 为字符数组的开始和结束下标*/
    printf("字符串逆置后为: %s\n",x);
    return(0);
}
```

运行结果如图 8.13 所示。

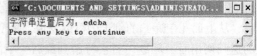

图 8.13 【例 8-9】运行结果

【例 8-10】 编写递归函数输出下列图形。

```
*
**
***
****
*****
```

分析：其实这个问题就是输出"*"问题，输出一个"*"和输出多个"*"一样，同样输出一行"*"和输出多行"*"一样，无非是输出语句执行次数不一样。

程序如下。

```c
#include "stdio.h"
void prtstar(int n)   /*递归输出 n 行"*" */
{
 int i;
  if(n>1)
  prtstar(n-1);
  for(i=1;i<=n;i++)
  printf("*");
 printf("\n");
}
 int main( )
 {
 prtstar(5);
 return(0);
}
```

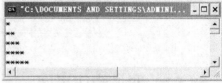

图 8.14 【例 8-10】运行结果

运行结果如图 8.14 所示。

该程序 prtstar(5)执行过程中，会一次被拆解成 prtstar(4)、prtstar(3)、prtstar(2)、prtstar(1)，进而就能打印出每行的字符。请仔细分析该程序，有助于大家理解递归函数执行过程。递归问题是一个较复杂的问题，掌握之后有利于提高编程能力，并且有些问题只能用递归算法才能实现，典型的问题是 Hanoi 塔问题，感兴趣的读者可以查阅有关资料。

8.5 变量的作用域与存储属性

首先考虑这样一个问题：编写一个统计函数求 10 个学生的成绩的最高分、最低分、平均分。显然，按以往的做法无法实现，因为一个函数，通过函数名只能代回一个值，而这个问题要求 3 个值。为此，C 语言提供了全局变量来解决此问题。

【例 8-11】 编写一个函数求 10 个学生的成绩的最高分、最低分、平均分。

程序如下。

```c
#include "stdio.h"
float max=0,min=0;                     /*全局变量*/
float average(float array[], int n)        /*定义函数,形参为数组*/
{int i;
 float aver,sum=array[0];
 max=min=array[0];
 for (i=1;i<n;i++)
    {if (array[i]>max) max=array[i];
     else if (array[i]<min) min=array[i];
     sum=sum+array[i];
     }
 aver=sum/n;
 return(aver);
}
int main( )
{float ave,score[10];
 int i;
```

```
for (i=0;i<10;i++)
    scanf("%f",&score[i]);
ave=average(score,10);
printf("max=%6.2f\nmin=%6.2f\naverage=%6.2f\n",max,min,ave);
return(0);
}
```

程序中使用了 float max=0，min=0;语句，在所有函数定义两个变量 max、min，这就是全局变量，用以代回最大值与最小值。此外，应该注意到 max 和 min 变量所在的位置是从程序的开始一直到结束，这也就意味着不论是在 main( )函数还是 average( )函数，max 和 min 变量都有着直接的影响力，它们在函数中的修改结果会直接在最后体现出来，而函数名代回平均值，运行结果如图 8.15 所示。

图 8.15 【例 8-11】运行结果

8.5.1　变量的作用域

在讨论函数的形参变量时曾经提到，形参变量只在被调用期间才分配内存单元，调用结束立即释放。这一点表明形参变量只有在函数内才是有效的，离开该函数就不能再使用了。这种变量有效性的范围称为变量的作用域。不仅对于形参变量，C 语言中所有的量都有自己的作用域。变量说明的方式不同，其作用域也不同。C 语言中的变量，按作用域范围可分为两种：局部变量和全局变量。

1. 局部变量（内部变量）

定义：在一个函数内部定义，只在本函数范围有效的变量。

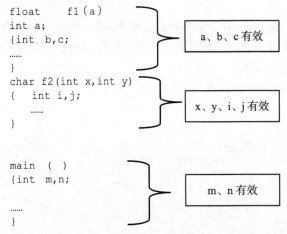

可见，main 中定义的变量只在 main 中有效，不同函数中的同名变量占不同内存单元，形参属于局部变量，也可定义在复合语句中有效的变量，这种复合语句又称为“分程序”或“程序块”。如下。

```
#include "stdio.h"
int main( )
{ int i;
  int a[5]={1,2,3,4,5};
```

```
    for(i=0;i<2;i++)
    { int temp;/*定义在复合语句中的局部变量*/
        temp=a[i];
        a[i]=a[N-i-1];
        a[N-i-1]=temp;
    }
    for(i=0;i<N;i++)
        printf("%d ",a[i]);
return(0);
}
```

temp 只在复合语句内有效。

2.　全局变量（外部变量或全程变量）

在函数外定义，可为本文件所有函数共用，有效范围：从定义变量的位置开始到本文件结束，及有 extern 说明的其他源文件。例如，在【例 8-11】中的变量 max、min 为全局变量。

以下例子中 p、q、c1、c2 变量出现的位置不同，它们的影响力自然也不一样，读者可以从标记的位置上查看具体的作用域范围。此外，f1( ) 函数内的局部变量 a、b、c 只在该函数内有效。同理，我们能看到 f2( ) 函数内有局部变量 x、y、i、j，而 main( ) 中有局部变量 m、n。它们都在各自函数的"岗位"上发挥着各自的作用。

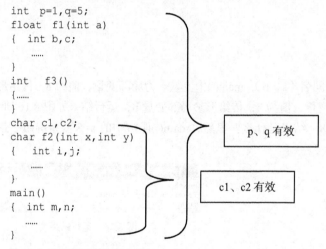

关于全局变量的说明如下。

（1）全局变量的作用范围不同。如 p、q 和 c1、c2 的作用范围不同。

（2）全局变量增加了函数间数据联系的渠道，因为它们的影响力可能是整个代码段，所以可以用全局变量从函数得到一个以上的返回值。

（3）由于全局变量在程序的全过程都占用内存，并且使函数的通用性和清晰性降低，因此不必要时尽量少用全局变量。

（4）若在定义点之前的函数想引用该外部变量，则应在该函数中用关键字 extern 做"外部变量因为量"说明。如下。

```
int max(int x,int y)              /*定义 max 函数*/
{int z;
 z=x>y?x:y;
 return(z);
}
int main( )
```

```
{extern int a,b;                /*外部变量说明*/
 printf("%d\n",max(a,b));
return(0);
}
int a=13,b=-8;                   /*外部变量定义*/
```

从以上几个例子中，我们可以发现变量的作用域其实有一定的规律可循，一般来说，在函数以内的变量，作用域只是这个函数本身，而在函数以外的变量，则是从它定义开始，一直延续到程序结束。

8.5.2　全局变量与局部变量同名

若在同一源文件中外部变量与局部变量同名，则在局部变量的作用范围内，外部变量不起作用。例如下列程序。

```
#include "stdio.h"
int a=3,b=5;
int max(int a, int b)
{
    int c;
    c=a>b?a:b;
    return(c);
}
int main( )
{
    int a=8;
    printf("max=%d",max(a,b));
    return(0);
}
```

该程序中，外部变量与局部变量同名（a，b），main( )中变量a为局部变量，值为8，传给形参局部变量a，main( )中变量b为外部变量，值为5，传给形参局部变量b，运行结果如图8.16所示。

思考：如果主函数中没有int a=8，结果是什么？显然，main( )函数中的a=8变量屏蔽了最上面的全局变量a=3，使得最终结果为8。

再例如下列程序。

```
#include <stdio.h>
int k=1000;
void f( )
{
    int j=20;
    int k=99;
    printf("k=%d\n",k);
}
main( )
{
    f( );
    printf("the k is %d\n",k);
}
```

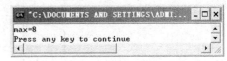

图8.16　运行结果

该运行结果中，k=99显然是先打印出f( )函数中的值k，它没有受全局变量k=1000的影响，同时，main( )函数中k却受全局变量影响，输出结果是the k is 1000。

【例8-12】　分析下列程序的运行结果。

```
#include "stdio.h"
void num( )
{
    extern int x,y;
```

```
    int a=15,b=10;
    x=a-b;
    y=a+b;
}
int  x,y;
int main( )
{
    int a=7,b=5;
    x=a+b;
    y=a-b;
    num( );
printf("x=%d,y=%d\n",x,y);
return(0);
}
```

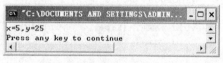

图 8.17　运行结果

该程序有外部变量 x，y，main( )函数中，调用 num( )函数前，x=12，y=2。调用 num( )后，外部变量的值被更新为：x=5，y=25。运行结果如图 8.17 所示。

思考：如果在函数 num( )第二行不加上 extern，结果会是什么？

运行时发现，去掉 extern 关键字后，x，y 就变成普通的局部变量了，输出结果应该是 x=12，y=2。因为 num( )函数对 x、y 的影响不能改变在 main( )中 x、y 变量的值，num( )中 x、y 虽然有改变，但是属于内部的 num( )函数的 x、y 值，此处的 x、y 非彼处的 main( )的 x、y 值。实际上，该程序中的两处 x、y 定义，系统是分配了两个不同地方的内存单元给它们存储，所以变量名称重名，没有导致变量值重叠存放。

在实际编程时，一般不提倡频繁使用全局变量，有时会有副作用，如下。

```
#include "stdio.h"
int  i;
void  prt( )
{
 for(i=0;i<5;i++)
  printf("%c",'*');
  printf("\n");
}
int main( )
{
for(i=0;i<5;i++)
 prt( );
 return(0);
}
```

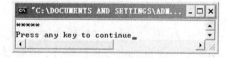

图 8.18　运行结果

运行结果如图 8.18 所示。

上面例子中，由于是全局 i，实际循环只执行了一次，当执行 main( )中的循环时，由于 i 已经在 prt( )函数中累计计数超过 5 了，所以循环执行一次即结束。去掉全局变量 i 则是我们需要的结果，如下。

```
#include "stdio.h"
void  prt( )
{ int i;
 for(i=0;i<5;i++)
  printf("%c",'*');
  printf("\n");
}
int main( )
```

```
{ int i;
for(i=0;i<5;i++)
 prt( );
 return(0);
}
```

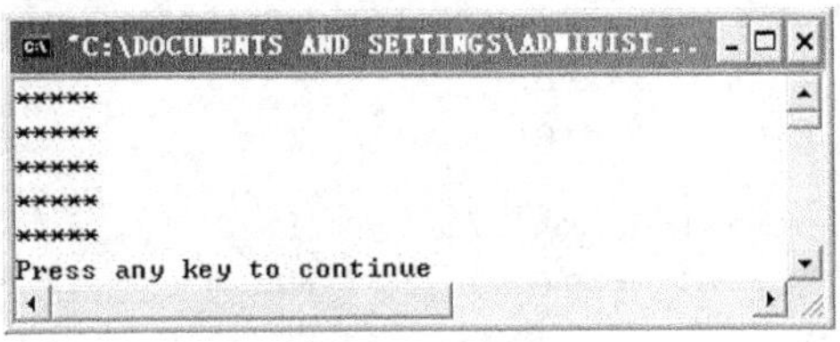

运行结果如图 8.19 所示。

下面来回顾一下之前的例子,从键盘输入 10 个学
生的成绩,并且把 10 个学生的成绩放入数组中, 现在要求用全局变量定义最大值和最小值, 然后
求出最大值和最小值。程序如下。

图 8.19　运行结果

```
#include "stdio.h"
float max=0,min=0;
void maxmin(float a[],int n);
void main( )
{
float score[10];
int i;
 for(i=0;i<10;i++)
{
 scanf("%f",&score[i]);
}
maxmin(score,10);
printf("max  is =%6.2f\nmin is =%6.2f\n",max,min);
}
void  maxmin(float a[],int n)
{
  int i;max=a[0];
  min=a[0];


for(i=0;i<n;i++)
{
 if(a[i]>max)
  max=a[i];
 else if(a[i]<min)
  min=a[i];
 }
 }
```

上面的例子中, max 和 min 变量是全局变量,这样不需要在 maxmin( )函数中再定义。函数
中对于 max 和 min 变量的修改,直接体现出来。虽然我们看到了全局变量的好处,但是有些场合
使用过多,会降低程序读写的清晰性,人们很难判断一些变量的瞬时数值,因为它存在于代码的
始终。另外,由于全局变量不像局部变量是使用时才开辟空间,它是整个执行过程都会占用内存
空间,这样也会占用一些额外开销。

8.5.3　变量存储属性

1. 存储属性种类

C 语言中每个变量和函数都有数据类型和数据的存储类别两个属性。数据类型如整型、字符
型等。存储类别指的是数据在内存中存储的方法,包括静态存储类和动态存储类,具体有以下 4 种:
自动的（auto）、静态的（static）、外部的（extern）、寄存器的（register）。所谓存储属性是指变量占用
内存空间的方式,也称为存储方式。变量的存储方式可分为“静态存储”和“动态存储”两种。

　　静态存储变量通常是在变量定义时就分定存储单元并一直保持不变，直至整个程序结束。8.5.2节中介绍的全局变量即属于此类存储方式。

　　动态存储变量是在程序执行过程中，使用它时才分配存储单元，使用完毕立即释放。典型的例子是函数的形式参数，在函数定义时并不给形参分配存储单元，只是在函数被调用时，才予以分配，调用函数完毕立即释放。如果一个函数被多次调用，则反复地分配、释放形参变量的存储单元。

　　从以上分析可知，静态存储变量是一直存在的，而动态存储变量则时而存在时而消失。我们把这种由于变量存储方式不同而产生的特性称为变量的生存期。生存期表示了变量存在的时间。生存期和作用域是从时间和空间这两个不同的角度来描述变量的特性，这两者既有联系，又有区别。一个变量究竟属于哪一种存储方式，并不能仅从其作用域来判断，还应有明确的存储类型说明。

　　自动变量和寄存器变量属于动态存储方式，外部变量和静态变量属于静态存储方式。在介绍了变量的存储类型之后，可以知道对一个变量的说明不仅应说明其数据类型，还应说明其存储类型。因此变量说明的完整形式如下。

　　存储类型说明符　数据类型说明符　变量名，变量名……；

　　举例如下。

```
static int a,b;                说明 a,b 为静态类型变量
auto char c1,c2;               说明 c1,c2 为自动字符变量
static int a[5]={1,2,3,4,5};   说明 a 为静态整型数组
extern int x,y;                说明 x,y 为外部整型变量
```

2.　自动变量

　　这种存储类型是 C 语言程序中使用最广泛的一种类型。C 语言规定，函数内凡未加存储类型说明的变量均视为自动变量（auto），也就是说自动变量可省去说明符 auto。在前面各章的程序中所定义的变量凡未加存储类型说明符的都是自动变量。如下。

```
{ int i,j,k;
char c;
……
}
等价于
 { auto int i,j,k;
   auto char c;
……
 }
```

　　自动变量具有以下特点。

　　（1）自动变量的作用域仅限于定义该变量的个体内。在函数中定义的自动变量，只在该函数内有效。在复合语句中定义的自动变量只在该复合语句中有效。

　　（2）自动变量属于动态存储方式，只有在使用它，即定义该变量的函数被调用时才给它分配存储单元，开始它的生存期。函数调用结束，释放存储单元，结束生存期。因此函数调用结束之后，自动变量的值不能保留。在复合语句中定义的自动变量，在退出复合语句后也不能再使用，否则将引起错误。

　　（3）由于自动变量的作用域和生存期都局限于定义它的个体内（函数或复合语句内），因此不同的个体中允许使用同名的变量而不会混淆。即使在函数内定义的自动变量也可与该函数内部的复合语句中定义的自动变量同名。

3.　外部变量

　　在前面介绍全局变量时已介绍过外部变量（extern）。这里再补充说明外部变量的几个特点：

（1）外部变量和全局变量是对同一类变量的两种不同角度的提法。全局变量是从它的作用域提出的，外部变量从它的存储方式提出的，表示了它的生存期。

（2）当一个源程序由若干个源文件组成时，在一个源文件中定义的外部变量在其他的源文件中也有效。例如有一个源程序由源文件 cx1.c 和 cx2.c 组成。

cx1.c

```
int a,b; /*外部变量定义*/
char c; /*外部变量定义*/
main( )
{
……
}
```

cx2.c

```
extern int a,b; /*外部变量说明*/
extern char c; /*外部变量说明*/
func (int x,y)
{
……
}
```

在 cx1.c 和 cx2.c 两个文件中都要使用 a，b，c 3 个变量。在 cx1.c 文件中把 a，b，c 都定义为外部变量。在 cx2.c 文件中用 extern 把 3 个变量说明为外部变量，表示这些变量已在其他文件中定义，编译系统不再为它们分配内存空间。对构造类型的外部变量，如数组等，可以在说明时进行初始化赋值，若不赋初值，则系统自动定义它们的初值为 0。请仔细看下面的程序。

```
#include "stdio.h"
 int main( )
{   void  gx( ),gy( );
    extern  int x,y; /*外部变量说明*/
    printf("1: x=%d\ty=%d\n",x,y);
    y=246;
    gx( );
    gy( );
    return(0);
}
void gx( )
{   extern  int x,y; /*外部变量说明*/
    x=135;
    printf("2: x=%d\ty=%d\n",x,y);
}
int x,y; /*外部变量定义*/
void gy( )
{   printf("3: x=%d\ty=%d\n",x,y);
}
```

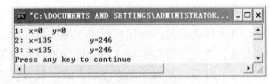

图 8.20　运行结果

运行结果如图 8.20 所示。

4．静态变量

静态变量（static）属于静态存储方式，但是属于静态存储方式的量不一定就是静态变量。例如外部变量虽属于静态存储方式，但不一定是静态变量，必须由 static 加以定义后才能成为静态外部变量，或称静态全局变量。自动变量属于动态存储方式，但是也可以用 static 定义它为静态自动变量，或称静态局部变量，从而成为静态存储方式。

【例 8-13】　编写程序输出 1～5 的阶乘。

```
#include "stdio.h"
```

```
int fac(int n)
{ static int f=1;/*定义静态局部变量*/
  f=f*n;
  return(f);
}
int main( )
{ int i;
  for(i=1;i<=5;i++)
 printf("%d!=%d\n",i,fac(i));
 return(0);
}
```

运行结果如图 8.21 所示。

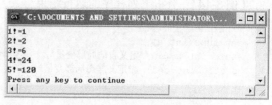

图 8.21 【例 8-13】运行结果

以上程序中静态局部变量 f 每次循环都会保存计算结果，第一次是 1，第二次是 1×2，第三次，是 $1\times2\times3$，依此类推。这个程序利用静态局部变量 f 可以改变程序结构，二重循环变为单循环，按照前面的知识，我们可用循环求 n!，也即：

```
int fac(int n)
{ int i;
 int f=1;/*定义自动局部变量*/
 for(i=1;i<=n;i++)
 f=f*i;
 return(f);
}
```

这个求阶乘的例子在前文讲过，只是之前用递归方法和非递归方法分别实现，请读者仔细体会其中的差异和区别，从中可以看到，一个程序的实现有很多种方法。

以上变量 f 虽然定义为自动局部变量，但是它通过循环计算结果，依然可以算出阶乘数值，其结果一样。

静态局部变量属于静态存储方式，它具有以下特点。

（1）静态局部变量在函数内定义，但不像自动变量那样，调用时就存在，退出函数时就消失，静态局部变量始终存在着，也就是说它的生存期为整个源程序。

（2）静态局部变量的生存期虽然为整个源程序，但是其作用域仍与自动变量相同，即只能在定义该变量的函数内使用该变量。退出该函数后，尽管该变量还继续存在，但不能使用它。

（3）允许对构造类静态局部变量赋初值。若未赋初值，则由系统自动赋 0 值。

（4）对基本类型的静态局部变量，若在说明时未赋初值，则系统自动赋 0 值。而对自动变量不赋初值，则其值是不定的。根据静态局部变量的特点，可以看出它是一种生存期为整个源程序的量。虽然离开定义它的函数后不能使用，但如再次调用定义它的函数时，它又可继续使用，而且保存了前次被调用后留下的值。因此，当多次调用一个函数且要求在调用之间保留某些变量的值时，可考虑采用静态局部变量。虽然用全局变量也可以达到上述目的，但全局变量有时会造成意外的副作用，因此仍以采用局部静态变量为宜。

全局变量（外部变量）的说明之前冠以 static 就构成了静态的全局变量。全局变量本身就是静态存储方式，静态全局变量当然也是静态存储方式。这两者在存储方式上并无不同。这两者的区别在于非静态全局变量的作用域是整个源程序，当一个源程序由多个源文件组成时，非静态的全局变量在各个源文件中都是有效的。而静态全局变量则限制了其作用域，即只在定义该变量的源文件内有效，在同一源程序的其他源文件中不能使用它。由于静态全局变量的作用域局限于一个源文件内，只能为该源文件内的函数公用，因此可以避免在其他源文件中引起错误。

从以上分析可以看出，把局部变量改变为静态变量后是改变了它的存储方式即改变了它的生存期。把全局变量改变为静态变量后是改变了它的作用域，限制了它的使用范围。因此 static 这个说明符在不同的地方所起的作用是不同的。应予以注意。

【例 8-14】 分析下列程序的运行结果。

```c
#include "stdio.h"
int func(int a)
{auto int b=0;  /*定义自动局部变量*/
 static int c=3;  /*定义静态局部变量*/
 b=b+1;
 c=c+1;
 return(a+b+c);
}
int main( )
{ int a=2,i;
 for(i=0;i<3;i++)
  printf("%d ",func(a));
 printf("\n");
 return(0);
}
```

程序调用函数 func( )3 次，两种变量变化情况如下及 3 次结果如表 8.2 所示。

表 8.2　　　　　　　　　　　　变量变化情况

调用次数	调用时初值		调用结束的值		
	b	c	b	c	a+b+c
第 1 次	0	3	1	4	7
第 2 次	0	4	1	5	8
第 3 次	0	5	1	6	9

比较上面结果会发现，变量 b 的值由于是局部自动变量，因此每次重新初始化，而由于变量 c 是静态局部变量，它的值每次会进行累加。局部变量的值每次是"原地踏步"，静态变量的值则是每次"积极进步"，由此不难看出区别。

运行结果如图 8.22 所示。

5. 寄存器变量

上述各类变量都存放在存储器内，因此当对一个变量频繁读写时，必须要反复访问内存，从而花费大量的存取时间。为此，C 语言提供了另一种变量，即寄存器变量

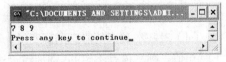

图 8.22 【例 8-14】运行结果

（register）。这种变量存放在 CPU 的寄存器中，使用时，不需要访问内存，而直接从寄存器中读写，这样可提高效率。寄存器变量的说明符是 register。也就是说，定义为寄存器变量可以加速程序的执行，提高执行效率。读者可以修改【例 8-13】，比如求 15! 的值，比较执行时间上的不同。修改程序如下。

```c
#include "stdio.h"
int fac(int n)
{ int i;
 register int f=1;/*定义寄存器变量*/
 for(i=1;i<=n;i++)
 f=f*i;
 return(f);
}
int main( )
{ int i;
```

```
for(i=1;i<=15;i++)
 printf("%d!=%d\n",i,fac(i));
 return(0);
}
```

对于循环次数较多的循环控制变量及循环体内反复使用的变量均可定义为寄存器变量。对寄存器变量需要说明以下几点。

（1）只有局部自动变量和形式参数才可以定义为寄存器变量。因为寄存器变量属于动态存储方式。凡需要采用静态存储方式的量不能定义为寄存器变量。

（2）在 Turbo C，MS C 等微机上使用的 C 语言中，实际上是把寄存器变量当成自动变量处理的，因此速度并不能提高。而在程序中允许使用寄存器变量只是为了与标准 C 保持一致。

（3）即使能真正使用寄存器变量的机器，由于 CPU 中寄存器的个数是有限的，因此使用寄存器变量的个数也是有限的。

8.5.4 存储类别小结

C 语言变量从存储属性角度可以分为以下几类，如图 8.23 所示。

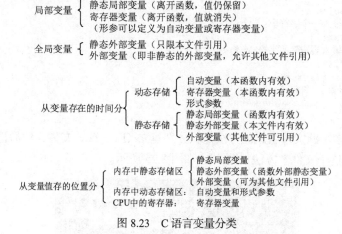

图 8.23　C 语言变量分类

8.6　内部函数与外部函数

C 程序常常由多个源文件组成，那么这样一个源文件中的函数能否被其他文件所调用呢？可将函数分为内部函数和外部函数。

内部函数（又称静态函数）：只能被本文件中的其他函数调用。定义时加 static 说明。一般形式如下。

static　类型标识符　　函数名（形参表）

如：static　int　fun（a，b）

外部函数：可为其他源文件中的函数引用。定义时用 extern 说明，省略 extern 则隐含为外部函数。

【例 8-15】编写函数，删除一个字符串 s 中的字符 ch，并存为文件 f1.c，然后编写一个 main( )

函数，并使用该函数存为文件 f2.c。

文件 1：f1.c

```
extern delstr(char s[],char ch)
   /*定义外部函数 delete_str*/
{int i,j;
 for (i=j=0;s[i]!='\0';i++)
     if (s[i]!=ch)
s[j++]=s[i];
 s[j]='\0';
}
```

文件 2：f2.c

```
#include "stdio.h"
#include "string.h"
void inputstr(char s[])
     /*定义内部函数 inputstr*/
 {gets(s); }    /*读入字符串 s*/
int main( )
{
    extern delstr(char s[],char ch); /*说明本文件要用在其他文件中定义的函数*/
    char c;
    char str[80];
    printf("请输入一个字符串： \n");
    inputstr (str);
    printf("请输入要删除的字符 \n");
    scanf("%c",&c);
    delete_string(str,c);
    printf("删除后字符串是：%s\n",str);
    return(0);
}
```

在 TC 中处理多个源文件组成的方法是：分别建立 f1.c、f2.c 文件，然后建立一个工程文件（cx.prj），编译运行这个文件。方法如图 8.24 和图 8.25 所示。

图 8.24　建立一个工程文件

在 TC 中建立工程文件 cx.prj，这里假定文件存在 C 盘根目录下面。

图 8.25　工程文件内容

8.7 本章小结

（1）函数的分类如下。

- 库函数：由 C 系统提供的函数；用户定义函数：由用户自己定义的函数。
- 有返回值的函数、无返回值的函数：不返回函数值，说明为空（void）类型。
- 有参函数：主调函数向被调函数传送数据。
- 无参函数：主调函数与被调函数间无数据传送。
- 内部函数、外部函数。

（2）函数定义、函数说明、函数调用的一般形式。

（3）函数参数分为形参和实参两种，形参出现在函数定义中，实参出现在函数调用中。

（4）函数的值是指函数的返回值，它是在函数中由 return 语句返回的。

（5）数组名作为函数参数时不进行值传送而进行地址传送。形参和实参实际上为同一数组的两个名称。因此形参数组的值发生变化，实参数组的值也会变化。

（6）C 语言中，允许函数的嵌套调用和函数的递归调用。

（7）变量作用域和变量的存储类型。变量的作用域是指变量在程序中的有效范围，分为局部变量和全局变量。变量的存储类型是指变量在内存中的存储方式，分为静态存储和动态存储，表示了变量的生存期。

（8）C 语言中对较大的程序，一般不希望把所有程序代码放在一个文件中，可以将它们放在若干个文件中，这样既方便阅读和编写也有利于文件管理；同时也提高了编译、编写、调试的效率。

（9）所有函数定义是平行的、函数定义不能被嵌套使用，一个函数可以调用其他函数，但是主函数 main( )不能被其他函数调用。

习 题 八

一、程序题

1. 阅读程序写运行结果

（1）

```c
#include "stdio.h"
 int god(int num1, int num2 )
  {
   int temp;
   if(num1<num2)
   { temp=num1;
     num1=num2;
    num2=temp;
     }
   while(num2!=0)
   {
    temp=num1%num2;
    num1=num2;
    num2=temp;
```

```
        }
     return(num1);
 }
int main( )
{
 printf("%d",god(12,18));
 return 0;
 }
```

运行结果：_____

（2）

```
    #include "stdio.h"
      void disp(void);
      int m[10];
      int main( )
      {   int i;
          printf("In main before calling\n");
          for(i=0; i<10; i++)
                  m[i]=i;
          disp( );
          printf("\nIn main after calling\n");
          for(i=0; i<10; i++)
                   printf("%3d", m[i]);
          return 0;
      }
      void disp(void)
      {   int j;
          printf("In subfunc after calling\n");
          for (j=0; j<10; j++)
              {     m[j]=m[j]*10;
                printf("%3d", m[j]);
              }
      }
```

运行结果：_____

（3）

```
#include "stdio.h"
 int i=1;
void other( )
{
 static int a=2;
 static int b;
 int c=10;
  a=a+2;
  i=i+32;
  c=c+5;
printf("-----OTHER------\n");
printf("i:%d a:%d  \b:%d c:%d\n",i,a,b,c);
    b=a;
}
int main( )
{    static int a;
     register int b=-10;
     int c=0;
     printf("-----MAIN------\n");
     printf("i:%d a:%d  \b:%d c:%d\n",i,a,b,c);
     c=c+8;
     other( );
```

```
        printf("-----MAIN------\n");
        printf("i:%d a:%d   \
            b:%d c:%d\n",i,a,b,c);
        i=i+10;
        other( );
    return(0);
    }
```

运行结果：＿＿＿＿＿

（4）

```
#include <stdio.h>
#include <conio.h>
void  fun(char s[],int c)
{int i,k=0;
for(i=0;s[i];i++)
    if(s[i]!=c) s[k++]=s[i];
s[k]='\0';
}
int main( )
{
char str[]="turbo c and borland c++";
char ch;
printf(" :%s\n",str);
printf(" :");
scanf("%c",&ch);
fun(str,ch);
printf("str[]=%s\n",str);
return(0);
}
```

输入 c，运行结果：＿＿＿＿＿

（5）

```
#include <stdio.h>
unsigned fun( unsigned w )
{ if(w>=10000) return w%10000;
  if(w>=1000) return w%1000;
  if(w>=100) return w%100;
  return w%10;
}

int main( )
{ unsigned x;
  printf( "enter a unsigned integer number :" );
  scanf( "%u",&x);
  if(x<10) printf("data error!");
   else printf ("the result :%u\n", fun(x));
  return(0);
}
```

输入 923，运行结果：＿＿＿＿＿

（6）

```
#include <stdio.h>
#include <conio.h>
#define MAX 100
int fun( int lim, int aa[MAX])
{
    int i,j=0,k;
```

```
        for( k=2; k<lim; k++)
        {
         for( i=2; i<k; i++)
             if( !(k%i)) break;
         if( i>=k) aa[j++]=k;
       }
       return j;
       }
       int main( )
       {
       int limit,i,sum;
       int aa[MAX];
       printf("\n input a integer number:");
       scanf(" %d",&limit);
       sum=fun(limit,aa);
       for(i=0; i<sum; i++)
       {
       if(i%10==0&&i!=0)
           printf("\n");
       printf("%5d", aa[i]);
       }
       return(0);
       }
```

输入 10，运行结果： _____

（7）

```
#include <stdio.h>
#define M 4
#define N 5
int fun(int a[M][N])
{
int sum=0,i;
for(i=0;i<N;i++)
sum+=a[0][i]+a[M-1][i];
for(i=1;i<M-1;i++);
      sum+=a[i][0]+a[i][N-1];
return sum ;
}
int main( )
{
int aa[M][N]={{1,3,5,7,9},{2,9,9,9,4},{6,9,9,9,8},{1,3,5,7,0}};
int i,j,y;
printf("The original data is :\n");
for(i=0;i<M;i++)
{
    for(j=0;j<N;j++) printf("%6d",aa[i][j]);
    printf("\n");
}
y=fun(aa);
printf("\nThe sum: %d\n",y);
printf("\n");
return(0);
}
```

运行结果： _____

（8）

```
#include "stdio.h"
#define M 3
```

```
#define N 4
void fun(int tt[M][N],int pp[N])
{
int i, j;
for(i=0;i<N;i++)
{
    pp[i]=tt[0][i];
    for(j=0;j<M;j++)
        if(tt[j][i]<pp[i]) pp[i]=tt[j][i];
}
}
int main( )
{
int t[M][N]={ {22,45,56,30},{19,33,45,38},{20,22,66,40}};
int p[N],i,j,k;
printf("the original data is:\n");
for(i=0;i<M;i++)
{
for(j=0;j<N;j++)
    printf("%6d",t[i][j]);
printf("\n");
}
fun(t,p);
    printf("\nthe result is:\n");
for(k=0;k<N;k++)
printf("%4d",p[k]);
printf("\n");
return(0);
}
```

运行结果：_____

（9）

```
#include "stdio.h"
#include "string.h"
int fun(char str[],char substr[])
{
int i,n=0,s=strlen(str);
for(i=0;i<s;i++)
        if((str[i]==substr[0])&&(str[i+1]==substr[1]))
n++;
return n;
}
int main( )
{
char str[81],substr[3];
int n;
printf("enter 1:");
gets(str);
printf("enter 2:");
gets(substr);
puts (str);
puts(substr);
n=fun(str,substr);
printf("n=%d\n",n);
return(0);
}
```

输入 `ab12cdef12xyz`

    12

运行结果：_____

（10）

```c
#include "stdio.h"
    void ff(int n)
    {
    if(n>0)
    {ff(n-1);
    printf("%d",n);
    ff(n-1);
    }
}
int main( )
{
ff(3);
printf("\n");
return(0);
}
```

运行结果：_____

2. 编写程序

（1）编写一个函数 float fun(double h)，函数的功能是对变量 h 中的值保留 2 位小数，并对第三位进行四舍五入（规定 h 中的值为正数）。

（2）编写函数把一个整型数组的所有素数找出来。

（3）编写函数将一个正整数分解质因数。例如：输入 90，打印出 90=2*3*3*5。

（4）编写函数对一个字符串分别统计出其中英文字母、空格、数字和其他字符的个数。

（5）编写函数判断一个整数是否为完数，并编程找出 1000 以内的所有完数。（一个数如果恰好等于它的因子之和，这个数就称为"完数"。例如 6=1 + 2 + 3。）

（6）编一个函数 fun(char *s)，函数的功能是把字符串中的内容逆置。例如：字符串中原有的内容为 abcdefg，则调用该函数后，串中的内容为 gfedcba。

（7）编一个函数求矩阵的转置。

（8）编一个函数 fun( )，函数的功能是分别求出数组中所有奇数之和以及所有偶数之和。

（9）设有一程序，其功能是把 20 个随机数存入一个数组，然后输出该数组中的最小值，确定最小值下标的操作在 fun 函数中实现。请给出该函数的定义。

（10）已知组合数 $C_m^n = \dfrac{m!}{n!(m-n)!}$，编写函数求对于任意 m、n 时的组合值。

（11）编写递归函数求任意 n 个整数最大值。

（12）编写函数 fun，函数的功能是实现 B=A+A'，即把矩阵 A 加上 A 的转置，存放在矩阵 B 中。计算结果在 main 函数中输出。

二、单选题

1. 一个 C 程序的执行是从（　　）。

    A. 本程序的 main 函数开始，到 main 函数结束

    B. 本程序文件的第一个函数开始，到本程序文件的最后一个函数结束

    C. 本程序文件的第一个函数开始，到本程序 main 函数结束

    D. 本程序的 main 函数开始，到本程序文件的最后一个函数结束

2. 以下叙述正确的是（　　　）。

　　A. 在对一个 C 程序进行编译的过程中，可发现注释中的拼写错误

　　B. 在 C 程序中，main 函数必须位于程序的最前面

　　C. C 语言本身没有输入输出语句

　　D. C 程序的每行中只能写一条语句

3. 以下叙述正确的是（　　　）。

　　A. main 函数不可以有返回值　　　　　B. main 函数不可以有参数

　　C. 函数可以有多个返回值　　　　　　　D. 函数的形参可以是静态变量

4. 以下叙述正确的是（　　　）。

　　A. void 类型的函数体中不可以有 return 语句

　　B. void 类型的函数体中可以有 return 语句

　　C. 函数体中不可以有多个 return 语句

　　D. 函数体中定义的变量名称与形式参数的名称可以相同

5. 以下叙述正确的是（　　　）。

　　A. 一个程序文件中定义的内部函数，其他文件可以调用它

　　B. 一个程序文件中定义的内部函数，其他文件不可以调用它

　　C. 不同文件中定义的内部函数不可以有相同的名称

　　D. 函数的定义不能放在调用它的函数之后

6. 在由多个文件构成的 C 程序中，以下叙述正确的是（　　　）。

　　A. 外部变量与局部变量不能同名

　　B. 不同程序文件中可以定义相同名称的内部变量

　　C. 只能把外部变量指定为静态存储方式

　　D. 只能把局部变量指定为静态存储方式

7. 以下叙述正确的是（　　　）。

　　A. 一个 C 程序必须由多个函数组成

　　B. 一个 C 源程序必须包括宏命令

　　C. C 源程序的宏命令以分号标明命令行的结束

　　D. C 注释可以位于源程序的任意位置

第9章
指针

内容导读

通过前面章节的学习，我们已经掌握了使用数组存放并处理多个相同类型的数据的方法，但数组的长度在定义时必须给定，以后不能改变。那么，若事先无法确定需处理的数据量，如何为数据定义存储空间呢？一种方法是估计一个上限，将该上限常量作为数组长度，当实际数据量远少于该上限时，这种方法势必会造成空间浪费。另一种方法就是利用指针实现存储空间的动态分配。

指针是 C 语言的重点与难点，也是 C 语言的特色。指针与变量、数组、函数、结构体等结合使用，可方便实现对相关数据的间接操作。利用指针操作内存这一优势，可以完成很多复杂的数据处理。为此有必要学习以下有关指针的知识。

（1）指针变量的定义与使用。

（2）作为函数参数如何传递参数。

（3）数组指针与指针数组。

（4）函数指针与指针函数。

（5）指针与字符串问题。

（6）多级指针的用法及内存的动态分配。

9.1　指针的概念

9.1.1　地址与指针

在学习指针之前，我们必须了解并掌握变量的内存地址这个概念。

首先，计算机的内存都是由一系列连续编号或编址的存储单元组成的。如果在程序中定义一个变量，在编译时就会根据该变量的类型给它分配相应大小的内存单元。例如，一般 int 型变量需要分配 2 字节的内存单元，char 型变量需要分配 1 字节的内存单元，float 型变量则需要分配 4 字节的内存单元。内存的每一字节有一个编号，这就是"地址"。而变量名实际上是一个符号地址，它与变量的内存地址相对应。在程序中从变量中取值，实际上是通过变量名找到相应的内存地址，从其存储单元中读取数据。指针是存放地址的一组内存单元（通常是 2 或 4 字节）。因此，假设定义 int n=13，n 的地址为 2000，并且 p 是"指向"n 的指针，则可用图 9.1 表示它们之间的关系。

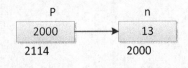

图 9.1　指针与地址

9.1.2 指针变量的定义

定义指针变量的一般形式如下。

类型名 *指针变量名

类型名指定指针变量所指向变量的类型，必须是有效的数据类型，如 int，float，char 等。星号(*)表示该变量为指针。

举例如下。

```
float   *pointer_1;    （pointer_1是指向float型变量的指针变量）
char    * pointer_2;   （pointer_2是指向char型变量的指针变量）
```

应注意以下几点。

（1）指针变量名前的 "*" 表示该变量为指针变量。

（2）指针变量只能指向某种特定类型的对象，也就是说，每个指针都必须指向某种特定的数据类型。原因是不同的变量类型占用的存储空间大小不同，而有些指针操作需要知道变量类型所占用的存储空间。同时，程序也需要了解地址中存储的是何种数据。

（3）当定义 int *p 时，说明 p 是指针变量，而不是*p。

（4）指针变量本身就是变量，和一般变量不同的是它存放的是地址。

9.1.3 指针的运算

1. 地址运算符：&

单目运算符&可以取得变量的存储地址。假设 a 是一个变量，那么&a 就是该变量的地址。如下。

```
int a=32;
printf("%d %p\n",a,&a);    /* %p是输出地址的说明符*/
```

假定 a 的存储地址是 0A54（PC 的地址一般以 4 位十六进制数来表示），那么将输出如下数值。

```
32 0A54
```

2. 间接访问运算符：*

单目运算符*被用于访问指针所指向的变量，也称为间接访问运算符。假设 p 是一个指针变量，那么*p 则为指针变量 p 所指向的变量的值。如下。

```
int *p,a=32,b;
p=&a;
```

上面语句是将变量 a 的地址赋给指针 p，即指针 p 指向 a。这时就可以使用间接运算符*来获取 a 的值，如图 9.2 所示。

```
b=*p;    /* 把p指向变量a的值赋给变量b */
```

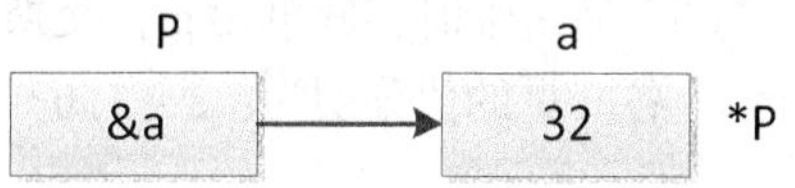

语句 p=&a; b=*p;放一起等同于下面的语句。

```
b=a;
```

图 9.2 地址运算符与间接访问运算符

由此看出，使用地址运算符和间接访问运算符可以间接完成上述语句功能，这也正是"间接访问运算符"名称的由来。

应注意以下几点。

（1）如果指针 p 指向整型变量 a，那么在 a 可以出现的任何上下文中都可以使用*p。

（2）单目运算符*和&的优先级比算术运算符的优先级高。因此，下列 3 条语句功能是等同的。

```
*p+=1;        ++*p;        (*p)++;
```

其功能都是将 p 指向的变量的值加 1。语句(*p)++中的圆括号是必需的，否则，该表达式将对 p 进行加 1 运算，而不是对 p 指向的变量进行加 1 运算，这是因为，类似于*和++这样的单目运算符遵循从右到左的结合顺序。

【例 9-1】 地址运算符与间接访问运算符的应用。

程序如下。

```c
#include <stdio.h>
int main( )
{int a=3;
 int *p;
 printf("1:a=%d\n",a);      /* 直接访问方式 a*/
 p=&a;
 printf("2:*p=%d\n",*p);  /* 间接访问方式 a*/
 *p=0;                     /* 间接修改 a 的值*/
 printf("3:a=%d\n",a);
 return(0);
}
```

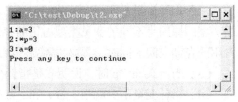

上述程序的运行结果如图 9.3 所示。

图 9.3　指针的运算

3. 指针变量的初始化

指针变量初始化的一般形式如下。

[存储类型] 数据类型 　*指针名=初始地址值

举例如下。

```c
int main( )
{int a=1, b=2;
   int *p1 = &a, *p2 = &b, *pt;
   printf ("a=%d, b=%d, *p1=%d, *p2=%d\n", a, b, *p1, *p2);
   pt = p1;   p1 = p2;   p2 = pt;
   printf ("a=%d, b=%d, *p1=%d, *p2=%d\n", a, b, *p1, *p2);
   return 0;
}
```

计算机处理过程如下。

（1）在内存中给变量 a、b、p1、p2、pt 分配相应的存储空间，并将 1、2 存放到 a、b 对应的存储单元中。

（2）给 p1、p2 赋值（p1=&a;p2=&b），使 p1、p2 分别指向变量 a、b，而 pt 作为临时存储单元，没有指向任何变量；此时的指向关系如图 9.4 所示，各变量的值分别为：a = 1；b = 2；*p1 = 1，*p2 = 2。

（3）通过临时存储单元 pt，交换数据，使 p1 指向 b，而 p2 指向 a，此时的指向关系如图 9.5 所示，各变量的值分别为：a = 1；b = 2；*p1 = 2，*p2 = 1。

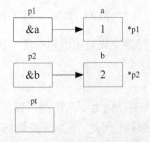

图 9.4　数据交换前的指向关系

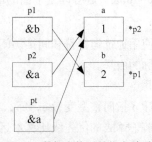

图 9.5　数据交换后的指向关系

指针变量必须先赋值再使用，请看如下程序。

```c
#include "stdio.h"
int main( )
{int i=10;
 int *p;
 printf("%d",*p);
 return(0);
}
```

这里的 p 指针就是没有先赋值再使用，程序运行后会出现意想不到结果。需要说明的是，在不同的环境下，运行结果可能不同。

9.1.4　指针作为函数的参数

在 C 语言中实参和形参之间的数据传递是单向的"值传递"方式，被调用函数不能改变主调函数中实参变量的值。例如前面讲过的下列函数。

```c
void swap(int p1,int p2)
{int temp;
 temp=p1;
 p1=p2;
 p2=temp;
}
int main( )
{int a,b;
 printf("Enter 2 numbers:");
 scanf("%d%d",&a,&b);
 swap (a,b);
 printf("a=%d,b=%d\n",a,b);
 return(0);
}
```

输入 3 4，输出依然是 a=3，b=4，根本没有交换 a 和 b 的值。这是因为，由于参数传递采用传值方式，调用 swap 函数时，相当于分别把 a 和 b 的值赋给 p1 和 p2，因此在 swap 函数中交换 p1 和 p2 的值不会影响到调用它的例程中的参数 a 和 b 的值，如图 9.6 所示。

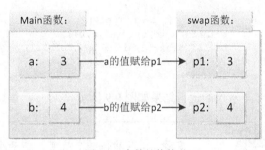

图 9.6　参数的值传递

那么如何才能实现交换主函数中 a，b 变量值的目标呢，可在主函数中将指向 a、b 变量的指针传递给被调函数，如下。

```c
int main( )
{
...
swap (&a,&b);
...
}
```

由于单目运算符 & 用来取变量的地址，因此 &a 就是一个指向变量 a 的指针。swap 函数的形式参数声明为指针变量，并且通过这些指针来间接访问它们指向的变量。

```c
void swap(int *p1,int *p2)    /*用指针变量作为函数参数*/
{int temp;
 temp=*p1;
 *p1=*p2;
 *p2=temp;
}
```

```
"C:\test\Debug\t2.exe"
Enter 2 numbers:3 5
a=5,b=3
Press any key to continue
```

程序的运行结果如图 9.7 所示。

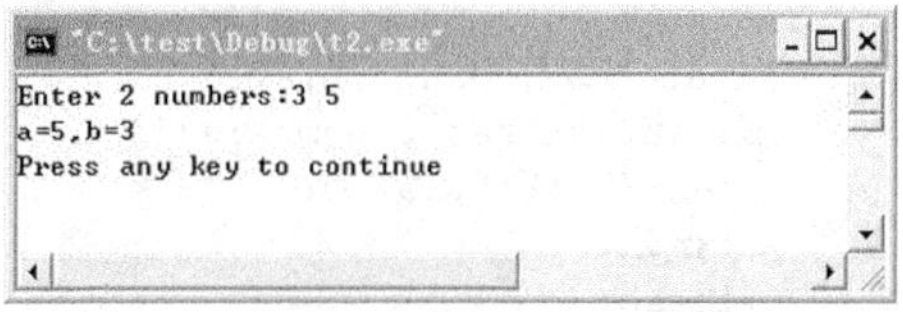

图 9.7　程序的运行结果

上面程序中，主函数调用 swap 函数时，相当于分别把 a 和 b 的地址赋给指针变量 p1 和 p2，即指针变量 p1 和 p2 分别指向变量 a 和 b。因此在 swap 函数中交换指针 p1 和 p2 所指向的变量的值，就是交换 a 和 b 两个变量本身的值，如图 9.8 所示。

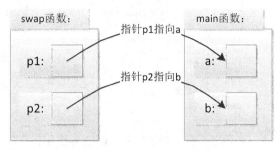

图 9.8　参数的地址传递

用函数调用来改变主调函数中某个变量的值，可以通过把指针作为函数的参数进行参数地址传递来实现。具体做法是：在主调函数中，将该变量的地址或者指向该变量的指针作为实参。在被调函数中，用指针类型形参接受该变量的地址。

9.1.5　指针的简单应用

【例 9-2】　利用指针变量按从大到小次序输出两个整数。

程序如下。

```
#include <stdio.h>
int main( )
{int *p1,*p2,*p,a,b;
 printf("Enter 2 numbers:");
 scanf("%d%d",&a,&b);
 p1=&a;      p2=&b;
 if(a<b) {  p=p1;   p1=p2;   p2=p;  }
 printf("a=%d,b=%d\n",a,b);
 printf("max=%d,min=%d\n",*p1,*p2)  ;
 return(0);
}
```

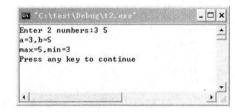

图 9.9　【例 9-2】程序的运行结果

程序的运行结果如图 9.9 所示。

变量 a 与 b 的值并未改变，但两个指针变量 p1 和 p2 的值已经改变。

【例 9-3】　定义函数计算任意两个浮点数的最大值、最小值和平均值（一个函数要返回 3 个值）。

程序如下。

```
#include "stdio.h"
float maxave(float *a,float *b)
{ float t;
     if(*a<*b) {t=*a;
                *a=*b;
                *b=t;}
     return((*a+*b)/2);
}
int main( )
{float *max,*min,a,b,aver;
 printf("Enter 2 numbers:");
 scanf("%f%f",&a,&b);
 max=&a;
 min=&b;
 aver=maxave(max,min);
```

```
printf("max=%.1f,min=%.1f,aver=%.1f\n",*max,*min,aver);
return(0);
}
```

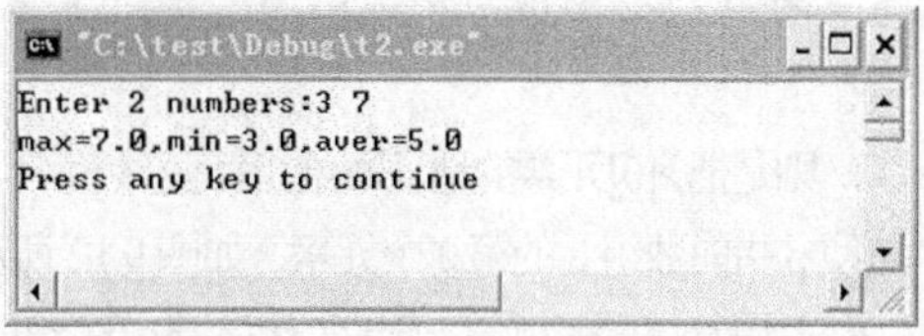

程序的运行结果如图 9.10 所示。

从【例 9-3】可以看出，通过指针可以实现一个函数调用得到多个值。

【例 9-4】 输入年份和该年中的天数，输出对应的年、月、日，例如：输入 2013 和 61，输出 2013-3-2。

程序如下。

图 9.10 【例 9-3】程序的运行结果

```
#include "stdio.h"
void month_day ( int year, int yearday, int * pmonth, int * pday)
{   int k, leap;
    int tab [2][13] = {
        {0, 31, 28, 31, 30, 31, 30, 31, 31, 30, 31, 30, 31 },
        {0, 31, 29, 31, 30, 31, 30, 31, 31, 30, 31, 30, 31 },
    };
 /* 建立闰年判别条件 leap */
    leap = (year%4 == 0 && year%100 != 0) || year%400 == 0;
    for ( k = 1; yearday > tab[leap][k]; k++)
        yearday -= tab [leap][k];
    *pmonth = k;
    *pday = yearday;
}
int main ( )
{   int day, month, year, yearday;
    void month_day(int year,int yearday, int
*pmonth,int *pday);
    printf("input year and yearday:");
    scanf ("%d%d", &year, &yearday );
    month_day (year, yearday, &month, &day );
    printf ("%d-%d-%d \n", year, month, day );
    return 0;
}
```

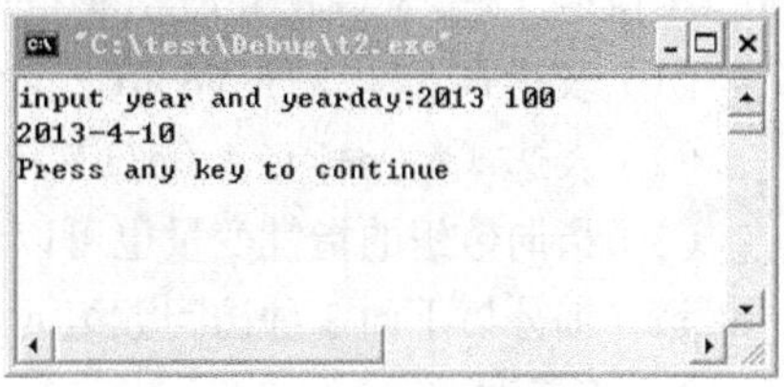

程序的运行结果如图 9.11 所示。

图 9.11 【例 9-4】程序的运行结果

9.2　指针与数组

在 C 语言中，指针和数组之间的关系十分密切，通过数组下标所能完成的任何操作都可以通过指针来实现。一般来说，用指针编写的程序比用数组下标编写的程序执行速度快，然而用指针实现的程序理解起来也困难一些。在本节中，我们将讨论指针与数组之间的关系。

9.2.1　指针与数组的地址

假设给出如下语句。

```
int  a[10];       （定义 a 为包含 10 个整数的数组）
```

定义了一个由 10 个整数组成的集合，这 10 个整数存储在相邻的内存单元中。

如果定义 p 为

```
int *p;
```

则 p 为一个指向整型数据的指针变量，那么

```
p=&a[0];
```

则是把 a[0]元素的地址赋给指针变量 p。也就是使 p 指向数组 a 的第 0 个元素，如图 9.12 所示。

因为 C 语言规定数组名代表数组最开始的一个元素的地址（首元素地址），所以下列语句的作用与 p=&a[0]是等价的，都是将数组 a 的首地址赋给指针变量 p。

图 9.12　指针与数组

```
p=a;
```

9.2.2　指针与数组元素的引用

如果指针 p 指向数组 a 的第 0 个元素 a[0]，根据指针运算的定义，p+1 将指向下一个元素 a[1]，p+i 将指向数组 a 的第 i 个元素 a[i]，那么*p 引用的是数组元素 a[0]的内容，*(p+i)引用的是数组元素 a[i]的内容，如图 9.13 所示。

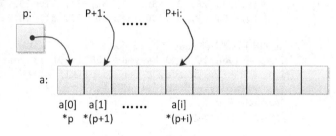

图 9.13　指针与数组元素引用

又由于数组名代表数组的首地址，类似地，a+i 表示数组元素 a[i]的地址。因此，如果指针 p 指向 a[0]，那么有如下等价关系。

（1）表达式 p+i、a+i 和&a[i]三者等价。

（2）表达式*（p+i）、*（a+i）和 a[i]三者等价。

（3）指向数组的指针变量也可以带下标，如：p[i]与*（p+i）等价。

请仔细分析下面 3 种访问数组元素的程序方式。

1．下标法

```
...;
 for (i=0;i<5;i++)
        printf("%d ",a[i]);
...
```

2．地址法（数组名表示数组的起始地址）

```
...;
 for (i=0;i<5;i++)
        printf("%d ",*(a+i));
...
```

3．指针法（指向数组的指针变量）

```
...;
 for (p=a;p<(a+5);p++)
        printf("%d ",*p);
...;
```

总结：要引用一个数组元素，可以用以下方式。

（1）下标法：a[i]

（2）指针、地址法：　*（p+i）或*（a+i）

数组名和指针之间有一个不同之处，指针是一个变量，语句 p=a 和 p++ 都是合法的。但是数组名不是变量，因此语句 a=p 和 a++ 是非法的。

【例 9-5】　使用指针计算数组元素个数和数组元素的存储单元数。

程序如下。

```
# include <stdio.h>
int main ( )
{   float a[2], *p, *q;
    p = &a[0];
    q = p + 1;
    printf ("%d\n", q - p);              /* 指针 p 和 q 之间元素的个数*/
    printf ("%d\n", (int) q - (int) p);  /* 指针 p 和 q 之间的字节数*/
    return 0;
}
```

应注意以下几点。

（1）q−p。两个相同类型的指针相减，表示它们之间相隔的存储单元的数目。

（2）p + 1 / p−1。指向下一个存储单元 / 指向上一个存储单元，其他操作都是非法的，如指针相加、相乘和相除，或指针加上和减去一个浮点数。

（3）p < q。两个相同类型指针可以用关系运算符比较大小。

9.2.3　数组名作为函数参数

　　当把数组名作为实参传递给一个函数时，传递的是该数组第一个元素的地址。因此，函数的形参需为一个指针，也就是一个存储地址值的变量。为了说明这点，下面以一个对数组的元素累加求和的程序为例。

```
int sum(int *x,int n)
{
    int i,s=0;
    for(i=0;i<n;i++)
            s+=x[i];
    return s;
}
```

假设定义数组 int a[10]，在对 a 的数组元素赋值后，可以用如下语句调用函数 sum( ) 对数组 a 求和。

```
sum(a,10);
```

　　　　在函数定义中，形式参数 int x[];和 int *x;是等价的。我们通常更习惯于使用后一种形式，它比前者更直观地表明了该参数是一个指针。

【例 9-6】　用选择法对键盘输入的 10 个整数由大到小排序输出。

分析：选择法排序思想如下。

步骤 1：在未排序的 n 个数（x[0]~x[n−1]）中找到最小数，将它与 x[0]交换。

步骤 2：在剩下未排序的 n-1 个数（x[1]~x[n−1]）中找到最小数，将它与 x[1]交换。

……

步骤 *n*–1：在剩下未排序的 2 个数（x[n-2]～x[n-1]）中找到最小数，将它与 x[n-2]交换。

用程序流程图描述函数 sort( )的算法，如图 9.14 所示。

程序如下。

```
#include <stdio.h>
void sort(int x[],int n)
{ int i,j,k,t;
  for(i=0;i<n-1;i++)
  { k=i;
    for(j=1+1;j<n;j++)  if(x[k]>x[j])  k=j;
    if(k!=i)
    { t=x[i];
        x[i]=x[k];
        x[k]=t;
    }
  }
}
int main( )
{
/*  p 为指向一维数组 a 的指针 */
    int a[10],i,*p=a;
    printf("Please enter 10 numbers:") ;
    for(i=0;i<10;i++)  scanf("%d",p++);
    /* 重新调整 p 指向一维数组 a 开始 */
    p=a;
    /*  p 指向一维数组 a */
    sort(p,10);
    for(p=a,i=0;i<10;i++)
    { printf("%d ",*p);p++;
    }
    printf("\n");
    return 0;
}
```

程序的运行结果如图 9.15 所示。

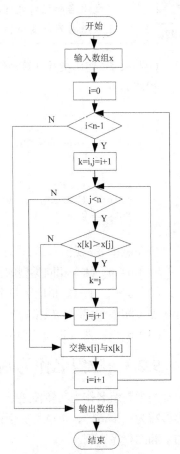

图 9.14 选择排序算法流程图

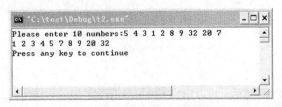

图 9.15 【例 9-6】程序的运行结果

9.2.4 多维数组指针

【例 9-7】 输出二维数组任意元素。

程序如下。

```
int main( )
{ int a[3][4]={1,3,5,7,9,11,13,15,17,19,21,23};
  int (*p)[4],i,j;
  p=a;      /* p 为指向二维数组指针 */
  scanf("i=%d,j=%d",&i,&j);
  printf("a[%d,%d]=%d\n",i,j,*(*(p+i)+j));   /* 通过 p 访问二维数组元素 */
  return(0);
}
```

输入 i=2，j=2 则结果如图 9.16 所示。

小结如下。

（1）程序中的 int a[4];表示 a 有 4 个元素，每个元素为整型。与此类似，int （*p）[4];表示 *p 有 4 个元素，每个元素为整型。即 p 是行指针，其值是一维数组的首地址，p 不能指向一维数组中的第 j 个元素。换句话说，"int (*p)[4]" 表示 p 是一个指针变量，它指向包含 4 个整型元素的一维数组，指向关系如图 9.17 所示。

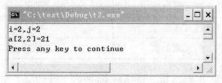

图 9.16 【例 9-7】程序的运行结果

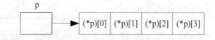

图 9.17 指向一维数组的指针变量

（2）程序中的 p+i 是一维数组 a 的第 i 行的起始地址，由于 p 是指向一维数组的指针变量，因此 p+1 就指向下一行，如图 9.18 所示。因此，*(p+2)就是 a[2]，*(p+2)+3 就是 a[2]+3，也就是 a 数组 2 行 3 列的元素的地址，*(*(p+2)+3)就是 a[2][3]的值。

（3）多维数组地址与指针（以二维为例）。

C 语言允许把一个二维数组分解为多个一维数组来处理，因此【例 9-7】中的二维数组 a 可分解为 3 个一维数组，即 a[0],a[1],a[2]，每一个一维数组又含有 4 个元素，例如 a[0]数组含有 a[0][0]，a[0][1]，a[0][2]，a[0][3]共 4 个元素。如图 9.19 所示。

在二维数组中，数组名 a 是指向元素 a[0]的首地址。a+1 是指向 a[1]的地址，即第一行的地址。同理 a+2 是指向 a[2]的地址，即第二行的地址。一般来说，a+i 就是指向第 i 行的地址，即 a+i 值等于&a[i]。因此 a+i，a[i]，*(a+i)，&a[i][0]都是等同的。此外，&a[i]和 a[i] 也是等同的。在二维数组中不能把&a[i]理解为元素 a[i]的地址，因为二维数组中不存在元素 a[i]。

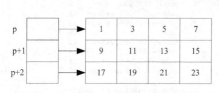

图 9.18 指向一维数组的指针变量

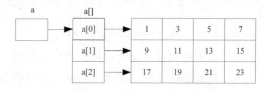

图 9.19 二维数组指针结构图

具体来说，a 为数组的行地址，a+1 指向下一行，而 a[0]、a[1]、a[2]为列地址（分别为第 1 行第 0 列、第 2 行第 0 列、第 3 行第 0 列的地址），加 1 指向下一列，如 a[0]+1 指向第 1 行第 1 列（a[0][1]）的元素，如图 9.20 所示（在 TC 环境）。

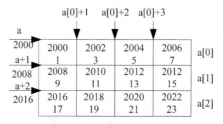

图 9.20 二维数组的地址关系

上面数组的地址关系可用（假设 a 的起始地址为 2000）表 9.1 说明。

表 9.1　　　　　　　　　　　　　二维数组的地址关系

表示形式	含义	地址
A	二维数组名，数组首地址	2000
a[0],*(a+),*a	第 0 行第 0 列元素地址	2000
a+1	第 1 行首地址	2008
a[1],*(a+1)	第 1 行第 0 列元素地址	2008
a[1]+2,*(a+1)+2,&a[1][2]	第 1 行第 2 列元素地址	2012
(a[1]+2),(*(a+1)+2),a[1][2]	第 1 行第 2 列元素的值	元素值为 13

这里的*(a+i)也就是 a[i]，代表数组 a 的第 i 行第 0 列地址，而 a+i 则是第 i 行地址。如果要把它交给指针变量，就要用行指针（如上例中的 int（*p）[4];）了。

若要遍历二维数组中的所有元素，除了使用行指针的方法，还可以使用列指针，如下述程序。

```
int main( )
{ int a[3][4]={1,3,5,7,9,11,13,15,17,19,21,23};
  int *p;
  for (p=a[0];p<a[0]+12;p++)
     printf("addr=%o,value=%4d\n",p,*p);
  printf("\n");
  return(0);
}
```

这里的 int　*p，是列指针，p 每移动一次，即跳一个整数单元空间，上述程序在 C++环境下的运行结果如图 9.21 所示（C++环境下，一个整数单元空间为 4 字节，而在 C 语言环境下一个整数单元空间为 2 字节）。

（4）二维数组指针变量（行指针）定义的一般形式如下。

类型标识符　（*指针变量名)[长度]

其中"类型标识符"为所指数组的数据类型。"*"表示其后的变量是指针类型。"长度"表示二维数组分解为多个一维数组时，一维数组的长度，也就是二维数组的列数。应注意"(*指针变量名)"两边的括号不可少，如缺少括号则表示是指针数组（本章后面介绍），意义就完全不同了。

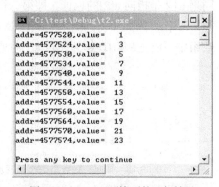

图 9.21　VC 6.0 环境下的运行结果

如上面程序中的 int (*p)[4];，p 是一个行指针，*(p+i)+j 是二维数组 i 行 j 列的元素的地址，*(*(p+i)+j)则是 i 行 j 列元素的值。

9.2.5　指针数组

【例 9-8】 编写程序将若干个字符串由大到小排序并输出。
程序如下。

```
#include <stdio.h>
#include <string.h>
void sort(char *name[],int n) /*定义指针数组 name */
{ char *temp;
```

```
    int i,j,k;
    for(i=0;i<n-1;i++)
    { k=i;
      for(j=i+1;j<n;j++)
        if(strcmp(name[k],name[j])>0)  k=j;
      if(k!=i)
      { temp=name[i];name[i]=name[k];name[k]=temp;
      }
    }
}
void print(char *name[],int n)
{ int i;
  for(i=0;i<n;i++) printf("%s\n",name[i]);
}
int main( )
{int n=5;
  char *name[]={"Pascal","QQ","MSN","OutLook","Windows"};
  sort(name,n);
  print(name,n);
  return(0);
}
```

程序的运行结果如图 9.22 所示。

小结如下。

（1）程序 char *name[]中，name 就是一个指针数组。

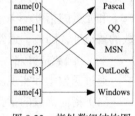

图 9.22 【例 9-8】程序的运行结果

（2）指针数组的定义：一个数组，其元素均为指针类型数据，也就是说，指针数组中的每一个元素都存放一个地址。（注意与行指针定义的区别）。

　　类型名　*数组名[数组长度]

（3）sort 函数的作用是对字符串排序，其形参也是指针数组名，接受实参传过来的 name 数组 0 行的起始地址，排序结束后指针数组的情况如图 9.23 所示。

（4）这个程序中的 sort 函数也可以用二维数组处理，定义如下。

```
void sort(char *name[][20],int n) /*定义二维数组 name */
```

图 9.23　指针数组结构图

代码请读者自己编写，几乎和上面一样，因此，用一维指针数组可以解决二维数组问题。

9.3　指针与函数

9.3.1　函数指针

【例 9-9】　用函数指针调用函数求两变量的大者。

程序如下。

```
#include <stdio.h>
int main( )
{int max(int,int) ;
  int (*p)( ) ;/*定义指向函数的指针变量*/
  int a,b,c;
```

```
    p=max;
    printf("\nEnter a and b:") ;
    scanf("%d%d",&a,&b);
    c=(*p)(a,b); /*通过指向函数的指针变量 P 调用函数*/
    printf("a=%d,b=%d,max=%d\n",a,b,c) ;
    return(0);
}
int max(int x,int y)
{return (x>y?x:y)  ;
}
```

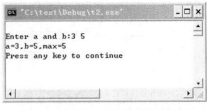

程序的运行结果如图 9.24 所示。

小结如下。

图 9.24 【例 9-9】程序的运行结果

C 语言中规定，一个函数总是占用一段连续的存储区，而函数名就是该函数所占存储区的首地址，所以函数名就是函数的指针。当调用该函数的时候，系统会从这个首地址开始执行该函数。

存放函数首地址（函数指针）的变量，称为指向函数的指针变量。简称函数的指针变量。这样，函数可以通过函数名调用，也可以通过函数指针调用。

指向函数的指针变量的一般定义形式如下。

类型标识符　　(*指针变量名)( );

其中"类型标识符"表示函数的返回值的类型。"(* 指针变量名)"表示"*"后面的变量是指针变量。最后的括号表示指针变量所指的是一个函数。如下。

int　　(*pf)( );

定义 pf 是一个指针变量，它指向一个返回 int 型值的函数。

定义时，它不固定指向哪一个函数，只是定义了这样一个类型的变量，专门用来存放函数的首地址，程序中可以先后指向不同的函数。

和变量的指针一样，函数的指针也必须赋值后才能指向具体的函数。由于函数名代表了该函数的首地址，因此，通常直接用函数名为函数指针赋值，即

　　　　函数指针名 = 函数名；

通过函数指针实现函数调用的步骤如下。

（1）指向函数的指针变量的定义。

类型 （* 函数指针变量名）( )；

（2）指向函数的指针变量的赋值，指向某个函数。

函数指针变量名=函数名；

（3）利用指向函数的指针变量调用函数。

(* 函数指针变量名)（实参表）

举例如下。

函数定义：

```
double  fun( );
```

指向函数的指针变量定义：

```
double  (*f)( );
```

f 指向 fun 函数

f = fun；　　　只需给出函数名，不必给出参数。

　　　　用指针变量调用函数：

(*f)(　);

说明如下。

（1）定义函数指针变量时，两组括号(　)都不能少。如果少了前面的一组括号

返回值类型　*　函数名(　)；

就变成返回值为地址值（指针）的函数。

（2）函数指针变量的类型是被指向的函数的类型，即函数返回值类型。

（3）函数指针的赋值，只要给出函数名，不必给出参数。（不要给出实参或形参。）

（4）用指针变量调用函数时，(*函数指针)代替函数名。参数表与使用函数名调用函数一样。

（5）可以看出，定义的函数指针变量可以用于指向返回值类型相同的同类函数。

　　函数的指针也可以作为函数参数，在函数调用时可以将某个函数的首地址传递给被调用的函数，使这个被传递的函数在被调用的函数中调用（就像是将函数传递给另一个函数）。函数指针提供了用指针调用函数的机制（间接调用）。函数指针的使用可以增加函数的通用性。

9.3.2　指针函数

当函数返回值为指针型数据时，这种函数称之为指针型函数，简称指针函数。

【例 9-10】　有若干学生的成绩（每个学生有 4 门课程），要求用户输入学生序号后能输出该生的全部成绩。

程序如下。

```c
#include <stdio.h>
void main( )
{ int *search(int (*p)[4],int n);
   int score[][4]={{67,87,50,75},{55,77,91,86},{88,69,78,82}};
   int *p,i,m;
   printf("Enter the number:") ;
   scanf("%d",&m);
   printf("The scores of the No%d are:\n",m);
   p=search(score,m);
   for(i=0;i<4;i++) printf("%5d\t",*(p+i));
   printf("\n")  ;
}
int *search(int (*p)[4],int n)   /*定义返回值为指针的函数 search*/
{
   int *pt;
   pt=*(p+n) ;
   return pt;
}
```

程序的运行结果如图 9.25 所示。

小结如下。

（1）指针型函数：函数返回值为指针类型，定义形式如下。

数据类型　*函数名（形参表）

{函数体}

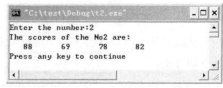

图 9.25　【例 9-10】程序的运行结果

（2）函数 search 被定义为指针型函数，它的形参是指向包含 4 个元素的一维数组的指针变量，学生序号从 0 号算起。

9.4　字符串与指针

9.4.1　字符串的表示形式

通过对第 7 章数组的学习，我们知道字符串是用一对双引号括起来的字符序列。系统在存储一个字符串时先指定一个起始地址，从该地址指定的存储单位开始，连续存放该字符串中的字符。显然，该起始地址代表了存放字符串首字符的存储单元的地址，被称为字符串的值，也就是说，字符串实质上是一个指向该字符串首字符的指针常量。例如，字符串"hello"的值是一个地址，从它指定的存储单元开始连续存放该字符串的 6 个字符。

如果定义一个字符指针接收字符串的值，该指针就指向字符串的首字符，因此在 C 语言中，表示一个字符串有以下两种形式：

（1）用字符数组存放一个字符串，如 char　str[]="This is a C program "；。

（2）用字符指针指向一个字符串，如 char *ps="This is a C program "；。

上面两种形式虽然都可实现字符串的存储和运算，但是两者是有差别的，具体如下。

（1）上述声明中，str 是一个仅仅足以存放初始化字符串以及空字符'\0'的一维数组。数组中的单个字符可以进行修改，但 str 始终指向同一个存储位置。另一方面，ps 是一个指针变量，其初值指向一个字符串，之后它可以被修改指向新的字符串，如图 9.26 所示。例如，可以用如下语句让 ps 指向新的字符串。

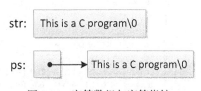

图 9.26　字符数组与字符指针

```
ps="hello word";
```
（2）对字符（串）指针方式：
```
char *ps="C Language";
```
可以写为
```
 char *ps;
ps="C Language";
```
而对数组方式：
```
char st[]="C Language";
```
不能写为
```
char st[20];
st="C Language";   /*错!因为 st 是一个地址常量!*/
```
从以上几点可以看出字符串指针变量与字符数组在使用时的区别，同时也可看出使用指针变量更加方便。

为了避免引用未赋值的指针所造成的危害，在定义指针时，可先将它的初值置为空，如 char *ps=NULL。

【例 9-11】 已知字符串 str，从中截取一子串。要求该子串是从 str 的第 *m* 个字符开始，由 *n* 个字符组成。

分析：定义字符数组 c 存放子串，字符指针变量 p 用于复制子串，利用循环语句从字符串 str 截取 n 个字符。考虑到以下几种特殊情况。

（1）m 位置后的字符数有可能不足 n 个，所以在循环读取字符时，若读到'\0'则停止截取，利用 break 语句跳出循环。

（2）输入的截取位置 m 大于字符串的长度，则子串为空。

（3）要求输入的截取位置和字符个数均大于 0，否则子串为空。

程序如下。

```c
#include "stdio.h"
#include "string.h"
main( )
{ char c[80], *p, *str="This is a string.";
  int  i, m, n;
  printf("m,n=");
  scanf("%d,%d",&m,&n);
  if (m>strlen(str) || n<=0 || m<=0)
    printf("Err\n");
  else
   {for (p=str+m-1,i=0; i<n; i++)     /*从首地址+m-1 处开始*/
        if(*p)
          c[i]=*p++;                /*赋值到字符数组 c 中*/
        else
          break;                    /* 如读取到 '\0' 则停止循环 */
    c[i]='\0';                      /* 在 c 数组中加上子串结束标志 */
    printf("%s\n",c);
   }
}
```

程序的运行结果如图 9.27 所示。

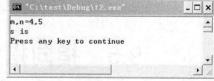

图 9.27 【例 9-11】程序的运行结果

9.4.2 字符指针与函数参数

将一个字符串从一个函数传递到另外一个函数，可以用字符数组名作为参数，也可以用字符指针变量作参数。我们可以利用该特性编写 strlen 函数的另一个版本，该函数用于计算一个字符串的长度。

```c
int strlen(char *s)     /* 形参也可用 char s[] */
{
    int n;
    for(n=0;*s!= '\0',s++)
        n++;
    return n;
}
```

因为 s 是一个指针，所以对其执行自增运算是合法的。可以用如下语句调用函数。

```c
strlen("hello,world.");
strlen(array);            /* char array[]="hello,world."; */
strlen(str)              /* char *str="hello,world."; */
```

下面通过【例 9-12】再来看一个字符指针作函数参数实现字符串复制的例子。

【例 9-12】 字符串的复制。

程序如下。

```c
#include <stdio.h>
int main( )
{ void copy(char *from,char *to);
```

```
        char from[]="I am a teacher."  ;
        char to[]="You are a student."  ;
        char *p=from,*q=to;
        printf("string p=%s\nstring q=%s\n",p,q);
        printf("\ncopy string p to string q:\n") ;
        copy(p,q);
        printf("\nstring p=%s\nstring q=%s\n",p,q);
        return(0);
}
void copy(char *from,char *to)
{ for(;*from!='\0';from++,to++)  *to=*from;
  *to= '\0' ;
}
```

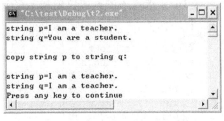

程序的运行结果如图 9.28 所示。

图 9.28 【例 9-12】程序的运行结果

使用指针作为函数参数时，有表 9.2 所示的几种情况。

表 9.2   指针作为函数参数的几种形式

实参	形参
数组名	数组名
数组名	字符指针变量
字符指针变量	字符指针变量
字符指针变量	数组名

9.5 指向指针的指针（二级指针）

二级指针简单理解就是指向指针的指针，将一个指针变量的地址再送给一个新的指针变量，则这个新指针变量相对前一个指针所指的变量，就形成了一个二级指针，它的定义如下。

类型名 **变量名;

设有如下程序段。

```
int i;
int *p;
int **pp;      /* 定义了二级指针 pp   */
p=&i;          /* 指针 p 指向整型变量 i */
pp=&p;         /* 二级指针 pp 指向指针 p */
```

上述变量之间的关系如图 9.29 所示，如果接下来的操作是

```
*p=100;
printf("%d\n",**pp);
```

则输出结果是 100，其中 i、*p 和 **p 等价。

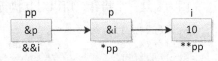

图 9.29 二级指针的指向关系

【例 9-13】已知一个不透明的布袋里装有红、蓝、黄、绿、紫同样大小的圆球各一个，现在从中一次抓两个，问可能抓到的是什么颜色的球？

程序如下。

```
#include <stdio.h>
void main( )
{ char *color[5]={"red","blue","yellow","green","purple"};
```

```
      char **p=color;
      int count=0,i,j;
      for(i=0;i<5;i++)
         for(j=0;j<5;j++)
         { if(i==j)  continue;
           count++;
           printf("%6d",count);
           printf("%10s %10s\n",*(p+i),*(p+j));
         }
   }
```

说明：在程序中指针数组与二级指针间的关系如图 9.30 所示，p=color 等价于 p=&color[0]，
*p 和 color[0]代表同一存储单元。

程序的运行结果如图 9.31 所示。

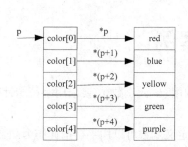

图 9.30 指针数组和二级指针间的指向关系

图 9.31 【例 9-13】程序的运行结果

9.6 指针数组作为主函数 main 的形参

如果在 DOS 提示符下键入：copy_lin   file1.c   file2.c，则 copy_lin、file1.c 和 file2.c 就是
命令行参数，其中 copy_lin 为一个可执行文件 copy_lin.exe。

一般情况下，C 语言的主函数是不带参数的，但是要使用上述的命令方式执行程序，而不是
用全屏幕方式执行程序，则必须在源程序的 main 函数中加上参数。也即将主函数的首部写成：void
main(int   argc，char   *argv[])。具体的使用方法参见【例 9-14】。

【例 9-14】 编写程序 test，其功能是将命令行参数在同一行输出。

程序如下。

```
#include <stdio.h>
void main(int argc,char *argv[])
{int k;
 for(k=1;k<argc;k++)
  printf("%s ",argv[k])  ;
}
```

说明如下。

（1）本程序的测试方法。

在命令行方式下输入：test　How are you?

则输出为：How are you?

此时的命令行参数中，argc 的值是 4，argv 的内容如图 9.32 所示。

（2）主函数 main 可以有参数，形如：void main(int　argc, char　*argv[])，其中第一个参数 argc 接收命令行参数的个数（包括命令），第二个参数 argv 接收以字符串形式存放的命令行参数（包括命令本身也作为一个参数）。

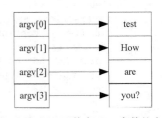

图 9.32　main 函数中 argv 参数的内容

（3）利用指针数组作为 main 函数的形参，可以向程序传递命令行参数。

（4）命令行的一般形式：命令名　参数 1　参数 2　…　参数 n 。

在集成开发环境下，需要先设置相应的命令行参数，如 Turbo C 中，在 Options 选项的 Arguments 中，输入命令行的参数（多个参数之间用逗号隔开），然后编译连接执行可以看出输出的参数信息。注意不同的集成开发平台设置参数方法也不尽相同。如 VC 下是通过"工程"→"设置"→"调试"→"可执行调试"对话框设置来完成的。

9.7　综合案例

【例 9-15】 自定义函数实现字符串的连接功能（不调用 strcat 函数），要求用字符指针变量作参数。

分析：本题是一道经典的指针与字符串的应用题。自定义函数可以用字符指针作为函数参数，用字符指针来处理字符串。

程序如下。

```
strcat(char *p1,char *p2)
{
    while (*p1!= '\0')        /*使 p1 指向第一个字符串末尾*/
            p1++;
    while (*p2!= '\0')        /*将 p2 连接到第一个字符串的当前位置*/
        {*p1=*p2; p1++; p2++;    }
    *p1='\0';
}
void main( )
{
    char str1[40]={"People's Republic of "};
    char str2[ ]={"China"};
    strcat(str1,str2);    /*将 2 串字符串的首地址作
为实参*/
    printf("%s\n",str1);
}
```

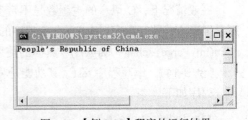

图 9.33 【例 9-15】程序的运行结果

程序运行结果如图 9.33 所示。

【例 9-16】 输入一个字符串和一个字符，如果该字符在字符串中，就从该字符首次出现的位置开始输出字符串中的字符。例如，输入字符 o 和字符串 hello world 后，输出 oworld。要求定义函数 match(s, ch)，在字符串 s 中查找字符 ch，如果找到，返回第一次找到的该字符在字符串中的位置（地址）；否则，返回空指针 NULL。

　　分析：由于函数 match（s，ch）返回一个地址，所以函数返回值的类型是指针。在 main 函数中，用字符指针 p 接收 match( )返回的地址，如果 p 非空，调用函数 printf( )，以%s 的格式输出 p。这样，从 p 指向的存储单元开始，连续输出其中内容，直至遇到字符串结束符'\0'为止。

　　程序如下。

```
#include <stdio.h>
char *match(char *s,char ch)  /*函数返回值的类型为字符指针*/
{
    while(*s!='\0')
      {  if(*s==ch)
            return(s);  /*若找到字符 ch, 返回相应的地址*/
         else
            s++;
      }
       return (NULL);  /*若没有找到 ch, 返回空指针*/
}
int main(void)
{
    char ch,str[80],*p=NULL;
    printf("Please Input the string:\n");
    scanf("%s",str);
    getchar( );     /*跳过输入字符串和字符之间的分隔符*/
    ch=getchar( );  /*输入一个字符*/
    if((p=match(str,ch))!=NULL)  /*调用函数 match( )*/
      printf("%s\n",p);
    else
      printf("Not Found\n");
    return 0;
}
```

　　程序运行结果如图 9.34 所示。

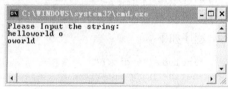

　　【例 9-17】 输入若干个字符串（用****作为结束输入的标识），从中找出最长的一个字符串。要求定义函数 fun(char (*a)[81], int num, char *max)实现找最长字符串的功能，并通过形参 max 传回该串地址。

图 9.34 【例 9-16】程序的运行结果

　　分析：在 main 函数中定义二维字符数组 ss 存放输入的字符串，每行存放一串。fun 函数中的第一个形参 a 为行指针，第二个形参 num 为字符串个数，第三个形参 max 保存最长串的起始地址。求最长串的算法和求最大值的算法一样，首先 max 指向第 0 行，然后依次把后面的每行和 max 指向的行相比较，如果当前比较的行比 max 指向的行长，就让 max 指向当前行。这样一趟比较完毕，max 里面放的就是最长串的起始地址了。

　　程序如下。

```
#include <stdio.h>
#include <string.h>
#include <stdlib.h>
char *fun(char (*a)[81],int num,char *max)
{
    int i;
    max=a[0];   /*首先 max 指向第 0 行*/
    for(i=1;i<num;i++)
     {/*第 i 行比 max 指向的行长, 就让 max 指向第 i 行*/
```

```
        if(strlen(a[i])>strlen(max))
            max=a[i];
    }
    return max;
}
void main( )
{
    char ss[10][81],*ps;
    int i=0;
    printf("Please Input a number of strings:\n");
    gets(ss[i]);
    while(!strcmp(ss[i],"****")==0)   /*输入若干字符串, 遇****结束*/
    {
        i++;
        gets(ss[i]);
    }
    ps=fun(ss,i,&ps);          /*调用 fun 函数返回最长串的地址*/
    printf("\nmax=%s\n",ps);
}
```

程序运行结果如图 9.35 所示。

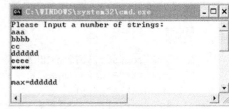

图 9.35 【例 9-17】程序的运行结果

【例 9-18】 有 n 个人围成一圈，顺序排号。从第一个人开始报数（从 1 到 3 报数），凡报到 3 的人退出圈子，问最后留下的人是原来的第几号。

分析：利用数组来保存这 n 个人的序号，利用指针指向数组并完成数组的初始化。设计两个计数器，k 作为报数计数器，m 作为退出人数计数器。从第一个人开始计数（由指针加上数组下标来完成），计数器 k 到 3 后清 0，指针指向最后一个人后再偏移则指向第一个人，每退出一个人，则将该数组元素置 0，报数计数时只对非 0 元素计数。当计数器 m 到 $n-1$ 时说明只剩下一个人，算法结束，输出剩下人的编号。

程序如下。

```
#include "stdio.h"
#define nmax 50
main( )
{int i,k,m,n,num[nmax],*p;
  printf("\nplease input the total of numbers:");
  scanf("%d",&n);
  p=num;
  for(i=0;i<n;i++) *(p+i)=i+1;  /*数组初始化*/
  i=k=m=0;
  while(m<n-1)
  {if(*(p+i)!=0) k++;
   if(k==3)
   {*(p+i)=0;
    k=0;
    m++;
   }
   i++;
   if(i==n) i=0;
  }
  while(*p==0) p++;
  printf("%d is left\n",*p);
}
```

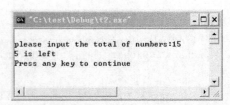

图 9.36 【例 9-18】程序的运行结果

程序的运行结果如图 9.36 所示。

【例 9-19】 先输入一个正整数 n，再输入任意 n 个整数，计算并输出这 n 个整数的和。要求使用动态分配内存的方法为这 n 个整数分配空间。

分析：本算法的关键是如何获得存储 n 个整数的空间，这个工作可由动态内存分配函数 malloc 来完成。该函数原型是 void *malloc(unsigned size)。功能是在内存的动态存储区中分配一连续空间，其长度为 size。若申请成功，则返回指向所分配内存空间的起始地址的指针；若申请不成功，则返回 NULL（值为 0）。由于该函数返回值为(void *)类型（这是通用指针的一个重要用途），在具体使用时，将 malloc( )的返回值转换为特定指针类型，赋给一个指针。调用 malloc( )时，应该利用 sizeof 计算存储块大小，不要直接写数值，因为不同开发平台下，同一数据类型占用空间大小可能不同。

此外也可采用计数动态内存分配函数 calloc( )来完成。该函数原型是 void *calloc(unsigned n, unsigned size)。功能是在内存的动态存储区中分配 n 个连续空间，每一存储空间长度为 size，并且分配后还把存储块全部初始化为 0。

程序结束后，一般要将申请的内存空间释放，以便其他程序使用，这个工作可由动态内存释放函数 free 来完成。该函数原型是 void free(void *ptr)。其功能是释放由动态存储分配函数申请到的整块内存空间，ptr 为指向要释放空间的首地址。

程序如下。

```c
#include "stdio.h"
#include "stdlib.h"
main( )
{int i,n,sum,*p;
  printf("\nEnter n:");
  scanf("%d",&n);
  /*为数组p动态分配n个整数类型大小的空间*/
  if((p=(int *)malloc(n*sizeof(int)))==NULL)
  {printf("Not able to allocate memory .\n");
    exit(1);
  }
  sum=0;
  printf("Enter %d integers:",n);
  for(i=0;i<n;i++)
  {scanf("%d",p+i);      /*输入n个整数*/
   sum+=*(p+i);          /*计算n个整数*/
  }
  printf("The sum is %d\n",sum);
  free(p);               /*释放动态分配的空间*/
}
```

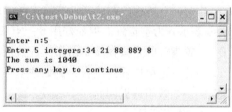

图 9.37 【例 9-19】程序的运行结果

程序的运行结果如图 9.37 所示。

9.8　本章小结

指针是 C 语言中一个重要的组成部分，使用指针编程有以下优点。

（1）提高程序的编译效率和执行速度。

（2）指针可使主调函数和被调函数之间共享变量或数据结构，便于实现双向数据通信。

（3）可以实现动态的存储分配。便于表示各种数据结构，编写高质量的程序。

1. 指针类型小结

表 9.3　　　　　　　　　　　　　　　　指针变量的类型及含义

定义		含义
int	i;	定义整型变量
int	*p	p 为指向整型数据的指针变量
int	a[n]	定义有 n 个元素的整型数组
int	*p[n]	定义指针数组 p，它由 n 个指向整型数据的指针元素组成
int	(*p)[n]	P 是指针变量，用于指向由 n 个元素构成的一维数组
int	f( )	f 为返回整型值的函数
int	*p( )	P 是返回值为整型指针的函数
int	(*p)( )	P 是指向函数的指针，该函数返回值为整型
int	**p	p 是一个指针变量，它指向一个指向整型数据的指针变量

2. 指针运算小结

（1）取地址运算符&：求变量的地址。

（2）取内容运算符*：表示指针所指向的变量。

（3）赋值运算。

- 把变量地址赋予指针变量。
- 同类型指针变量相互赋值。
- 把数组、字符串的首地址赋予指针变量。
- 把函数入口地址赋予指针变量。

（4）加减运算

对指向数组、字符串的指针变量可以进行加减运算，如 p+n，p-n，p++，p--等。对指向同一数组的两个指针变量可以相减。对指向其他类型的指针变量做加减运算是无意义的。

（5）关系运算

指向同一数组的两个指针变量之间可以进行大于、小于、等于比较运算。指针可与 0 比较，p==0 表示 p 为空指针。但最好用 p==NULL 来比较。

有关指针的定义很多是由指针、数组、函数定义组合而成的。

但并不是可以任意组合，例如数组不能由函数组成，即数组元素不能是一个函数；函数也不能返回一个数组或返回另一个函数。例如 int a[5]( )；就是错误的。

3. 关于括号

在解释组合定义符时，标识符右边的方括号和圆括号优先于标识符左边的 "*" 号，而方括号和圆括号以相同的优先级从左到右结合。但可以用圆括号改变约定的结合顺序。

4. 阅读组合定义符的规则是"从里向外"

从标识符开始，先看它右边有无方括号或圆括号，如有则先做出解释，再看左边有无*号。在任何时候遇到闭括号，则在继续之前必须用相同的规则处理括号内的内容。如下。

int　　*(*(*a)( ))[10]

按照由内向外的阅读顺序，下面对其进行分析。

（1）*a：标识符 a 被说明为一个指针变量。

（2）(*a)( )：它指向一个函数。

（3）*(*a)( )：它返回一个指针。

（4）*(*a)( )[10]：该指针指向一个有 10 个元素的数组。

（5）*(*(*a)( ))[10]：其类型为指针型。

（6）int　*(*(*a)( ))[10]：它指向 int 型数据。

因此 a 是一个函数指针变量，该函数返回的一个指针值又指向一个指针数组，该指针数组的元素指向整型量。

习　题　九

一、程序题

1. 阅读程序写运行结果

（1）

```
#include "stdio.h"
void prtv(int *x)
{printf("%d\n",++*x);
}
void  main( )
{int a=25;
 prtv(&a);
}
```

运行结果：_____

（2）

```
#include "stdio.h"
void prtv(int *x)
{printf("%d\n",++*x);
}
void  main( )
{int a[]={0,1,2,3,4,5,6,7,8,9},*p=a+1;
 printf("%d",*++p);
}
```

运行结果：_____

（3）

```
#include "stdio.h"
void  main( )
{int a[10],b[10],*pa=a,*pb=b,i;
    for(i=0;i<3;i++,pa++,pb++)
    {*pa=i;*pb=2*i;
    printf("%d  %d\n",*pa,*pb);
    }
    pa=a;pb=b;
    for(i=0;i<3;i++)
    {*pa=*pa+i;
     *pb=*pb+i;
     printf("%d  %d\n",*pa,*pb);
    }
}
```

运行结果：_____

（4）
```
#include <stdio.h>
#include <string.h>
void main( )
{char *s1="AbDeG";
  char *s2="AbdEg";
  s1+=2;s2+=2;
  printf("%d\n",strcmp(s1,s2));
}
```

运行结果：＿＿＿＿＿

（5）
```
#include <stdio.h>
void f(int *x,int *y)
{ int t;
  t=*x;*x=*y;*y=t;
}
void main( )
{ int a[8]={1,2,3,4,5,6,7,8},i,*p,*q;
  p=a;q=&a[7];
  while(*p!=*q){f(p,q);p++;q--;}
  for(i=0;i<8;i++) printf("%d ",a[i]);
}
```

运行结果：＿＿＿＿＿

（6）
```
#include <stdio.h>
void sum(int *a)
{ a[0]=a[1];
}
void main( )
{int aa[10]={1,2,3,4,5,6,7,8,9,10},i;
  for(i=2;i>=0;i--) sum(&aa[i]);
  printf("%d\n",aa[0]);
}
```

运行结果：＿＿＿＿＿

（7）
```
#include <stdio.h>
void fun(char *c,int d)
{*c=*c+1;
  d=d+1;
  printf("%c,%c,",*c,d);
}
void main( )
{char a='A',b='a';
  fun(&b,a);
  printf("%c,%c\n",a,b);
}
```

运行结果：＿＿＿＿＿

（8）
```
#include "stdio.h"
char cchar(char ch)
{if (ch>='A' && ch<='Z')  ch=ch-'A'+'a';
 return ch;
```

```
}
void main( )
{ char s[]="ABC+abc=defDEF", *p=s;
  while(*p)
  { *p=cchar(*p);
    p++;
  }
  printf("%s\n",s);
}
```

运行结果：＿＿＿＿＿＿

（9）当运行以下程序时，从键盘输入6✓。

```
#include "stdio.h"
#include "string.h"
void main( )
{ char s[]="97531", c;
  c=getchar( );
  f(s,c);
  puts(s);
}
f(char *t, char ch)
{ while (*(t++)!='\0');
 while(*(t-1)<ch)
   *(t--)=*(t-1);
 *(t--)=ch;
}
```

运行结果：＿＿＿＿＿＿

（10）

```
void main( )
{static float score[][4]={{60,70,80,90},{50,89,67,88},{34,78,90,66}};
float *search( );
float *p;
int i,j;
for (i=0;i<3;i++)
{p=search(score+i);
 if (p==*(score+i))
  {printf("No.%d scores: ",i);
   for (j=0;j<4;j++)  printf("%5.2f ",*(p+j));
   printf("\n");
  }
 }
}
float *search(float (*pointer)[4])
{int i;
 float *pt;
 pt=*(pointer+1);
 for (i=0;i<4;i++)
    if (*(*pointer+i)<60)    pt=*pointer;
 return(pt);
}
```

运行结果：＿＿＿＿＿＿

2. 编写程序（要求用指针方法实现）

（1）输入 3 个整数，按从大到小的顺序输出。

（2）用冒泡法对键盘输入的 10 个整数由大到小排序输出。

（3）统计并输出键盘输入的一行文字中大写字母、小写字母、空格、数字和其他字符的个数。

（4）输入一字符串，将该字符串中从第 m 个字符开始的全部字符复制成另一个字符串，m 由用户输入（其值小于串长）。要求编写一个函数 mcopy(char *s，char *t，int m)来完成。

（5）编程判断键盘输入的字符串是否为回文。

（6）有 n 个整数，使其前面各数顺序向后移 m 个位置，最后 m 个数变成最前面的 m 个数。

（7）计算字符串中子串出现的次数。要求:用一个子函数 subString( )实现，参数为指向字符串和要查找的子串的指针，返回次数。

（8）加密程序：由键盘输入明文，通过加密程序转换成密文并输出到屏幕上。

算法：明文中的字母转换成其后的第 4 个字母。例如，A 变成 E(a 变成 e)，Z 变成 D，非字母字符不变；同时将密文每两个字符之间插入一个空格。例如，China 转换成密文为 G l m r e。

要求：在函数 change 中完成字母转换，在函数 insert 中完成增加空格，用指针传递参数。

（9）编写一个程序，输入星期，输出该星期的英文名。用指针数组处理。

（10）有 5 个字符串，首先将它们按照字符串中的字符个数由小到大排列，再分别取出每个字符串的第三个字母合并成一个新的字符串输出（若少于 3 个字符则输出空格）。要求：利用字符串指针和指针数组实现。

二、选择题

1. 变量的指针，其含义是指该变量的（　　）。

    A. 值　　　　　　　　B. 地址　　　　　　　C. 名　　　　　　　D. 一个标志

2. 若有语句 int *point,a; ，则 point=&a;中运算符&的含义是（　　）。

    A. 位与运算　　　　　　　　　　　B. 逻辑与运算

    C. 取指针内容　　　　　　　　　　D. 取地址

3. 若 x 是整型变量，pb 是整型的指针变量，则正确的赋值表达式是（　　）。

    A. pb=&x　　　　B. pb=x;　　　　C. *pb=&x;　　　D. *pb=*x

4. 下面程序段的运行结果是（　　）。

```
char *s="abcde";
s+=2;
printf("%d",s);
```

    A. cde　　　　　　　　　　　　　B. 字符‘c’

    C. 字符‘c’的地址　　　　　　　D. 无确定的输出结果

5. 设 p1 和 p2 是指向同一个字符串的指针变量，c 为字符变量，则以下不能正确执行的赋值语句是（　　）。

    A. c=*p1+*p2;　　B. p2=c　　　　C. p1=p2　　　D. c=*p1*(*p2);

6. 若有以下定义语句，则不正确的叙述是（　　）。

```
char a[]="It is mine";
char *p="It is mine";
```

    A. a+1 表示的是字符 t 的地址

    B. p 指向另外的字符串时，字符串的长度不受限制

    C. p 变量中存放的地址值可以改变

    D. a 中只能存放 10 个字符

7. 若有定义：int a[2][3],则对 a 数组的第 i 行 j 列元素地址的正确引用为（　　）。

    A. *(a[i]+j)　　　B. (a+i)　　　　C. *(a+j)　　　D. a[i]+j

8. 设有定义 int   (*ptr)( );，则以下叙述中正确的是（   ）。

    A. ptr 是指向一维组数的指针变量

    B. ptr 是指向 int 型数据的指针变量

    C. ptr 是指向函数的指针，该函数返回一个 int 型数据

    D. ptr 是一个函数名，该函数的返回值是指向 int 型数据的指针

9. 设有定义 int   (*ptr)[m];其中的标识符 ptr 是（   ）。

    A. m 个指向整型变量的指针

    B. 指向 m 个整型变量的函数指针

    C. 一个指向具有 m 个整型元素的一维数组的指针

    D. 具有 m 个指针元素的一维指针数组，每个元素都只能指向整型量

10. 若要用下面的程序片段使指针变量 p 指向一个存储整型变量的动态存储单元：int *p;

    p=（   ）__ malloc(sizeof(int));，则应填入（   ）。

    A. int   B. int *   C. (*int)   D. (int *)

第10章
用户定义数据类型

内容导读

前面学过的数据类型只能定义简单的数据信息，像学生的基本信息（由学号、姓名、出生日期、籍贯、入学成绩等多种数据构成）这类复杂数据，就目前学习的知识，难以对其进行有效处理。本章将通过学生成绩排名、两点距离等例子引出结构体数据类型及其变量的定义、引用等知识点，进而介绍结构体数组、指向结构体（数组）的指针，引出链表结构，加深读者对像数据库记录的数据结构的理解，为进一步学习其他复杂的数据结构打下基础。为此，本章将主要介绍如下内容。

（1）结构体类型变量的定义和引用。

（2）指向结构体类型数据的指针。

（3）用指针处理链表。

（4）共用体、枚举类型和用 typedef 定义的类型的使用。

10.1 结构体

10.1.1 结构体数据

【例 10-1】 投票问题。

1. 问题描述

设有 3 个候选人，每次输入一个投票的候选人的名字，要求最后输出各人的得票结果。

2. 思路分析与知识聚焦

（1）结构体类型定义。

实际编程时，处理批量数据是非常普遍的。对于同类型的批量数据，可用数组保存和处理。但在本题中，候选人的数据包括候选人的姓名和得票数，其中，姓名用字符数组，得票数用整形来定义，此时处理的批量数据的类型并不相同。如何保存 3 位候选人的原始数据呢？

一种方法是将候选人的 2 组数据分开，使每组的类型相同。

这样便可以定义 2 个不同的数组分别存放 3 位候选人的姓名和得票数。

```
char name[3][9];
int count[3];
```

用下标区别不同的候选人，即用 name[i]、count[i] 和 c[i] 表示第 i 个候选人数据（0≤i<3）。但这种表达明显存在一些不足，一是变量多，二是未能直接反映同一候选人数据间的联系，三是后续的数据处理烦琐。

另一种方法的思路是，将同一个候选人的信息作为一个整体来处理，可以直接表现同一候选人数据之间的联系。即定义结构体类型，用于描述同一对象的 2 个数据。

```
    struct  Person
{char name[9];
int count;
};
```

其中，关键字 struct 表示定义的是结构体数据类型，紧随其后的标识符 Person 是结构体类型名。花括号中依次列举该类型的每个成员数据的类型及其名称，每个成员数据的类型可以是基本数据类型或者自定义数据类型，但不能重名。结构体的成员数据也称为域。结构体类型的定义以一个分号结束。由于数据类型仅是为变量分配存储空间的存储模型，编译程序并不为任何数据类型分配存储空间，因此，在定义结构体成员时，不能指定成员的存储种类。

其次，一旦定义了一个结构体类型，就可以像基本数据类型一样，定义该类型的变量、数组和指针。使用上述自定义的 Person 类型，可以定义 Person 类型的变量，用于存放 3 位候选人的数据：

```
    struct  Person  p1,p2,p3;
```

此处的 struct 表明 Person 是结构体类型，是自定义类型，有别于基本数据类型变量的定义。

定义了变量 p1，p2，p3 后，系统开始为它们分配内存。以变量 p1 为例，p1 占用内存的字节数是各成员占用内存字节数的总和。用 sizeof 运算符可以算出 p1 实际占用多少字节的内存单元。在 16 位系统下，结果为 11 字节；但在 32 位系统下，结果为 16 字节。原因是，在 32 位系统下，系统为结构体变量分配内存是以 4 字节为基准进行的，不足 4 字节时，补足 4 字节。由此可见，变量 p1 在 32 位系统下要浪费 3 字节内存。若想避免这种浪费，可将其成员 name 定义为 8 字节的字符数组。

（2）结构体变量的使用。

设有下列定义：

```
struct Person a={"张三",0}, b=a,c;
```

定义了 3 个 Person 类型变量 a、b、c。在定义 Person 类型变量 a 时做了初始化。初始化方法是用花括号将每个成员的值括起来，所列数据的类型和顺序应与该结构体类型定义中说明的结构体成员一一对应，这样使 a 的成员 name、count 初始化后，其值分别为"张三"和 0。

在定义 Student 类型变量 b 时，用同类型的变量 a 对它做了初始化。

访问结构体变量的成员可以通过成员运算符（.）来实现，使用格式如下。

结构体变量名.成员名

举例如下。

```
    strcpy(a.name,"李四");
a.count=30;
```

与基本类型的变量一样，同类型的结构体变量之间可以直接赋值，如下。

```
c=a;
```

这种赋值等价于各成员依次赋值。但结构体类型的变量不能直接进行输入输出，其成员能否直接进行输入输出取决于其成员的类型，若是基本类型或字符数组，则可以直接进行输入输出。

3. 程序实现

```
# include<stdio.h>
struct Person
{char name[8];
 int count;
};
```

```
int main(void)
{struct Person p1,p2,p3;
  p1={"张三",0};
  P2={"李四",0};
  P3={"王五",0};

  int i,j;
  char leader_name[8];
  for(i=1;i<=20;i++)
  {
   printf("请投票: ");
   scanf("%s",leader_name);
   if(strcmp(leader_name,p1))
     p1.count++;
  else if(strcmp(leader_name,p2))
     p2.count++;

  else(strcmp(leader_name,p3))
     p3.count++;

  }
 printf("候选人%5s:%d\n",p1.name,p1.count);
 printf("候选人%5s:%d\n",p2.name,p2.count);
 printf("候选人%5s:%d\n",p3.name,p3.count);
}
```

本题也可定义结构体数据来简化程序，详见 10.3 节。

10.1.2 typedef 命令使用

【例 10-2】 编写程序，求二维空间中任意两点之间的距离和中点坐标。

1. 问题描述

编写一个程序，输入二维坐标中的两点坐标，输出这两点之间的距离和中点坐标。

2. 思路分析与知识聚焦

一种思路是，假设用两个 float 型的变量来表示一个二维坐标点，那么当用函数 Distance 来计算两个坐标点的距离时，可将其原型声明如下。

```
float Distance(float x1,float y1,float x2,float y2);
```

其中，x1，y1 表示第一点坐标，x2，y2 表示第二点坐标，函数返回两点之间的距离。

当用函数 Mid 来计算两个坐标点的中点时，可将其原型声明如下。

```
void Mid(float x1,float y1,float x2,float y2,float *x, float *y);
```

其中，x1，y1 表示第一点坐标，x2，y2 表示第二点坐标，x、y 表示中点的坐标值。

从上述函数的原型声明可以看出，这种思路不但使函数的数据接口设计烦琐、可读性差，而且使后续的函数定义和函数调用也摆脱不了同样的窘境。

另一种思路是，将二维坐标点定义成结构体类型 Point。

```
struct Point
{float x, y;
};
```

再用 Point 类型定义坐标点。

C 语言规定，在使用自定义数据类型定义变量时，需在类型名前用相应的关键字修饰，以指明类型名的类别是结构体、共用体或枚举，也有别于基本数据类型。例如，用结构体类型名 Point 定义变量 p 时，需在类型名 Point 前用 struct 指明 Point 的类别，如下。

```
struct Point p;
```

为了简化变量 p 的定义，可以使用 C 语言提供的类型别名定义语句 typedef，为结构体类型 Point 取一个别名 POINT，如下。

```
typedef struct Point POINT;
```

此后即可用类型别名 POINT 来定义结构体类型 Point 的变量 p，如下。

```
POINT p;
```

从形式上看，用类型别名定义变量与用基本数据类型定义变量完全相同。

为了进一步简化，也可在定义结构体类型 Point 时为它取别名，其形式如下。

```
typedef struct Point
{float x, y;
}POINT;
```

由于已经为结构体类型 Point 定义了一个别名 POINT，因此，若不再使用 Point 来定义变量，则可在上述定义中省略结构体类型名 Point，如下。

```
   typedef struct
{float x, y;
}POINT;
```

基于这样的数据组织，当用函数 Distance 来计算两个坐标点的距离时，可将其原型声明如下。

```
float Distance(POINT p1,POINT p2);
```

其中，p1 和 p2 分别表示第一点和第二点坐标，函数返回两点之间的距离。

当用函数 Mid 来计算两个坐标点的中点时，可将其原型声明如下。

```
        POINT Mid(POINT p1,POINT p2);
```

其中，p1 和 p2 分别表示第一点和第二点坐标，函数返回中点坐标。

通过对比可以看出，尽管后一种思路设计的函数原型，在数据接口设计上并没有本质的变化，但表达更加简洁，可读性大为改善，更接近人的思维。

3．程序实现

```
#include<stdio.h>
#include<math.h>
typedef struct
{float x,y;
}POINT;
POINT Input(void)
{POINT p;
  scanf("%f%f",&p.x,&p.y);
  return p;
}
float Distance(POINT p1,POINT p2)
{float dx=p1.x-p2.x,dy=p1.y-p2.y;
 return sqrt(dx*dx+dy*dy);
}
POINT Mid(POINT p1,POINT p2)
{    POINT t={(p1.x+p2.x)/2,(p1.y+p2.y)/2 };
    return t;
}
int main(void)
{POINT p0,p1,p2;
```

```
    printf("请输入一个二维坐标点的坐标：");
    p0=Input( );
    printf("请再输入一个二维坐标点的坐标：");
    p1=Input( );
    printf("(%.1f,%.1f)到(%.1f,%.1f)的距离=%.1f\n",p0.x,p0.y,p1.x,p1.y,Distance(p0,p1));
    p2=Mid(p0,p1);
    printf("(%.1f,%.1f)到(%.1f,%.1f)的中点为(%.1f,%.1f)\n",p0.x,p0.y,p1.x,p1.y,p2.x,p2.y);
    return 0;
}
```

程序运行结果如图 10.1 所示。

图 10.1 【例 10-2】的运行结果

4. typedef 使用小结

typedef 作用：定义新的类型名来代替已有的类型名，做到"见名知意"。

如：typedef int 和 COUNT。

```
    COUNT    i, j;       /* i、j 用于计数 */
typrdef  struct
    {int    month;
     int    day;
     int    year;
    } DATE;
```

定义新类型名 DATE，它代表上面的一个结构体类型，这时就可用 DATE 来定义变量：

```
    DATE      birthday;
    DATE      *p;       /*p 为指向结构体类型数据的指针  */
```

更进一步，还可进行如下定义。

```
(1) typedef  int NUM[100];  /*  定义 NUM 为整型数组类型  */
    NUM    n;          /*  定义 n 为整型数组变量  */
(2) typedef char *STRING;  /* 定义 STRING 为字符指针类型 */
STRING  p, s[10]; /*p 为字符指针变量，s 为字符指针数组  */
(3) typedef  int  (*POINTER)( )/* 定义 POINTER 为指向函数的指针类型，该函数返回整型值  */
    POINTER   p1, p2; /* p1,p2 为 POINTER 类型的指针变量 */
```

习惯上，常把 typedef 定义的类型别名用大写字母表示，以便与系统提供的标准类型标识符区分开。

10.1.3 结构体数组

定义一个结构体变量只能表示一个实体的相关信息，若要表示多个记录则要用结构体数组。结构体数组是结构体和数组的结合，数组内每个元素都是同一结构体类型的变量，所以每个元素又都有若干个成员。

1. 结构体数组的定义与初始化

结构体数组和变量的定义形式相似，如下。

```
struct student
{long num;
   char name[20];
   char sex;
   int age;
   float score;
   char addr[30];
}stu[4];
```

或是采用如下形式。

```
struct student
{long num;
   char name[20];
   char sex;
   int age;
   float score;
   char addr[30];
};
struct student stu[4];
```

这里，定义结构体数组 stu 有 4 个数组元素，分别从 stu[0]到 stu[3]。每个元素都是一个结构体变量，可用来表示 4 个学生的各项信息。

结构体的数组和变量的初始化类似，只不过在不同的数组元素之间用"{}"隔开，如下。

```
Struct student
stu[4]={{101001,"Wang",'M',22,88.2,"Beijing"},{101002,"Li",'F',20,85.2,"Nanjing"},{101003,
"Zhang",'M',23,90.0,"Shandong"},{101004,"Zhao",'F',19,80.5,"Anhui"}};
```

这里对 4 个结构体数组元素都进行了初始化，当然也可以只对前几个元素进行初始化，但是，在程序编译时编译器仍然会给没有初始化的元素分配内存空间。

2．结构体数组的应用程序范例

【例 10-3】　输入一串字符，以"#"结束，统计其中字母 a、b、c 的个数并输出。

程序如下。

```
#include "stdio.h"
#include "string.h"
struct times
{char c;
 int count;
 }abc[3]={{'a',0},{'b',0},{'c',0}};          /*结构体数组初始化*/
main( )
{ int i,j;
   char ch;
   scanf("%c",&ch);
   while (ch!='#')              /*当前输入字符 ch 不等于#时循环*/
   {for(j=0;j<3;j++)
     if(ch==abc[j].c)          /*如果当前输入字符 ch 为数组中某个字符*/
        abc[j].count++;        /*数组中该字符对应的次数加 1*/
    scanf("%c",&ch);          /*继续输入字符*/
   for(i=0;i<3;i++)
    printf("%c:%d\n",abc[i].c,abc[i].count);
/*输出 a、b、c 出现次数*/
   }
```

程序运行结果如图 10.2 所示。

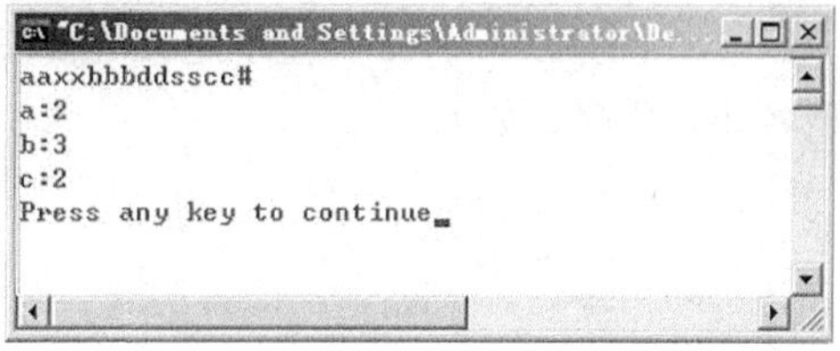

图 10.2　【例 10-3】运行结果

10.1.4　结构体嵌套

【例 10-4】　为某企业编写一个程序，实现查找指定日期过生日的员工信息。

1．问题描述

某企业有为员工祝贺生日的传统，但随着企业规模的扩大，员工人数越来越多，该企业希望运用信息化技术，保存本企业所有员工的生日信息，查找指定日期过生日的员工。试编写一个程序，实现该企业的愿望。

2. 思路分析与知识聚焦

（1）确定数据结构。

员工的信息很多，如姓名、工号、性别、工资、生日、参加工作日期、职务、职称、部门、住址、身高、体重、视力等，但从查找员工生日的角度看，只需提取员工的姓名、工号和生日数据。其中，每个员工的工号是唯一的，用来解决员工的重名问题；生日数据包括年、月、日 3 部分数据。这些数据可以使用自定义结构体类型 Employee 来描述。如下。

```
typedef struct
{char name[10];
 unsigned id;
 int year,month,day;
}Employee;
```

但还存在一些不足。由于"生日"数据是一个，而此处对"生日"数据的描述用了 3 个数据，数据的可读性和模块化程度还可以进一步提高。

从【例 10-1】可知，定义结构体类型时，其成员数据的类型可以是基本数据类型和自定义数据类型，因此，在定义结构体类型 Employee 前，可以先定义一个描述"日期"的自定义结构体类型 Date，用来描述 Employee 类型中成员数据 birthday（生日）。如下。

```
typedef struct
{int year,month,day;
}Date;

typedef struct
{char name[10];
 unsigned id;
 Date birthday;
}Employee;
```

需要说明的是，在 C 语言中，结构体类型变量的定义还可以在定义结构体类型时完成。例如，在下列定义中，Employee 的成员 birthday 就是在定义 date 类型时定义的。

```
typedef struct
{char name[10];
 unsigned id;
 struct date
 {int year,month,day;
  birthday;
}Employee;
```

假如上述 Employee 类型中定义的 date 类型，仅在此处用于定义 birthday 变量，则还可将类型名 date 省略，如下。

```
typedef struct
{char name[10];
 unsigned id;
 struct
 {int year,month,day;
 }birthday;
}Employee;
```

上述 3 种方法定义的 Employee 类型是等价的，可根据实际情况选用。

有了员工的数据模型 Employee 类型后，即可定义变量来保存待处理的员工数据。若企业员工人数用无参宏 N 来表示，则 N 个员工的数据可用下列数组保存。

```
Employee a[N];
```

（2）了解 Employee 类型变量的操作。

```
Employee a={"张三",200710101u,{1980,1,2}},*p=&a;
```

定义了一个 Employee 类型变量 a 和一个 Employee 类型的指针变量 p。

在定义 Employee 类型变量 a 时做了初始化。初始化方法是用花括号将每个成员的值括起来，所列数据的类型和顺序应与该结构体类型定义中说明的结构体成员一一对应。这样，使 a 的成员 name、id 和 birthday 初始化后的值分别为 "张三"，200710101u，{1980，1，2}。

在定义 Employee 类型的指针 p 变量时，使 p 指向同类型的变量 a。

通过变量 a 访问其成员时，仍然使用成员运算符（.），如下。

```
strcpy(a.name,"李四");
a.Birthday.year=1999;
```

（3）确定程序结构。

定义 Input(Employee *p，int n) 函数输入 n 位员工数据存入 p 所指向的数组中。

定义 Search(Employee *p1，Employee *p2，Date d) 函数在 p1 所指向的数组元素开始，到 p2 所指数组元素为止的区间内，顺序搜寻生日为 d 的第一个员工。若找到则返回存放该员工数据的数组元素的指针。

在主函数中，分别调用上述函数完成指定任务。

3．程序实现

```
#include<stdio.h>
#define N 5
typedef struct
{int year,month,day;
}Date;

typedef struct
{char name[10];
 unsigned id;
 Date birthday;
}Employee;
void Input(Employee *p,int n)
{int i;
 for(i=0;i<n;i++,p++)
{printf("输入第%d个员工的姓名 工号 生日（年 月 日）: ",i+1);
        scanf("%s%d%d%d%d",p->name,&p->id,&p->birthday.year,
        &p->birthday.month,&p->birthday.day);
}
}
Employee *Search(Employee *p1,Employee *p2,Date d)
{
    while(p1<p2)
{
 if(p1->birthday.month==d.month && p1->birthday.day==d.day)
  return p1;
  p1++;
 }
    return NULL;
}
int main(void)
{Employee a[N],*p;
 Date d;
 Input(a,N);
 printf("\n请输入待查生日（月 日）: ");
 scanf("%d%d",&d.month,&d.day);
 p=Search(a,a+N,d);
 if(p){printf("\n%d月%d日过生日的员工有: \n",d.month,d.day);
```

```
            printf("%8s%10s%10s%4s%5s\n","姓名","工号","生日(年","月","日)");
    }
    else
    printf("%d月%d日没有员工过生日。\n",d.month,d.day);
    while(p)
        {printf("%8s%10d%10d%4d%4d\n",p->name,p->id,p->birthday.year,p->birthday.month,
p->birthday.day);
        p=Search(p+1,a+N,d);
        }
    return 0;
}
```

程序运行结果如图 10.3 所示。

4. 问题思考

从运行的结果看，程序基本完成了题目指定的任务，但从实用角度看，还存在明显不足。

（1）通常，企业员工较多，若每次查找员工生日时，都要重新输入所有员工的数据，则

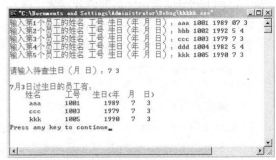

图 10.3 【例 10-4】运行结果

是费时低效的，还不如人工查找。为了避免重复输入，应将员工数据存于数据文件中，每次查找员工生日时，先打开员工数据文件，并读入员工数据，再查找员工生日。

（2）不同的企业，员工数量差异较大，为了适应员工数量上的差异，提高内存的使用效率，应在堆内存中申请动态一维数组保存员工数据。

（3）应对输入的员工数据做合理性检查。例如，员工的工号不能重复，生日数据的年、月、日必须在合理范围内。

读者可对上述不足加以改进，使程序更加实用。

10.1.5 结构体指针

指针的用途非常广泛，不仅可以指向普通的变量，也可以指向结构变量。结构体指针变量是一个用来存放指向结构体变量的指针变量,该指针变量的值就是它指向的结构体变量的起始地址；其目标变量是一个结构体变量，其目标是一个结构体变量的（一组）数据。

结构体指针变量定义的一般形式如下。

struct 结构体名 *结构体指针变量名；

举例如下。

```
struct student *op;   /*op 为指向结构体变量的指针变量*/
struct Student a={"张三",200710101u,80.0f,51.0f};
*op=&a;/*op 进行初始化*/
```

通过结构体指针变量也可以访问它所指向的结构体变量的成员。访问形式如下。

（*结构体指针变量名）.成员名

或简写成：

结构体指针变量名->成员名

举例如下。

```
strcpy(op->name,"李四");
op->No=200710101u;
```

由于 op 指向 a，因此 op->name 与 a.name 等价。注意（*p）两侧的括号不可少，因为圆点运算符的优先级高于*。若去掉括号写成*p.id，相当于*(p.id)。

注意事项如下。

（1）结构体名必须是已经定义过的结构体。

（2）结构体指针变量在使用前必须进行赋值操作，即把某个结构体变量的地址赋给结构体指针变量，使它指向该结构体变量。

【例 10-5】 用 3 种方法引用结构体成员并输出。

程序如下。

```
#include "stdio.h"
struct object
{char name[10];
  float high;
  float weight;
};
main( )
{struct object a={"first",1.73,74.2};
  struct object *p=&a;
  printf("%-10s%6.2f%6.2f\n",a.name,a.high,a.weight);
  printf("%-10s%6.2f%6.2f\n",(*p).name,(*p).high,(*p).weight);
  printf("%-10s%6.2f%6.2f\n",p->name,p->high,p->weight);
}
```

程序运行结果如图 10.4 所示。

从本例可以看出，访问结构体指针所指向的结构体变量的成员可以采用以下两种方法。

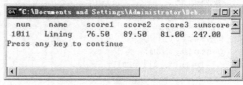

图 10.4　【例 10-5】运行结果

方法一：（*结构体指针名）.成员项名

例如：(*p).name, (*p).high, (*p).weight 分别表示访问指针变量 p 指向的对象的 name，high，weight 等成员项。这里圆括号不能省略，它表示先访问指针指向的目标结构体变量，然后访问该结构体变量的成员项。如果省略，则上述表达式就变为如下形式。

*结构体指针名.成员项名

从运算符的优先级看，"."的优先级要高于"*"的，所以要先进行取成员运算，因为 p 是一个指针变量，不是结构体变量，所以无法进行取成员运算，以至于出现错误。上述方法比较麻烦，容易出错，所以 C 语言又给出了一种更为方便的方法。

方法二：结构体指针名->成员项名

例如：p->name，p->high，p->weight 就是利用了 "->" 的形式访问结构体成员的。

这种方法与前面给出的表示方法在功能上完全等价，但这种方法更为直观。这里的 "->" 是一个运算符，称为指向运行符，其优先级与 "." 相同。它表示访问指针指向的结构体变量中的成员。

使用指针来处理结构体数组，可使操作更简便灵活，程序更加高效和简洁。

【例 10-6】 使用指针处理结构体数组，程序如下。

```
#include "stdio.h"
struct student
{int num;
  char name[10];
  char sex;
  float score;
}stu[5]={{1011,"Wang",'M',76},{1012,"Zhang",'M',87.5},{1013,"Liu",'F',90},
{1014,"Zhou",'M',87},{1015,"Cheng",'F',88.5}};
main( )
{struct student *p;
  printf("No.\tName\t\tSex\tScore\t\n");
```

```
    for(p=stu;p<stu+5;p++)
    printf("%d\t%s\t\t%c\t%.2f\n",p->num,p->name,p->sex,p->score);
}
```

程序运行结果如图 10.5 所示。

上面的程序中，p 是指向 struct student 结构体类型数据的指针变量。在 for 语句中先使 p 的初值为 stu（将数组 stu 的首地址赋给 p，p 指向 stu[0]）。在第一次循环中输出 stu[0]的各个成员值。然后执行 p++，使 p 指向 stu[1]，在第二次循环中输出 stu[1]的各个成员值。依此类推，最终全部输出 stu 数组的所有元素的各成员值。

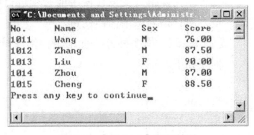

图 10.5 【例 10-6】运行结果

 p 是指向结构体类型数据的指针变量，只能将数组的地址或某个数组元素的地址赋给 p，不能将数据元素的成员或成员地址赋给 p，否则，程序将会出错。

举例如下。

```
p=stu;                      /*正确*/
p=&stu[0];                  /*正确*/
p=stu[0].num;               /*错误*/
    p=&stu[0].num;          /*错误*/
```

10.1.6　结构体数据与函数

1. 结构体类型变量的成员作函数参数

既然结构体类型变量的成员可以在程序中直接引用，那么，也可以将结构体类型变量各成员的值作为函数的实参进行数据传递。其用法和用普通变量作函数实参是一样的，属于"值传递"方式。

举例如下。

```
#include "stdio.h"
struct student
{int num;
 char name[10];
 char sex;
 float score;
};
void f(float x)
{
  …
}
main( )
{ struct student  a;
  f(a.score);
  …
}
```

 在调用函数时，实参和形参的类型要一致。

2. 结构体类型变量作函数参数

C 语言（ANSI C）允许使用结构体变量作实参进行数据传递，将主调函数中结构体变量所占用内存单元的内容全部顺序传递给形参。这是一种"值传递"方式，要求形参也必须是同类型的变量。

举例如下。

```
#include "stdio.h"
struct student
{int num;
  char name[10];
  char sex;
  float score;
};
viod f(struct student x)
{
…
}
main( )
{
…
f(a);
…
}
```

【例 10-7】 有一个结构体变量 stu，内含学生学号、姓名和 3 门课的成绩。要求分别编写两个不同的函数输出学生的学号、姓名、3 门课的成绩及总成绩。

程序源代码如下。

```
#include "stdio.h"
#include "string.h"
#define Format  "%5d%9s%8.2f%8.2f%8.2f"
struct student
{int num;
 char name[10];
 float score[3];
};

void pri1(struct student st)
{ printf(" num    name    score1  score2  score3 sumscore\n");
  printf(Format,st.num,st.name,st.score[0],st.score[1],st.score[2]);
}
void pri2(float x[])
{ float sum;
  sum=x[0]+x[1]+x[2];
  printf("%8.2f\n",sum);
}
main( )
{ struct student stu={1011,"Liming",76.5,89.5,81};
  pri1(stu);
  pri2(stu.score);
}
```

程序运行结果如图 10.6 所示。

上面的程序中，定义了一个 struct student 类型，在 main 函数中定义了一个 struct student 类型的变量 stu，并对 stu 进行了初始化。调用 pri1 函数时，以结构体类型变量 stu 作函数的实参进行数据传递；调用

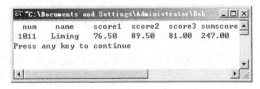

图 10.6 【例 10-7】运行结果

pri2 函数时，以结构体类型变量 stu 的 score 成员作函数的实参进行数据传递。在主调函数中使用结构体类型变量或变量的成员作函数的实参进行数据传递时，一定要保证形参的类型与实参一致。

10.1.7 结构体数据使用小结

将不同类型的、互相关联的数据组成一个有机的整体，这种数据结构称为结构体（structure）。由于结构体包含若干个类型不同（也可相同）的数据项，因此，它相当于其他高级语言中的"记录"，如图 10.7 所示。

定义一个结构体类型的一般形式如下。

struct 结构体名

num	name	sex	age	score	addr
10010	Li Fun	M	18	88	Beijing

图 10.7 学生数据

　　　　{ 成员表列 };

"成员表列"又称为"域表"。每一个成员称为结构体中的一个域，成员名命名规则与变量名相同。

图 10.7 所示各项可定义如下。

```
struct    student
{int    num;
    char    name[20];
    char    sex;
    int    age;
    float    score;
    char    addr[30];
};
```

（1）struct 是关键字，不能省略，表示这是一个"结构体类型"。它包括 num、name 共 6 个不同类型的数据项。

（2）虽然 struct student 是自定义的类型名，但它可以和标准类型（如 int 等）一样用来作为定义变量的类型。

（3）定义结构体类型变量的方法有以下几种。

① 先定义结构体类型，再定义变量名。

如：可用前面定义的结构体类型 struct student 来定义变量，如下。

struct student student1，student2；

这样，struct student 类型变量 student1 和 student2 就都具有 struct student 类型的结构。

注意

　　　　将一个变量定义为结构体类型时，不仅要指定变量为结构体类型，还要指定为某一特定的结构体类型（如 struct student），不能只指定为"struct"型而不指定结构体名（student）。

可以用一个符号常量来代表一个结构体类型，如下。

#define STUDENT struct student

这样，STUDENT 与 struct student 完全等效。

② 在定义类型的同时定义变量。

一般形式如下。

struct　　结构体名

　　　　　{成员表列

　　　　　}变量名表列；

举例如下。

```
struct   student
{int      num;
 char     name[20];
 char     sex;
 int      age;
 float    score;
 char     addr[30];
}student1, student2;
```

③ 直接定义结构类型变量，即不出现结构体名。

一般形式如下。

struct

　　　　{成员表列

　　　　}变量名表列；

（4）关于结构体类型的说明如下。

① 注意结构体类型定义和结构体变量定义的区别。结构体类型定义描述了结构体的类型，不分配内存，而结构体变量定义则是指定变量具有的结构类型，在编译时，为结构体变量分配内存单元。该变量和其他变量一样可以进行赋值、存取或运算等操作，但结构体类型定义的数据类型是无法实现这些操作的。

② 结构体中的成员（即"域"）可以单独使用，其作用与地位相当于普通变量。

③ 成员也可以是一个结构体变量。

④ 成员名可以与程序中的变量名相同，二者互不干扰。

⑤ 每个结构体变量表示的是一组成员（数据），而不是一个数据。

⑥ 结构体变量一般不用 register（寄存器）型的存储方式。

（5）结构体变量的初始化。

和其他类型变量一样，对结构体变量的初始化，就是在定义结构体变量的同时，对其成员指定初值。

结构体变量初始化的格式如下。

struct 结构体名 结构体变量名={初始数据}；

举例如下。

```
struct student
{  long num;
   char name[20];
   char sex;
   int age;
   float score;
   char addr[30];
};
sturct student stu1={101002,"Li ming",'M',20,85.5,"An Hui Ma'an shan"};
```

初始化正确。

举例如下。

```
struct student
{  long num=101002;
   char name[20]="Li ming";
   char sex='M';
   int age=20;
   float score=85.5;
   char addr[30]= "An Hui Ma'an shan";
};
```

初始化错误，因为不能直接在结构体成员表中对成员赋初值。

注意事项如下。

① 只能对存储类型为 extern（外部）型和 static（静态）型的结构体变量初始化，不能对存储类型为 auto（自动）型的结构体变量初始化。

② 初始化数据与数据之间用逗号隔开。

③ 初始化数据的个数要与初赋值的结构体成员的个数相等。

④ 初始化数据的类型要与相应的结构体成员的数据类型一致。

⑤ 不能直接在结构体成员表中对成员赋初值。

⑥ 结构体变量成员的引用就是对结构体成员中所存放的数据进行读取操作。在对结构体成员进行引用时，只能对其成员进行直接操作，而不能对结构体变量整体进行操作。结构体变量成员引用有 3 种方式。

① 用结构体成员运算符方式“.”。

用结构体成员运算符“.”引用结构体成员的格式如下。

结构体变量名.结构体变量成员名

② 用指针方式。

定义一个指针变量（结构体指针），使它指向该结构体变量，这时就可以用指针和成员名来引用结构体变量成员了。其格式如下。

(*指针名).结构体变量成员名

③ 用“->”指向运算符引用结构体变量成员。

定义一个指针变量（结构体指针），使它指向该结构体变量，这时就可以用指针和成员名来引用结构体成员了。其格式如下。

指针变量名->结构体变量成员名

举例如下。

```
struct student
{  long num;
   char name[20];
   char sex;
   int age;
   float score;
   char addr[30];
}stu1,stu2;
```

用结构体成员运算符“.”引用结构体成员。

```
stu1.num=101002
stu1.sex='M';
stu1.age=20;
```

```
stu1.score=85.5;
strcpy(stu1.addr," An Hui Ma'an shan");
```

结构体变量成员引用的几点说明如下。

① 结构体成员运算符 "." 的优先级最高，结合性为左结合（自左至右）。

例：stu1.num 作为一个整体来看待，并对其操作。

stu1.num 中 "." 优先于 ""，其等价于*(stu1.num)。

② 不能将一个结构体变量作为一个整体加以引用。例如将上例中 stu1 变量的内容输出，则 printf("%d, %s, %c, %d, %f, %s", stu1);是错误的。只能分别对结构体变量中的各个成员进行输入输出。应改为如下形式。

printf("%d,%s,%c,%d,%f,%s",stu1. num,stu1.sex,stu1.age,stu1.score,stu1.addr)。

但例外的是：相同结构体的变量之间可以相互直接整体引用。

如 struct student stu={1011, "Liming", 'M', 19, 92.5,"AnHui Maanshan"}, stux;

　　stux=stu;

这种整体引用是允许的。

③ 对结构体成员的操作与其他变量一样，可进行各种运算。

赋值运算：stu1.score=stu2.score;

算术运算：average=(stu1.score+stu2.score)/2;

自加、自减运算：stu1.age++;

　　　　　　　　　　--stu2.age;

关系运算：stu1.age>=stu2.age;

【例 10-8】　输入 10 个学生的学号、姓名和成绩，输出学生的成绩等级和不及格人数。

① 每个学生的记录包括学号、姓名、成绩和等级。

② 要求定义和调用函数 set_grade 根据学生成绩设置等级，并统计不及格人数。

③ 等级设置：A：85～100；B：70～84；C：60～69；D：0～59

程序如下。

```
#include "stdio.h"
#define N 10
struct student
{int num;
  char name[20];
  int score;
  char grade;
};
int setgrade(struct student * p)
{int i, n = 0;
 for(i = 0; i < N; i++,p++)
  {if(p->score >= 85)        p->grade = 'A';
    else if(p->score >= 70)  p->grade = 'B';
    else if(p->score >= 60)  p->grade = 'C';
    else  { p->grade = 'D'; n++; }
    }
    return n;
}
int main( )
{struct student stu[N], *ptr;
  int i,count;
  ptr = stu;
```

```
    printf("请输入%d 个学生学号、姓名、成绩：\n",N);
    for(i=0;i<N;i++,ptr++)
    scanf("%d %s %d",&ptr->num,ptr->name,&ptr->score);/*ptr 为结构体数组指针 */
     ptr = stu;
    count = setgrade(ptr);
    for(i=0;i<N;i++,ptr++)
     printf("%d\t%s\t%d\t%c\n",ptr->num,ptr->name,ptr->score,ptr->grade);
    printf("\n 不及格人数为:%d\n",count);
    return(0);
}
```

这个程序用 3 个数据测试结果如图 10.8 所示。

【例 10-9】 学生成绩排名问题。

1. 问题描述

设有 10 位学生的数据，包括姓名、学号、C 成绩、英语成绩。试编写一个程序，输入这 10 个学生的数据，按 C 成绩和英语成绩的平均成绩的升序方式输出这些学生的成绩表。

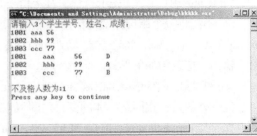

图 10.8 【例 10-8】运行结果

2. 思路分析

将题目要求的任务进行功能分解后，再实现就不难了。

定义 Input(struct Student *p，int n)函数输入 n 位学生数据存入 p 所指向的数组中。

定义 Average(struct Student *p，int n)函数计算 p 所指向的数组中 n 位学生的平均成绩。

定义 Sort(struct Student *p，int n)函数对 p 所指向的数组中 n 位学生按平均成绩递增排序。

定义 Output(struct Student *p，int n)函数输出 p 所指向的数组中 n 位学生的成绩排名。

在主函数中，分别通过调用上述函数完成指定任务。更多的细节参见源程序。

3. 程序实现

```
# include<stdio.h>
# define N 10
struct Student
{char name[8];
 unsigned No;
 float c, eng,ave;
};
void Input(struct Student *p, int n)
{int i;
  for(i=0;i<n;i++,p++)
  {printf("输入第%d 个学生数据（姓名 学号 C 成绩 英语成绩）: ",i+1);
   scanf("%s%d%f%f",(*p).name,&(*p).No,&(*p).c,&(*p).eng);
  }
}
void Average(struct Student *p, int n)
{int i;
  for(i=0;i<n;i++,p++)  p->ave=(p->c+p->eng)/2;
}
void Output(struct Student *p, int n)
{int i;
  printf("\n\n\t    全班成绩表\n");
  printf("姓名\t 学号\t   C\t 英语\t 平均\n");
  for(i=0;i<n;i++,p++)
  printf("%s\t%d\t%.1f\t%.1f\t%.1f\n",p->name,p->No,p->c,p->eng,p->ave);
}
void Sort(struct Student *p, int n)
{struct Student t;
  int i,j,k;
```

```
    for(i=0;i<n-1;i++)
    {for(k=i,j=i+1;j<n;j++)
        if(p[j].ave<p[k].ave) k=j;
     if(k!=i) t=p[i],p[i]=p[k],p[k]=t;
    }
}
int main(void)
{struct Student s[N];
    Input(s,N);
    Average(s,N);
    Sort(s,N);
    Output(s,N);
    return 0;
}
```

4．问题思考

（1）上述程序中，Input 函数也可以定义为如下形式。

```
struct Student Input(int i)
{struct Student s;
    printf("输入第%d个学生数据（姓名 学号 C 成绩 英语成绩）: ",i+1);
    scanf("%s%d%f%f", s.name, &s.No, &s.c, &s.eng);
    return s;
}
```

此时，Input 函数返回 Student 类型的变量。相应地，主函数改为如下形式。

```
int main(void)
{struct Student s[N];
    int i;
    for(i=0;i<N;i++)   s[i]=Input(i);
    Average(s,N);
    Sort(s,N);
    Output(s,N);
    return 0;
}
```

采用这样定义的 Input 函数同样能完成题目要求的功能。但需要指出的是，与原来定义的 Input 函数相比，它的运行效率低一些。原因是，每当主函数中执行 s[i]=Input(i); 语句时，即先调用 Input 函数，调用结束时再将 Input 的返回值复制给 s[i]。其中，调用 Input 函数时，要多占用一个 Student 类型的变量 s，调用结束时还要将 s 变量的值返回复制到主函数中的临时变量中，再将临时变量的值复制给 s[i]。即每次调用 Input 函数要多分配两个 Student 类型的变量，多做两次 Student 类型变量的复制。

（2）在程序实现中，Input、Average、Sort 和 Output 函数的通用性都比较强，可以适用于 n 个 Student 类型数据的处理。在实际应用中，通常待处理的学生人数事先无法知道，因此可使用下列 main 函数，进一步提高内存的使用效率和程序的通用性（此时，无参宏 N 的定义可以删除）。

```
#include<stdlib.h>
int main( )
{int n;
 struct Student *p;
 printf("输入学生人数: ");
 scanf("%d",&n);
 p=(Student *)malloc(n*sizeof(struct Student));
 if(!p)
{printf("未申请到足够的堆内存!");
 return 1;
 }
```

```
Input(p,n);
Average(p,n);
Sort(p,n);
Output(p,n);
free(p);
return 0;
}
```

注：因为下一节关于链表的知识中用到了 malloc 函数但并没有做介绍，而这个例子刚好引入了这个概念，所以在这里详细介绍了 malloc 函数。

malloc( )函数是用来动态分配内存空间的，它的头文件是#include<stdlib.h>，函数原型为 void* malloc (size_t size);，其中，参数 size 表示要分配的内存空间的大小，以 Byte 计算。

malloc( )函数在堆区分配了一块指定大小的连续内存空间，该内存空间在函数执行完成后没有被初始化，它们的值是未知的。同时，函数返回一个 void 类型的指针，表示返回的指针类型未知，所以在使用 malloc( )函数时通常会进行强制类型转换，将其转化成我们想要的类型，如 struct Student *p=(Student *)malloc(n*sizeof(struct Student))。

动态申请的内存空间在使用结束后，需要人为释放，否则会造成内存泄露，由 free( )函数来完成，常与 malloc、calloc、realloc 等动态内存分配函数搭配使用。程序中的 free(p)，p 表示分配到的内存块，调用 free 函数之后，指针 p 所指向的地址没变，但是地址处的数据已经被释放。

修改过的程序在运行时，就可以根据输入的学生人数 n，在堆内存中申请 n 个元素的 Student 类型的内存空间，使用结束后再释放。

10.2 单向链表

某些情况下，程序所处理的数据个数的增减是逐个进行的。例如，某班的学生人数会随升、留级人数的变化而变化，而这种变化最终要反应到存储学生数据的内存空间上，此时如何高效分配和使用内存成为一个现实问题。

设某班有学生 n 人，需要保存每位学生的姓名和成绩。其中，n 的值要到程序运行时才能确定。为了便于描述学生数据先定义一个数据类型。

```
typedef struct
{char name[8];
   int score;
}Student;
```

由于学生人数 n 需在程序运行时才能确定，所以，从高效利用内存方面考虑，可以在内存的堆中申请 n 个元素的动态一维数组 s 保存学生的数据，如下。

```
Student *s=(Student *)malloc(n*sizeof(Student));
```

假如到了下一年，有 3 位学生留级到该班，学生人数变为 n+3，原有的数组无法保存新增的 3 位学生的数据。此时，只好先重新在内存中申请 n+3 个，如下。

```
Student *t=malloc((n+3)*sizeof(Student));
```

再将数组 s 中的 n 位学生数据和留级的 3 位学生人数数据复制到 t 数组中，最后还要释放数组 s 占用的堆内存。当然，3 位留级学生所在的原来班级数据，其占用的内存也要做类似的调整。

从处理过程看，这样的处理还存在如下不足。

（1）学生数据复制会额外耗费运行时间。

（2）内存必须有足够的、连续的闲置空间才能完成调整。

（3）内存的频繁申请与释放会产生大量内存碎片，会导致在有足够的内存总量的情况下，却申请不到足够大的一片连续堆内存的尴尬局面。

（4）没有充分利用 3 位留级学生的内存空间。

要克服这些不足，需要在堆中引入更加灵活、高效的动态数据结构单链表。

图 10.9 所示的单链表就是一种能克服上述不足的、被广泛使用的动态数据结构。

图 10.9　单链表

单向链表由若干同类型结点串接而成。每个结点包含两个域，即数据域和指针域。数据域描述某一问题所需的实际数据，如描述学生成绩的数据包括姓名和成绩。指针域指向下一个结点。每个单向链表有一个首指针（头指针）指向它的首结点。单向链表结点串接原则是：当前结点通过指针域指向下一个结点；尾结点的指针域为空，表示链表结束。若尾结点的指针域指向首结点，则构成环形链表。

使用单向链表编程的一般步骤如下。

（1）定义结点的数据类型。例如，【例 10-8】中结点数据类型可以定义为如下形式。

```
typedef struct node
 {int num;
 char name[20];
 int score;
 char grade;
 struct node *next;
 }Node;
```

其中，next 为指向这种结构体类型的指针，它存放指向下一个结点的指针。

（2）根据解题需要，先创建单向链表，再对链表做有关操作，如插入、查找或删除一个结点，对链表进行排序、查找、输出、释放等。

10.2.1　单向链表的基本操作

【例 10-10】　编写函数建立一个有若干个学生信息（学号、姓名、成绩）的单链表。

1. 定义数据

```
typedef struct stud_node
{int    num;
 char   name[20];
 int    score;
 struct stud_node *next;
} Node;
```

2. 建立链表

先定义 3 个指针变量 head、tail 和 p，head、tail 分别指向链表的头、尾，p 为指向申请的新结点。

```
struct stud_node *head,  *tail, *p;
p = (struct stud_node *) malloc(sizeof(struct stud_node));
head = tail =p;
```

结点结构如下。

num	name	score	next

并且 head、tail、p 都指向该结点。输入第一个结点的信息，如下。

```
scanf("%d%s%d", &p->num,p->name, &p->score);
```

根据需求重复上述动作，输入 0 0 0 结束。具体算法的流程图如图 10.10 所示。

3. 程序实现

```
struct stud_node * create( )
{struct stud_node *head=NULL, *tail=NULL,
*p;
    int    num;
    char   name[20];
    int    score;
    scanf("%d%s%d", &num, name, &score);
    if(num== 0) return NULL;
    while(num != 0)
    {p = (struct stud_node *) malloc(sizeof(struct
stud_node));
        p->num= num,strcpy(p->name,name), p->score=
score;
        p->next=NULL;
        if(head==NULL) head=tail=p;  /*当前申请
的是第一个结点*/
        else {tail->next=p;tail=p;}
        scanf("%d%s%d", &num,name, &score);
    }
    return(head);
}
```

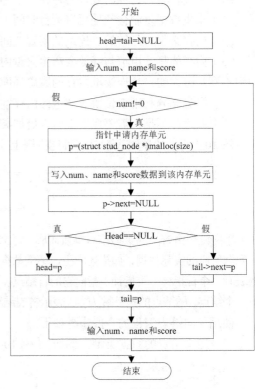

图 10.10　算法流程图

【例 10-11】　编写函数输出例【10-10】建立的若干个学生信息（学号、姓名、成绩）的单链表。

```
void print(Node *head)
{Node *p;
 p=head;
 while(p)
 {printf("%d\t%s\t%d\n",p->num,p->name,p->score);
  p=p->next;                /*下一个结点*/
 }
}
```

因此：【例 10-10】、【例 10-11】在机器上实现的程序如下。

```
#include "stdio.h"
#include "stdlib.h"
typedef struct stud_node{
    int    num;
    char   name[20];
    int    score;
  struct stud_node *next;
} Node;
int main( )
{ Node *head;
  head=create( );
  print(head);
  return(0);
}
```

用 3 个学生信息测试结果如图 10.11 所示。

思考：结构和结构体数组处理有何区别？

【例 10-12】 编写一个程序，在【例 10-11】的基础上实现单向链表常用操作。包括

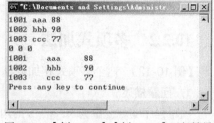

图 10.11 【例 10-10】、【例 10-11】运行结果

建立单链表（【例 10-10】）、输出单链表（【例 10-11】），并再增加以下功能。

① 在单链表第 i 个结点前插入一个结点（信息 num，name，score）。

② 删除链表的第 i 个结点。

分析：首先实现在单链表 h 第 i 个结点前插入一条信息，编写函数 insert(h, i, f)，其中 f 为待插入信息构成的新结点，方法如下。

```
Node *f;
```

f=(struct stud_node *)malloc(sizeof(struct stud_node));，然后在单链表 h 查找第 i-1 个结点，设为 p;，因此问题转化为在 p 结点后插入 f 结点。

```
f->next=p->next;
p->next=f;
```

函数如下。

```
Node *insert(Node *h,int i,Node *f)/*在没有头结点单链表 h 第 i 个结点前插入结点 f*/
 {Node *p;
  int j;
  p=h;
  f=(struct stud_node *)malloc(sizeof(struct stud_node));
  scanf("%d%s%d", &f->num,f->name, &f->score);
  j=1;
  while(j<i&&p) {p=p->next; j++;}
    if(i==1) {h=f;f->next=p;}/*在第一结点之前插入*/
    else   { f->next=p->next; p->next=f;}
  return(h);
 }
```

删除结点程序方法：在单链表 h 查找第 i 个结点，设为 p;，则要删除结点为 p，因此在移动 p 结点之前要记住 p 的前驱结点地址（设为 q），函数如下。

```
Node *dele(Node *h,int i)/*在没有头结点单链表 h 删除第 i 个结点*/
 {Node *p=h,*q;
  int j=1;
  if(h==NULL) return h;
  while(j<i&&p)
  {q=p;
   p=p->next;
   j++;
  }
  if(i==1)  /*如找到被删结点，且为第一结点，则使 h 指向第二个结点*/
    h=h->next;
  else
    q->next=p->next;
   free(p);
   return(h);
 }
```

调试这两个函数的方法和【例 10-7】、【例 10-8】一样，请大家自己试试。

10.2.2　多项式加法

【例 10-13】　两个多项式相加运算。

1. 问题描述

编写程序实现变量为 x、y、z 的两个整系数多项式的相加。其中，变量 x、y、z 的指数大于等于 0 小于等于 9。

2. 思路分析

（1）确定数据结构。

① 用一个循环链表表示多项式，链表的每个结点表示多项式的一项，格式如下。

coef	index	next

它表示项 $coefx^iy^jz^k$，其中 coef 表示项系数；index=100i+10j+k（i，j，k 皆为整数，且 0 ≤i，j，k≤9），表示指数；next 为指向下一个结点的指针。这样表示，可以简化多项式按指数排序操作。

② 链表中设置了一个表头结点，其值如下。

0	−1	next

其中，next 指向多项式的首项。

③ 链表中其余结点按 index 值的降序排列。例如，多项式 $3x^6-5x^5y^2+6$ 可表示如下。

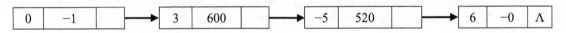

（2）确定程序结构。

① 定义函数 blist 用于创建一个循环链表，表示一个多项式。

② 定义函数 polyadd（Node *p）用于将 p 所指多项式加到 q 所指多项式中，实现两个多项式的相加。

③ 定义函数 Printlist(Node *h)用于输出 h 所指循环链表中的多项式。

④ 定义函数 Freelist(Node *h)用于释放 h 所指循环链表占用的堆内存。

更多细节参考源程序中的注释。

3. 程序实现

```
#include<stdio.h>
#include<stdlib.h>
typedef struct node
{int coef,index;
 struct node *next;
}Node;

int main(void)
{Node *p,*q;
 Node *Createlist(void);
 void Polyadd(Node *,Node *);
 void Printlist(Node *);
 void Freelist(Node *);
 p=Createlist( );
```

```
    q=Createlist( );
    Polyadd(p,q);
    Printlist(q);
    Freelist(p);
    Freelist(q);
    return 0;
}

Node *Createlist( )
{Node *h,*p,*r;
  int i,j,k,f=0;
  h=(Node *)malloc(sizeof(Node));
  h->coef=0;
  h->index=-1;
  r=h;
  printf("请输入一个多项式项的系数(系数为 0，表示输入结束)\n");
  scanf("%d",&f);
  while(f)
  {printf("请输入一个多项式项的指数（按 x，y，z 的指数降序依次输入）\n");
    scanf("%d%d%d",&i,&j,&k);
   p=(Node *)malloc(sizeof(Node));
   p->coef=f;
   p->index=100*i+10*j+k;
   r->next=p;
   r=p;
   printf("请输入一个多项式项的系数(系数为 0，表示输入结束)\n ");
   scanf("%d",&f);
  }
 r->next=h;
 return h;
}
void Polyadd(Node *ph,Node *qh)
{Node *q_pre=qh,*p_pre=ph,*p=ph,*q=qh,*px=p,*qx=q;
  p=p->next;
  q=q->next;
 while(p!=ph && q!=qh)
 {while(p->index>q->index) {p_pre=p;p=p->next;}
  if(p->index==q->index)
  {p->coef+=q->coef;
   if(p->coef==0) /*p->coef+q->coef==0,先删除节点 p*/
   {px=p;
    p=p->next;
    p_pre->next=p;
    free(px);
   }
   else
   {p_pre=p; p=p->next;}/*p->coef!=0,再删除节点 q*/
    qx=q;
    q=q->next;
    q_pre->next= q;
    free(qx);
   } /*p->index==q->index，删除节点 q*/
   else  /*p->index>q->index，把 q 插入到 p 之前*/
  {qx=q;
   q=q->next;  /*从第 2 个链表中摘除节点 q*/
   q_pre->next=q;
   qx->next=p;
   p_pre->next=qx;
```

```
      p_pre=qx;
   }
  }
  if(q==qh) q=ph;
   else
  {p_pre->next=q;
    while(q->next!=qh) q=q->next;
   q->next=ph;
   }
 }
void Printlist(Node *h)
{Node *p=h->next;
   printf("链表上各结点的数据位：\n");
   while(p!=h)
   {printf("(%d,%d)\t",p->coef,p->index);
    p=p->next;
   }
   printf("\n");
}
void Freelist(Node *h)
 {Node *p=h->next;
   while(p!=h)
   {h->next=p->next;
    free(p);
    p=h->next;
 }
 free(h);
 }
```

10.3　共用体

共用体和结构体类似，也是一种构造类型，它将不同类型的数据项存放在同一内存区域内，组成共用体的各个数据项称为成员或域，共用体也称为联合体。

共用体与结构体不同的是：结构体变量的各成员占用连续的、不同的存储单元，而共用体变量的各成员占用相同的存储单元。由于共用体类型将不同类型的数据在不同时刻存储到同一内存区域内，因此使用共用体类型可以更好地利用存储空间。

10.3.1　混合计分制成绩管理

【例 10-14】　编写一个五分制、百分制统一处理程序。

1. 问题描述

某校课程成绩的计分形式分为五级计分制和百分制。编写一个程序输入该校某学生的 5 门课程成绩并输出。

2. 思路分析与知识聚焦

（1）确定数据结构模型。

按题意，课程数据包括课程号、计分形式和成绩 3 部分。其中，课程号用于区分不同的课程。对于一门课程，不管计分形式如何，只有一个成绩。当课程为百分制计分时，保存的是百分制成绩（0～100）；当课程为五分制时，保存的是五分制成绩（'A'～'E'）。因此，保存一门课程的成绩只要一个存储单元，此时可定义一个共用体类型 grade 来描述课程成绩。

```
    union grade
{
    char g5 ;
    int g100;
};
```

共用体类型 grade 有一个字符型成员 g5 和一个整型成员 g100，两个成员共用（TC 环境下 2 字节，VC 环境下 4 字节）4 字节内存。共用内存的大小由占用最大内存的成员决定。用 sizeof 运算符可以算出共用体类型占用内存的大小。

定义共用体类型 grade 之后，可以定义该类型的变量、数组和指针。如下。

```
    union grade a;
```

此处的 union 表明 grade 是共用体类型，是自定义类型，有别于基本数据类型变量的定义。

共用体类型变量的使用形式与结构体变量相同，但起作用的成员总是最新存放的成员，原有成员的值被覆盖。如下。

```
a.g5 = 'A' ;
a.g100 = 78;
```

此时，a 中的值是最新存放的成员 g100 的值 78，原有成员 g5 的值被覆盖，变成字符'N'（ASCII 码为 78）。

为了简化共用体类型 grade 的变量、数组和指针的定义，可用类型别名定义语句为共用体类型 grade 取别名 Grade。如下。

```
    typedef union grade
{char g5;
    int g100;
}Grade;
```

或省掉共用体类型名 grade，进一步简化如下。

```
    typedef union
{char g5;
    int g100;
}Grade;
```

从定义形式上看，共用体与结构体相似：都是用户自定义数据类型，都由多个成员组成，成员的类型可以是已定义的任一类型，成员的类型可以不同。

从使用形式上看，共用体与结构体完全相同。

从内存分配上看，共用体与结构体有本质区别：结构体的每个成员都有自己的独占的内存；而共用体的所有成员共用同一块内存。

接下来定义一个结构体类型 Course 用于描述课程。

```
typedef struct
{unsigned id;
    char form;
    Grade score;
}Course;
```

（2）确定数据结构。

可以使用以下定义的 Course 类型数组保存某学生的 5 门课程的成绩。

```
Course c[5];
```

（3）确定程序结构。

定义 Input 函数输入 n 门课程成绩，定义 Output 函数输出 n 门课程成绩。主函数中，先后调用 Input、Output 函数完成题目要求的任务。

3. 程序实现

```
#include<stdio.h>
#include<stdlib.h>
#include<ctype.h>
typedef union
{char g5;
 int g100;
}Grade;
typedef struct
{unsigned id;
 char form;
 Grade score;
}Course;
void Input(Course *c,int n)
{int i;
 char s[80];
 printf("请输入%d门课程成绩（课程号    成绩）: \n",n);
 for(i=0;i<n;i++)
  {scanf("%d%s",&c[i].id,s);
   if(isalpha(s[0]))
     {c[i].form='0';c[i].score.g5=s[0];}
    else
     {c[i].form='1';c[i].score.g100=atoi(s);}
   }
}
void Output(Course *c,int n)
{int i;
 printf("\n%d门课程成绩\n",n);
 printf("%6s%10s%8s\n","课程号","计分形式","成绩");
 for(i=0;i<n;i++)
  if(c[i].form=='0')
    printf("%4d%10s%10c\n",c[i].id,"五分制",c[i].score.g5);
   else
    printf("%4d%10s%10d\n",c[i].id,"百分制",c[i].score.
g100);
 }
int main(void)
{Course c[5];
 Input(c,5);
 Output(c,5);
 return 0;
}
```

程序运行结果如图 10.12 所示。

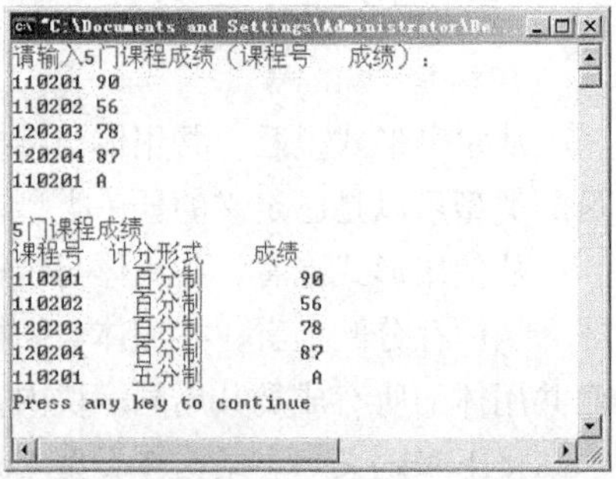

图 10.12 【例 10-14】运行结果

10.3.2 共用体数据使用小结

1. 共用体的概念

采用覆盖技术，使几个不同类型的变量（字节数不同）共占同一段内存的结构，称为共用体类型的结构。一般定义形式如下。

union   共用体名

　　{成员表列

　　}变量表列;

共用体变量所占内存长度为最长的成员的长度；而结构体变量的长度是各成员长度之和如图 10.13 所示。

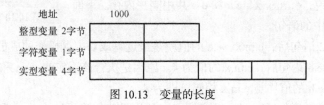

图 10.13　变量的长度

2. 共用体变量的引用方式

共用体变量引用原则是：先定义后引用，只能引用共用体变量中的成员，不能引用共用体变量。如下。

```
union   data
  {int   i;
   char  ch;
   float  f;
   }a, b, c;
a.i    （引用共用体变量 a 中的整型变量 i）
a.ch   （引用共用体变量 a 中的字符变量 ch）
a.f    （引用共用体变量 a 中的实型变量 f）
printf("%d",a); 错误引用
```

3. 共用体类型数据的特点

（1）内存中每一瞬时只有一个成员起作用。

（2）起作用的成员是最后一次存放的成员。

（3）共用体变量的地址与其各成员的地址相同。

（4）不能在定义共用体变量时进行初始化。

（5）不能把共用体变量作为函数参数，也不能使函数代回共用体变量，但可以用指向共用体变量的指针（类似结构体变量的用法）。

（6）共用体类型可以出现在结构体类型定义中，也可以定义共用体数组。反之，结构体也可以出现在共用体类型定义中，数组也可以作为共用体的成员。

请阅读下列程序，分析程序的输出结果，进一步理解共用体类型数据与结构体类型数据。

```
#include<stdio.h>
union ex
{struct
  {int x,y;
  }in;
  int a,b;
}e;

int main( )
{ e.a=1;
  e.b=2;
  e.in.x=e.a*e.b;
  e.in.y=e.a+e.b;
  printf("%d,%d\n",e.in.x,e.in.y);
  return 0;
}
```

程序中定义的共用体类型 ex 内有无名结构体类型的成员 in，其存储模型如图 10.14 所示，成员 in、a 和 b 共用 8 字节内存。进一步分析表明，成员 in.y 独占 4 字节内存，成员 in.x、a 和 b 共用 4 字节内存。因此，对于共用体类型 ex 的变量 e 来说，e、in、x、e.a 和 e.b 共用同一内存。下面逐行分析 main 函数中的语句。

x	y
2Byte	2Byte

图 10.14　结构体 in 的存储模型

执行 e.a=1;e.b=2;语句后，e.in.x、e.a 的值就是最近完成对内存操作的成员 e.b 的值，即为 2。

执行 e.in.x=e.a*e.b;语句后，e.in.x 的值为 4。原因是执行该语句前，e.a 和 e.b 的值均为 2；执行该语句后，e.a 和 e.b 的值均与 e.in.x 相同，即为 4。

执行 e.in.y=e.a+e.b;语句后，e.in.y 的值为 8。原因是执行该语句前，e.a 和 e.b 的值均为 4。

【例 10-15】　一个简单的学校人员管理程序。输入一组人员信息，包含姓名、性别、年龄、身份（如果是学生，包含学号；如果是教师，包含职称）。

程序源代码如下。

```
#include "stdio.h"
union vocation
{long Number;
 char titles[10];
};
struct person
{char name[10];
  char sex;
  int age;
  char judge;
  union vocation pp;
};
main( )
{struct person st[4];
  int i;
  for(i=0;i<4;i++)
  {printf("Input name sex age judge(S/T):\n");
    scanf("%s %c %d %c",&st[i].name,&st[i].sex,&st[i].age,&st[i].judge);
    if(st[i].judge=='S')
    {printf("Number:");
      scanf("%ld",&st[i].pp.Number);
    }
    if(st[i].judge=='T')
    {printf("tltles:");
      scanf("%s",st[i].pp.titles);
    }
  }
  printf("\n");
  for(i=0;i<4;i++)
  {if(st[i].judge=='S')
    printf("%s %c %d %c %ld\n",st[i].name,
st[i].sex,st[i].age,st[i].judge,
      st[i].pp.Number);
    if(st[i].judge=='T')
    printf("%s %c %d %c %s\n",st[i].name,
st[i].sex,st[i].age,st[i].judge,
      st[i].pp.titles);
    }
  }
```

程序运行结果如图 10.15 所示。

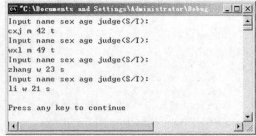

图 10.15　【例 10-15】运行结果

10.4　枚举

10.4.1　枚举类型、枚举变量的定义和使用

一个星期只有 7 天，灯的状态只有开或关……这些量只有几个可枚举的值，可用整型或字符型数据表示，但数据的可读性较差。

为了提高这类数据的可读性，可以使用 C 语言的枚举类型来描述。例如，一个星期只有 7 天，可定义下列枚举类型来描述。

```
enum weekday{Sun,Mon,Tue,Wed,Thu,Fri,Sat};
```

其中，enum 是定义枚举类型时使用的关键字；weekday 是枚举类型名，用标识符表示；花括号内列举了 7 个枚举常量，每个枚举常量都用标识符表示，枚举常量之间用逗号分割。每个枚举常量对应一个整数，默认情况下，第一个枚举常量（Sun）对应 0，第二个枚举常量（Mon）对应 1，依此类推。

由于枚举常量用标识符表示，因此自然提高了枚举数据的可读性。

定义枚举类型后，即可像基本数据类型一样，定义枚举类型的变量、数组和指针。如下。

```
enum weekday workday=Sun, weekend, *p=&workday;
```

workday 和 weekend 被定义为枚举变量，workday 的初值为 Sun。p 为枚举类型指针，指向变量 workday。

同类型的枚举变量之间可以相互赋值。枚举变量可以赋给同类型的枚举变量。但通常不应将一个整数赋给枚举变量或通过强制类型转换将一个整数赋给枚举变量，以保证其值的合理性。如下语句是正确的。

```
weekend=11;
```

枚举变量可以做关系运算，比较的是它们对应的整型值的大小。

需要说明以下几点。

（1）在定义枚举类型时，也可以给枚举常量指定对应值。如下。

```
enum weekday {Sun=7,Mon=1,Tue,Wed,Thu,Fri,Sat};
```

这时 Sun 对应 7，Mon 对应 1……Sat 对应 6，即未明确指定对应值的枚举常量，其对应值为前一个枚举常量的对应值增 1。应注意，给枚举常量指定整型值，可能出现不同的枚举常量取值相同的情况，这是语法上允许的。

也可在定义枚举类型的同时，定义枚举类型变量，如下。

```
enum weekday {Sun=7,Mon=1,Tue,Wed,Thu,Fri,Sat} today;
```

或定义无名枚举类型，直接定义枚举类型变量如下。

```
enum {Sun=7,Mon=1,Tue,Wed,Thu,Fri,Sat} today;
```

（2）为了简化枚举类型 weekday 的变量、数组和指针的定义，可用类型别名定义语句为枚举类型 weekday 取别名 Weekday，如下。

```
typedef enum weekday {Sun=7,Mon=1,Tue,Wed,Thu,Fri,Sat} Weekday;
```

（3）由于枚举常量可以指定整型值，因此，程序中可以通过定义无名枚举类型的方式，定义

整型常量，供程序使用。如下。

```
enum {MAX=1000};
int a[MAX];
```

（4）枚举变量的值虽然可以直接从键盘上输入，但无法保证其值的合理性。如下。

```
scanf("%d",&weekend);
```

因此通常通过输入一个整型值，然后把该整型值转换成一个枚举常量再赋给枚举变量。

（5）枚举量可以直接输出，但输出的值是一个整数（对应枚举变量的序号值）。

如下语句输出值为 0，可读性差。

```
printf("%d",workday);
```

如需输出对应的标识符，可通过代码进行转换。

10.4.2　输入输出枚举变量

【例 10-16】 编写一个程序，定义描述性别的枚举类型及其变量，从键盘输入枚举值并输出。

1. 思路分析

（1）确定数据模型和数据结构。

性别只有男（male）和女（female），可用枚举类型描述。为了便于定义该类型的枚举变量，在定义枚举类型时即取别名 Sex 如下。

```
typedef enum{male, female} Sex;
```

其后，即可使用 Sex 定义枚举变量。

（2）确定程序结构。

定义 Input 函数输入 Sex 类型的枚举量，定义 Output 函数输出 Sex 类型的枚举量。

2. 程序实现

```
#include<stdio.h>
typedef enum{male,female} Sex;
int Input(Sex *s)
{int n;
 printf("输入性别: 0-male, 1-female\n");
 scanf("%d",&n);
 switch(n)
 { case 0: *s=male;  return   0;
   case 1: *s=female;return   0;
   default: return n;
 }
}

void Output(Sex s)
{switch(s)
   {case male:      printf("male\n"); return;
    case female:    printf("female\n");
   }
}
int main( )
{ int n;
  Sex s;
  if(n=Input(&s)) printf("性别数据输入出错: %d\n",n);
  else
```

```
{printf("性别数据: ");
 Output(s);
 }
 return 0;
}
```

程序运行结果如图 10.16 所示。

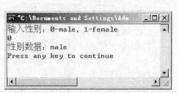

图 10.16 【例 10-16】运行结果

10.5　本章小结

（1）结构和联合是两种构造类型，是用户定义新数据类型的重要手段。结构和联合有很多的相似之处，它们都由成员组成。成员可以具有不同的数据类型。成员的表示方法相同。都可用 3 种方式进行变量说明。

（2）在结构中，各成员都占有自己的内存空间，它们是同时存在的。一个结构变量的总长度等于所有成员长度之和。在联合中，所有成员不能同时占用它的内存空间，它们不能同时存在。联合变量的长度等于最长的成员的长度。

（3）"."是成员运算符，可用它表示成员项，成员还可用 "->" 运算符来表示。

（4）结构变量可以作为函数参数，函数也可返回指向结构的指针变量。而联合变量不能作为函数参数，函数也不能返回指向联合的指针变量。但可以使用指向联合变量的指针，也可使用联合数组。

（5）结构定义允许嵌套，结构中也可用联合作为成员，形成结构和联合的嵌套。

（6）链表是一种重要的数据结构，它便于实现动态的存储分配。本章介绍的是单向链表，还可组成双向链表、循环链表等。

习 题 十

一、程序题

1. 阅读程序写运行结果

（1）

```
union data
{ int a;
  float b;
  float c[3];
};
```

问：在 Visual C++ 6.0 环境下，共用体变量所占的空间大小?

结果：_____

（2）

```
#include "stdio.h"
struct student
{long int num;
 char name[20];
 char sex;
 char addr[20];
}a={89031,"Li Lin",'M',"123 Beijing Road"};
```

```
int main( )
{printf("No.:%ld\nname:%s\nsex:%c\naddress:%s\n",
        a.num,a.name,a.sex,a.addr);
return(0);
}
```

结果：_____

（3）

```
#include "stdio.h"
struct data
{  int a, b, c; };
int main( )
{  void func(struct data);
   struct data arg;
   arg.a=27;   arg.b=3;    arg.c=arg.a+arg.b;
   printf("arg.a=%d arg.b=%d arg.c=%d\n",arg.a,arg.b,arg.c);
   printf("Call Func( )....\n");
   func(arg);
   printf("arg.a=%d arg.b=%d arg.c=%d\n",arg.a,arg.b,arg.c);
    return(0);
}
void func(struct data parm)
{  printf("parm.a=%d parm.b=%d parm.c=%d\n",parm.a,parm.b,parm.c);
   printf("Process...\n");
   parm.a=18;     parm.b=5;    parm.c=parm.a*parm.b;
   printf("parm.a=%d parm.b=%d parm.c=%d\n",parm.a,parm.b,parm.c);
   printf("Return...\n");

}
```

结果：_____

（4）

```
#include<stdio.h>
 struct person
  {
   char  name[20];
   int age;
   };
int main( )
{
 struct person   per[]={"LiMing",18,
                        "WangHua",19,
                        "ZhangPing",20};
    int i,max,min;
   max=min=per[0].age;
   for(i=1;i<3;i++)
     if(per[i].age>max)  max=per[i].age;
     else if(per[i].age<min)  min=per[i].age;
     for(i=0;i<3;i++)
       {
          if(per[i].age!=max&&per[i].age!=min)
            {
              printf("%s:  %d\n",per[i].name,per[i].age);
              break;
            }
       }
return(0);
}
```

结果：_____

（5）

```c
#include<stdio.h>
struct stu
{
int num;
char *name;
char sex;
float score;
}boy[5]={
{101,"Li ping",'M',45},
{102,"Zhang ping",'M',62.5},
{103,"He fang",'F',92.5},
{104,"Cheng ling",'F',87},
{105,"Wang ming",'M',58},
};
int main( )
{
int i,c=0;
float ave,s=0;
for(i=0;i<5;i++)
{
s+=boy[i].score;
if(boy[i].score<60) c+=1;
}
printf("s=%f\n",s);
ave=s/5;
printf("average=%f\ncount=%d\n",ave,c);
return(0);
}
```

结果：_____

（6）

```c
struct  st
{
 int x;
 int *y;
}*p;
int d[4]={10,20,30,40};
struct  sta[4]={20,&d[0],30,&d[1],40,&d[2],50,&d[3]};
main( )
{
 p=a;
 printf("%d\n",++(p->x));
}
```

结果：_____

2. 编写程序

（1）已知 tom 的基本信息如下。

姓名：tom

身高：180

体重：70

年龄：32

职业：软件设计师

请用初始化的方式给 tom 赋值，并将结果输出。

（2）输入 10 个学生的学号、姓名和成绩，输出学生的成绩等级和不及格人数。

（3）实现手机通讯录的简单功能：① 录入信息（姓名、年龄、电话号码）；② 查询功能（按姓名查）；③ 退出。

（4）将第（2）题 10 个学生的信息按成绩从高到低输出。

（5）编写程序统计 5 个候选人（姓名、票数）的得票数（假设 100 个人参与投票）。

（6）把第（2）题改成单链表存储 10 个学生的信息，统计 80 分以上的人数。

（7）10 个学生，每个学生的信息包括学号、姓名、成绩。要求找出成绩最高者的姓名和成绩。

（8）口袋中有红、黄、蓝、白、黑 5 种颜色的球若干，每次从口袋中取出 3 个球，求得到 3 种不同颜色的球的可能取法，打印出每种组合的 3 种颜色。

（9）计算实发工资。在一个职工工资管理系统中，工资项目包括编号、姓名、基本工资、奖金、保险、实发工资。输入一个正整数 n，再输入 n 个职工的前 5 项信息，计算并输出每位职工的实发工资。

实发工资 = 基本工资+奖金–保险。

二、单选题

1. 设有以下说明语句，则下面的叙述中不正确的是（   ）。

```
struct  ex
{
 int x;float y;char z;
}example;
```

    A. struct 是结构体类型的关键字

    B. example 是结构体类型名

    C. x，y，z 都是结构体成员名

    D. struct ex 是结构体类型

2. 有如下定义，能输出字母 M 的语句是（   ）。

```
struct person
{char name[9]; int age;};
struct person class[10]={ "Johu",17,"Paul",19,"Mary",18,"Adam",16,};
```

    A. prinft("%c\n", class[3].mane);

    B. pfintf("%c\n", class[3].name[1]);

    C. prinft("%c\n", class[2].name[1]);

    D. printf("%c\n", class[2].name[0]);

3. 若有下面的说明和定义，则 sizeof(struct test)的值是（   ）。

```
struct test
{
 int  a;
 char b;
 float  c;
 union u
 {char u1[5];int u2[2];} ua;
} myaa;
```

    A. 12   B. 19   C. 14   D. 4

4. 已知赋值语句 Wang.year=2005;，判断 Wang 变量的类型是（   ）。

    A. 字符或文件   B. 整型和枚举   C. 联合或结构   D. 实型或指针

5. 以下程序的输出结果是（   ）。

```
struct country
{ int num;
 char name[10];
}x[5]={1,"China",2,"USA",3,"France",4, "England",5, "Spanish"};
struct country *p;
p=x+2;
printf("%d,%c",p->num,(*p).name[2]);
```

    A. 3, a   B. 4, g   C. 2, U   D. 5, S

6. 设有以下说明，则变量 a 在内存所占字节数是（   ）。

```
struct stud
{
 char num[6];
 int s[4];
 double ave;
}a,*p;
```

    A. 18   B. 22   C. 11   D. 5

7. 以下程序的输出结果是（   ）。

```
struct HAR
{
 int  x, y;
 struct  HAR *p;
}h[2];
main( )
{
 h[0].x=1;h[0].y=2;
 h[1].x=3;h[1].y=4;
 h[0].p=&h[1];h[1].p=h;
 printf("%d %d \n",(h[0].p)->y,(h[1].p)->x);
}
```

    A. 2 3   B. 1 4   C. 4 1   D. 3 2

8. 以下对结构体类型变量的定义中，不正确的是（   ）。

A. typedef struct aa
    { int n;
     float m;
    }AA;
    AA td1;

B. #define AA struct aa
    AA {int n;
      float m;
     }td1;

C. struct
    {int n;
     float m;
    }aa;
    struct aa td1;

D. struct
    { int n;
      float m;
     }td1;

9. 设有结构体及其数组和指针变量的定义语句

```
struct{int x;}y[2],p=y;
```

则下列表达式中不能正确表示结构体成员的是（   ）。

    A. (*p).x   B. *(p+1).x   C. *(p)   D. *p.x

10. 下列程序的输出结果是（   ）。

```
struct abc
{ int a,b,c; };
```

```
main( )
{
 struct abc s={1,2,3};
 int t;
 t=s.a,s.c;
 printf("%d\n",t);
}
```

  A. 1   B. 2   C. 3   D. 无结果

11. 下列程序的输出结果是（   ）。

```
#include <stdio.h>
union pw
{
 int i;
 char ch[2];
}a;
main( )
{
 a.ch[0]=13;
 a.ch[1]=0;
 printf("%d",a.i);
}
```

  A. 13   B. 14   C. 208   D. 209

12. 变量 a 所占内存字节数是（   ）。

```
union U
{
 char st[4];
 int  i;
 long l;
};
struct A
{
 int  c;
 union U u;
}a;
```

  A. 4   B. 5   C. 6   D. 8

13. 若定义 union uex{int i;float f;char c;}ex;则 sizeof(ex)的值是（   ）。

  A. 4   B. 5   C. 6   D. 7

14. 以下程序的输出结果是（   ）。

```
union myun
{
 struct
 {int x, y, z; } u;
 int k;
}a;
main( )
{
 a.u.x=4;a.u.y=5;a.u.z=6;
 a.k=0;
 printf("%d\n",a.u.z);
}
```

  A. 4   B. 5   C. 6   D. 0

15. 若定义 union ex{int i;float f;char a[10];}x;则 sizeof(x)的值是（   ）。

A. 4   B. 6   C. 10   D. 16

16. 设有以下说明语句，则下面叙述中正确的是（　　　　）。

```
typedef struct
{ int  n;
char  ch[8];
} PER;
```

     A. PER 是结构体变量名

     B. PER 是结构体类型名

     C. typedef struct 是结构体类型

     D. struct 是结构体类型名

17. 下面说明中，正确的是（　　　　）。

     A. typedef v1 int;   B. typedef v2=int;

     C. typedef int v3;   D. typedef v4: int;

18. 以下枚举类型的定义中正确的是（　　　　）。

     A. enum a={one，two，three};   B. enum a {"one"，"two"，"three"};

     C. enum a={"one"，"two"，"three"};   D. enum a {one=8，two=9，three};

19. 设有定义 enum team{my,your=3,his,her=his+5};则枚举元素 my,your,her 的值分别是（　　　　）。

     A. 0 3 2   B. 1 3 4   C. 0 3 9   D. 0 3 5

第11章
位运算

内容导读

前面介绍的各种运算都是以字节作为最基本位进行的。但在很多系统程序中常要求在位(bit)一级进行运算或处理。C语言提供了位运算的功能，这使得C语言也能像汇编语言一样可用来编写系统程序。

11.1　位运算概述

位运算是C语言的一种特殊运算功能，它是以二进制位为单位进行运算的。位运算符只有逻辑运算和移位运算两类。利用位运算可以完成汇编语言的某些功能，如置位、位清零、移位等。还可进行数据的压缩存储和并行运算。

1. 字节和位

字节（Byte）：由若干二进制位（bit）（通常8位）组成，每字节有一个地址。

字（word）：由若干字节组成。

2. 原码、反码、补码

数据有数值型和非数值型两类，这些数据在计算机中都必须以二进制形式表示。一串二进制数既可表示数量值，也可表示一个字符、汉字或其他。一串二进制数代表的数据不同，含义也不同。对于整数数据通常存在以下3种编码：原码、反码、补码，计算机中的整数是以补码形式存放的。

原码：最高位为符号位，其余各位代表数值本身的绝对值。

反码：正数的反码与原码相同；负数的反码是除符号位外，其余各位的原码取反。

补码：正数的补码与原码相同；负数的补码是其反码加1（加1时符号位也参与运算）。

例如：整数0的可以为+0，也可以为−0；因此原码、反码、补码分别如下。

+0的原码：0000 0000	−0的原码：1000 0000
+0的反码：0000 0000	−0的反码：1111 1111
+0的补码：0000 0000	−0的补码：0000 0000

11.2　位运算符

1. 位运算符

C语言提供了6种位运算符，如表11.1所示。

表 11.1 位运算符及含义

位运算符	含义
&	按位与
|	按位或
^	按位异或
~	取反
<<	左移
>>	右移

注: 1. 除 "~" 外, 均为二目运算符。

2. 运算量只能是整型和字符型。

2. 位运算符运算规律

（1）按位与。

```
0&0=0      0&1=0      1&0=0      1&1=1
```

例如: 9&5 可写算式如下。

```
    00001001
  &00000101
    00000001
```

00001001(9 的二进制补码)&00000101(5 的二进制补码) 00000001(1 的二进制补码)可见
9&5=1。按位与运算通常用来对某些位清 0 或保留某些位（以下同）。

（2）按位或。

```
0|0=0      0|1=1      1|0=1      1|1=1
```

（3）按位异或（XOR）。

```
0^0=0      0^1=1      1^0=1      1^1=0
```

（4）按位取反。

用于对一个二进制数按位取反。它的优先级别高于算术运算符、关系运算符、逻辑运算符和
其他位运算符。

（5）左移。

用于将一个数的二进制位全部左移若干位。低位补 0。

```
a=a<<2      （左移两位）
```

左移 n 位相当于乘以 2^n。

（6）右移。

用于将一个数的二进制位全部右移若干位。无符号数, 高位补 0; 有符号数, 根据系统而定,
Turbo C 采用 "算术右移", 即移入最高位的是 1。

```
a=a>>2      （右移两位）
```

右移 n 位相当于除以 2^n。

（7）位运算符与赋值运算符的结合。

```
        &=      |=      >>=      <<=      ^=
a&=b        相当于 a=a&b
a<<=2       相当于 a=a<<2
```

（8）不同长度的数据进行位运算。

按右端对齐，正数和无符号数补 0，负数补满 1。

11.3　位运算应用

1. 按位与（&）

该运算的特点是每位和 1 与保持不变、和 0 与变为 0，因此该运算的用途有以下两点。

（1）将某一位置 0，其他位不变。

（2）取指定位。

【例 11-1】 将整型变量 a 的最低位置 0，取出 a 的低 8 位字节，置于字符变量 c 中。

程序如下。

```
main( )
{
    int a = 05113;   // a 的原码: 0 000 101 001 001 011
    char c;
    c = a & 0377;   // c 的原码:         01 001 011
    printf("%o  %o %c\n",a,c,c);
    a = a&0xfffe;   // a 的原码: 0 000 101 001 001 010
    c = a & 0377;   // c 的原码:         01 001 010
    printf("%o  %o %c\n",a,c,c); 43
}
```

程序运行结果如图 11.1 所示。

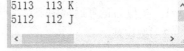

图 11.1 【例 11-1】程序的运行结果

2. 按位或（|）

该运算的特点是每位和 0 或保持不变、和 1 或变为 1，因此该运算的一般用途为：将某一位置 1，其他位不变。

【例 11-2】 将整型变量 a 的最低三位置 1，其他位不变，取出 a 的低 8 位字节，置于字符变量 c 中。

程序如下。

```
main( )
{
    int a = 05113;   // a 的原码: 0 000 101 001 001 011
    char c;
    a = a|7;         // a 的原码: 0 000 101 001 001 111
    c = a & 0377;   // c 的原码:         01 001 111
    printf("%o %o %d %c\n",a,c,c,c);
}
```

程序运行结果如图 11.2 所示。

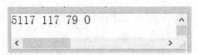

图 11.2 【例 11-2】程序的运行结果

3. 按位异或（^）

该运算的特点是每位和 0 异或保持不变、和 1 异或取反，因此该运算的一般用途为：将特定位反转，其他位不变。

【例 11-3】 将整型变量 a 的最低四位取反，其他位不变，取出 a 的低 8 位字节，置于字符变量 c 中。

程序如下。

```
main( )
```

```
{
    int a = 05113;  // a 的原码: 0 000 101 001 001 011
    char c;
    a = a^0xf;      // a 的原码: 0 000 101 001 000 100
    c = a & 0377;   // c 的原码:          01 000 100
    printf("%o %o %d %c\n",a,c,c,c);
    printf("\n\n");
}
```

程序运行结果如图 11.3 所示。

4. 移位

【例 11-4】　编写程序实现一个整数右移两位。

程序如下。

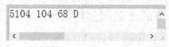
图 11.3　【例 11-3】程序的运行结果

```
#include <stdio.h>
int main( )
{
unsigned a,b;
printf("input a number: ");
scanf("%d",&a);
b=a>>2;
printf("a=%d\tb=%d\n",a,b);
return(0);
}
```

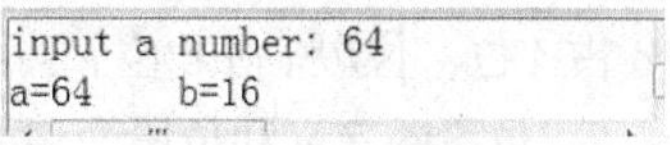

程序运行结果如图 11.4 所示。

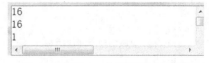
图 11.4　【例 11-4】程序的运行结果

64 右移 2 位相当于 $64/2^2=16$，请大家考虑，若 a=2，右移 2 位答案是什么？应该说明的是，对于有符号数，在右移时，符号位将随同移动。当为正数时，最高位补 0，而为负数时，符号位为 1，最高位是补 0 还是补 1 取决于编译系统的规定。Turbo C 和很多系统规定为补 1。

【例 11-5】　编写程序实现取一个整数的 4～7 位。

分析：使整数（设为 a）右移 4 位，即　a>>4；设置一个低 4 位全 1，其余为 0 的数，即　～（～0<<4），将上面两数相与，即 a>>4&～（～0<<4）。

程序如下。

```
#include <stdio.h>
int main( )
{
    int a,b,c,d;
    scanf("%d",&a);
    b=a>>4;
    c=～(～0<<4);
    d=b&c;
    printf("%d\n%d\n",a,d);
    return(0);
}
```

程序运行结果如图 11.5 所示。

```
16
16
1
```

图 11.5　【例 11-5】程序的运行结果

11.4　位段

有些信息在存储时，并不需要占用一个完整字节，而只需占几个或一个二进制位。例如在存放一个开关量时，只有 0 和 1 两种状态，用一位二进位即可。为了节省存储空间，并使处理简便，C 语言又提供了一种数据结构，称为"位域"或"位段"。所谓"位域"是把一字节中的二进制位划分为几个不同的区域，并说明每个区域的位数。每个域有一个域名，允许在程序中按域名进行操作。这样就可以把几个不同的对象用一字节的二进制位域来表示。

位段是以位为单位定义长度的结构体类型中的成员，用于在一字节中存放多个信息。

1. 位段的定义和位段变量的说明

位段定义与结构定义相仿，其形式如下。

struct 位段结构名

{ 位段列表 };

举例如下。

```
struct bs
   {unsigned    a:2;
    unsigned    b:6;
    unsigned    c:4;
    unsigned    d:4;
    int    i;
   }data;
```

说明：bs 为 data 变量，共占 3 字节。其中位段 a 占 2 位，位段 b 占 6 位，位段 c 占 4 位，位段 d 占 4 位，位段 i 占 8 位。

2. 位段的定义和位段变量的说明

（1）一个位段必须存储在同一字节中，不能跨两字节。如一字节所剩空间不够存放另一位段时，应从下一单元起存放该位段。也可以有意使某位段从下一单元开始。如下。

```
struct bs
{
unsigned a:4
unsigned :0 /*空域*/
unsigned b:4 /*从下一单元开始存放*/
unsigned c:4
}
```

在这个位段定义中，a 占第一字节的 4 位，后 4 位填 0 表示不使用，b 从第二字节开始，占用 4 位，c 占用 4 位。

（2）由于位段不允许跨两字节，因此位段的长度不能大于一字节的长度，也就是说不能超过 8 位二进制位。

（3）位段可以无位段名，这时它只用来作填充或调整位置。无名的位段是不能使用的。如下。

```
struct k
{
int a:1
int :2 /*该 2 位不能使用*/
int b:3
int c:2
};
```

从以上分析可以看出，位段在本质上就是一种结构类型，不过其成员是按二进制位分配的。

3. 位段的使用

位段的使用和结构成员的使用相同，其一般形式如下。位段允许用各种格式输出。

位段变量名·位段名

【例 11-6】 位段的简单应用。

程序如下。

```
#include <stdio.h>
```

```
 struct bs
{
  unsigned a:1;
  unsigned b:3;
  unsigned c:4;
} bit,*pbit;
int main( )
{
  bit.a=1;
  bit.b=7;
  bit.c=15;
  printf("%d,%d,%d\n",bit.a,bit.b,bit.c);
  pbit=&bit;
  pbit->a=0;
  pbit->b&=3;
  pbit->c|=1;
  printf("%d,%d,%d\n",pbit->a,pbit->b,pbit->c);
  return(0);
}
```

程序运行结果如图 11.6 所示。

图 11.6 【例 11-6】程序的运行结果

上例程序中定义了位域结构 bs，3 个位域为 a，b，c。说明了 bs 类型的变量 bit 和指向 bs 类型的指针变量 pbit。这表示位域也是可以使用指针的。

11.5　本章小结

位运算是 C 语言的一种特殊运算符，它是以二进制为单位进行运算的。位运算只有逻辑运算和移位运算两类。

习题十一

1. 编程将整数 a 右移 n 位。
2. 编写函数，从一个 32 位的单元中取出某几位。函数的调用形式如下。

    ```
    GetBits(int N, int n1,int n2 )
    ```

其中，N 为 32 位数据值，n1 为要取出的起始位，n2 为结束位。
3. 编写函数，将一个 32 位的单元中的指定位取反，其他位不变。
4. 编写函数，将一个 32 位的单元中的奇数位变成 1，其他位不变。
5. 编写函数，将一个 32 位的单元中的偶数位变成 0，其他位不变。

第12章
文件

内容导读

用计算机程序解决实际问题时,在待处理或结果的数据量较大的情况下,一般采用读写外部存储介质(如磁盘、光盘、U盘)中的数据的方法。数据一般是以文件组织的形式存储。因此,读写数据就是读写外存中的文件数据。读写文件相关的编程技术,是学习编程必需掌握的基本技术。为此,本章将主要介绍如下的内容。

(1)流、字节流、字符流、二进制流、文件、文件指针、文件位置指针、缓冲的概念。

(2)文件操作的常用库函数(foprn/fclose、fgetc/fputc、fgets/gputs、fscanf/fprintf、fread/fwrite、fseek)及其使用。

(3)使用本章所学知识编写一个简单的通讯录系统。

请想一想,能否让计算机解决这样的问题:程序运行后,在当前磁盘中生成记事本文件 f.txt,内容如图 12.1 所示?

```c
#include <stdio.h>
#include <stdlib.h>
int main( )
{FILE *fp; /* 定义文件指针 */
if((fp=fopen("f.txt","w")) == NULL) /* 打开文件 */
{printf("File open error!\n");
  exit(0);
 }
 fprintf(fp,"%s","Hello Everyone!");        /* 写文件 */
if(fclose(fp))    /* 关闭文件 */
{printf( "Can not close the file!\n" );
  exit(0);
 }
 return 0;
}
```

图 12.1　记事本文件

上述程序就能完成需求,因此用文件处理数据非常重要。另外,在大程序调试的过程中,要进行大量数据的输入输出和处理时,需在输入数据或查看结果上花费不少时间,这导致调试效率降低。能不能先把这些数据放到某个地方,在需要时直接使用呢?下面将讲述在 C 语言中使用文件来存储这些数据的方法与步骤。

12.1　基本概念

数据输入输出(I/O)是指程序与计算机的外部设备之间交换数据。输出操作是指程序将数据转换为字节序列输出到外部设备，输入操作是指程序从外部设备接收字节序列并转换为指定格式数据。

C 语言本身没有专门的 I/O 语句，但 C 编译系统通常会提供 I/O 库函数，以支持 I/O 操作。

12.1.1　字节流

输入输出中的字节序列称为字节流（stream）。根据对字节内容的解释方式，字节流分为字符流（也称文本流）和二进制流。

字符流将字节流的每字节按 ASCII 字符解释，它在数据传输时需进行转换，效率较低。例如源程序文件和文本文件都是字符流。由于 ASCII 字符是标准的，所以字符流可直接编辑、显示或打印，字符流产生的文件通行于各类计算机。

二进制流将字节流的每字节以二进制方式解释，它在数据传输时不进行任何转换，效率高。但各类计算机对数据的二进制存放格式各有差异，且无法人工阅读，故二进制流产生的文件可移植性较差。

12.1.2　文件

文件是相关数据的集合。计算机中的程序、数据、文档通常组织成文件存放在外存储器中。由于输入输出设备具有字节流特征，所以操作系统也把它们看作文件。例如键盘是输入文件，显示器、打印机是输出文件。对于不同文件可能允许执行不同的操作。例如，能将数据写入文件，而不能从打印机文件中读取数据。

文件中的数据由字节序列组成，最后用文件结束符结束。为了便于对文件中所有数据进行读写，系统对文件中的每字节都有一个从 0 开始、顺序增 1 的唯一编号。若每字节按 ASCII 解释，则该文件就是文本文件；若每字节按二进制数据解释，则该文件就是二进制文件。

为了便于区别，每个文件都有自己的名字（称为文件名），程序可通过文件名来使用文件。文件名通常由字母开头的字母数字序列所组成，但不同的计算机系统中，文件名的组成规律可能有一些差异。

C 语言的两种文件类型（ASCII 和二进制），对应着两种文件处理系统，即缓冲/非缓冲文件系统。

12.1.3　缓冲文件系统

系统在主存中开辟的、用来临时存放输入输出数据的区域，称为输入输出缓冲区（简称缓冲区）。例如，先将输入的信息送到缓冲区，然后从缓冲区中取出数据。

由于输入输出设备的速度比 CPU 慢得多，若 CPU 直接与外设交换数据，必然占用大量时间，降低 CPU 的使用效率。使用缓冲后，CPU 只要从缓冲区中取数据或者把数据写入缓冲区，而不必等待外设的具体输入输出操作，显著提高了 CPU 的使用效率。

输入输出流有缓冲和非缓冲之分。对于非缓冲流，一旦数据送入缓冲区，立即处理；对于缓冲流，仅当缓冲区满或当前送入的数据为新的一行字符时，才对数据进行处理（称为刷新）。通常使用缓冲流，仅在特殊场合才使用非缓冲流。

12.1.4　文件指针

缓冲文件系统中，每个被使用的文件的相关信息（如文件名、文件状态及文件当前位置等）都保存在一个 FILE 类型的变量中。FILE 类型是 stdio.h 中定义的结构体类型。FILE 类型与具体的文件系统有关，不同的系统可能有所不同，但 stdio.h 中声明的相关函数使用户不必了解其结构细节即可访问文件的相关信息，大大简化了文件编程。

　　stdio.h 中声明的与文件相关的函数，通常有一个 FILE 类型的指针（称为文件指针）参数，通过文件指针来访问指定文件的相关信息，不但在函数调用时少占用内存，而且参数传递的效率也高，便于共享指定文件的相关信息。因此，在文件编程时，通常要定义一个文件指针，用于指向一个指定的文件，如下。

```
FILE *fp;
```

　　fp 就是一个文件指针，此后可用它指向一个指定的文件。如果程序中同时要处理几个文件，则应该定义几个文件指针。如下。

```
FILE *fp1,*fp2,……*fpn;
```

　　在 stdio.h 文件中有以下的文件类型声明。

```
typedef struct{
    short          level;          /*缓冲区空满度*/
    unsigned       flags;          /*文件状态标志*/
    char           fd;             /*文件描述符*/
    unsigned char  hold;           /*无缓冲区时，放弃读取的字符 */
    short          bsize;          /*缓冲区大小*/
    unsigned char  *buffer;        /*数据传输缓冲区*/
    unsigned char  *curp;          /*当前激活指针*/
    unsigned       istemp;         /*临时文件指示器*/
    short          token;          /*用于合法性校验*/
} FILE;
```

　　对 FILE 结构体的访问通常是通过 FILE 类型指针变量（简称文件指针）完成的，文件指针变量指向文件类型变量，简单地说就是文件指针指向文件。

12.1.5　文件的位置指针

　　文件的位置指针用于指示文件的读写位置，从 0 开始连续编号（0 代表文件头），以字节为单位。位置指针的初值由文件打开方式指定。文件每读写一字节，位置指针就后移一字节。

　　如果位置指针是按字节位置顺序移动的，就是顺序读写。如果位置指针是按需要任意移动的，就是随机读写。文本文件通常采用顺序读写；二进制文件既可以顺序读写，也可以随机读写。

12.2　文件的打开与关闭

　　文件在读写之前应该"打开"，在使用结束之后应及时"关闭"。

12.2.1　文件的打开

　　fopen( )是 ANSI C 标准函数库 stdio.h 中声明的函数，用于打开文件，其原型如下。

```
FILE *fopen(const char *filename, const char *mode);
```

　　该函数的功能是，以 mode 指定的方式打开由 filename 指定的文件。若打开成功，则返回一个与所指文件相关联的字节流文件指针，用于后续的文件操作。若打开出错（如只读方式打开一个不存在的文件；磁盘故障；磁盘已满无法创建新文件等），则返回一个空指针（NULL）。如下。

```
FILE *fp=fopen("f.txt","r");
```

　　表示 fopen 函数以"r"（r 代表 read，即读入）方式打开名为 f.txt 的文件，并将返回的指向 f.txt

文件的字节流文件指针赋给 fp。这样 fp 就与文件 f.txt 相关联，其后即可通过 fp 对文件 f.txt 进行操作。

进一步说明如下。

（1）用 filename 表示要打开的文件名时，文件名前面可以带盘符和路径。如下。

```
FILE *fp=fopen("c:\\my\\f.txt","r");
```

（2）打开指定文件后，对指定文件操作前，应判断指定文件是否打开。如下。

```
FILE *fp=fopen("c:\\my\\f.txt","r");
if(fp==NULL)
{printf("Cannot open this file!\n");
exit(1);
}
```

即先检查打开文件的操作是否出错，若有错即输出 Cannot open this file!，并调用 exit 函数关闭所有文件，终止程序的执行。

（3）文件的打开方式是由两类字符构成的字符串，如表 12.1 所示。一类字符表示打开文件的类型：t 是文本文件（text），b 表示二进制文件（binary）。若不指定文件类型，则默认为文本文件。另一类字符是操作类型：r 表示从文件中读取数据（read），w 表示向文件写入数据（write），a 表示在文件尾追加数据（append），+表示文件可读可写。两类字符在文件打开方式字符串中的顺序是，操作类型符在前，文件类型符在后。如 "rb" "wt"，不可写成 "br" "tw"。而对于 "+" 字符来说，不可放在操作类型符的左边。如 "w+b" 与 "wb+" 相同，都正确，但不允许写成 "+wb"。

表 12.1　　　　　　　　　　　　　　　文件打开方式

文件使用方式		含义
"r"	只读	为输入打开一个文本文件
"w"	只写	为输出打开一个文本文件
"a"	追加	向文本文件尾增加数据
"rb"	只读	为输入打开一个二进制文件
"wb"	只写	为输出打开一个二进制文件
"ab"	追加	向二进制文件尾增加数据
"r+"	读写	为读/写打开一个文本文件
"w+"	读写	为读/写建立一个新的文本文件
"a+"	读写	为读/写打开一个文本文件
"rb+"	读写	为读/写打开一个二进制文件
"wb+"	读写	为读/写建立一个新的二进制文件
"ab+"	读写	为读/写打开一个二进制文件

（4）stdio.h 头文件预定义了 3 个标准文件指针 stdin、stdout 和 stderr，分别指向标准输入文件（PC 上默认为键盘）、标准输出文件（PC 上默认为显示器）和标准出错文件（PC 上默认为显示器）。因此，只要源程序包含 stdio.h 头文件，无需用户定义直接使用标准文件指针。

12.2.2　文件的关闭

在指定文件使用结束后应及时关闭，以使文件指针与指定文件"脱钩"，释放它所占用的系统资源，防止指定文件丢失数据或被误用。关闭文件使用 fclose 函数。

fclose 是 ANSI C 标准库函数 stdio.h 中声明的函数，其原型如下。

```
     int fclose(FILE *fp);
```

它的功能是关闭与文件指针 fp 关联的文件，调用成功时返回 0；否则，返回 EOF（-1）。

一旦使用 fclose 函数关闭了指定文件，则不能再通过该文件指针针对原来与其关联的文件进行操作，除非再次打开，使文件指针重新指向指定文件。

12.3 文本文件的读写

本节介绍 stdio.h 头文件中声明的主要用于文本文件读写的函数。

12.3.1 文件中单个字符数据处理

【例 12-1】 编写一个程序将一行字符(I am a boy)逐个写入文件 cx.txt。

程序如下。

```
 #include "stdio.h"
int main( )
{FILE *fp;       /* 定义文件指针 */
char ch;
if ((fp=fopen("cx.txt","w"))==NULL)
  {printf("cannot open file\n");
    exit(0);
    }        /* 打开文件 */
 ch=getchar( );
 while (ch!='\n')
   {fputc(ch,fp);
    ch=getchar( );
    }
 fclose(fp);
 printf("\n");
 return(0);
}
```

运行程序，输入 I am a boy 换行，在当前环境下生成文件 cx.txt，如图 12.2 所示。

【例 12-2】 编写一个程序实现文件间单个字符复制。

1．问题描述

编写一个程序将一个文本文件中的数据复制到另一个文本文件中。

图 12.2 【例 12-1】程序运行结果

2．思路分析与知识聚焦

对于文本文件来说，文件中的数据是由字符序列组成的。实现文本文件的复制，先要从源文本文件中读取一个字符，再写入目标文本文件中，重复上述过程，直到读到源文本文件的结束标志为止。因此，如何从源文本文件中读取一个字符，如何向目标文本文件写入一个字符，如何确定读到原文本文件的结束标志，成为编程的关键。

stdio.h 中声明的库函数 fputc 可将一个字符写入文件，其原型如下。

```
    int fputc(int c,FILE *fp);
```

它的功能是将变量 c 表示的字符写入文件指针 fp 所指的文件中。若函数调用成功则返回所写入的字符；否则，返回 EOF（其值为-1）。

stdio.h 中声明的库函数 fgetc 可从指定的文件读入一个字符，其原型如下。

```
   int fgetc(FILE *fp);
```

它的功能是从与文件指针 fp 关联的文件中读入一个字符。若函数调用成功，则返回所读入的一个字符，否则返回一个文件结束标志 EOF（其值为-1）。由于字符的 ASCII 码不可能为-1，因此 EOF 定义为-1 是合适的。

3. 程序实现

```
 #include<stdio.h>
 #include<stdlib.h>
 int main(void)
 {FILE *in,*out;
    char infile[256],outfile[256];
    char c;
    printf("源文件名？ ");
    scanf("%s",infile);
    printf("目标文件名？ ");
    scanf("%s",outfile);
    if((in=fopen(infile,"r"))==NULL)
    {printf("无法打开输入文件%s\n",infile);
     exit(1);
    }
    if((out=fopen(outfile,"w"))==NULL)
    {printf("无法打开输出文件%s\n",outfile);
     exit(1);
    }

    c=fgetc(in);
    while(c!=EOF)
    {fputc(c,out);
     c=fgetc(in);
    }
    fclose(in);
    fclose(out);
    return 0;
 }
```

【例 12-1】 运行成功后，在当前环境下生成文件 cx.txt，因此，运行【例 12-2】后，输入源文件名 cx.txt，再输入目标文件名 cxj.txt，程序运行结束后发现 cxj.txt 的内容和 cx.txt 一样。

4. 问题思考

为简化书写，stdio.h 中用宏 putc 和 getc 来读和写字符。宏 putc 和 getc 定义如下。

```
# define putc(c,fp) fputc(c,fp)
# define getc(fp) fgetc(fp)
```

即用 putc 和 fputc 及用 getc 和 fgetc 是一样的。请读者用 putc 和 getc 改写案例程序的核心代码段，保持程序功能不变。

其实，以前介绍的 putchar 也是 stdio.h 中定义的宏，如下。

```
 # define putchar(c) fputc(c,stdout)
```

其中，stdout 是预定义的标准输出文件指针。用宏 putchar(c)比用 fputc(c.stdout)更简捷。例如，下列程序片段可将文本文件中的所有字符读出并显示在屏幕上。

```
   c=getc(fp);
 while(c!=EOF)
 {
     putchar(c);
     c=getc(fp);
```

```
}
```

默认情况下，键盘是预定义的标准输入文件，其文件指针是 stdin，因此，也可将键盘文件的内容复制到指定的磁盘文件中。请读者改写【例 12-2】的源程序实现这一功能。

12.3.2　逐行字符串复制文件

【例 12-3】　编写一个程序实现文件间字符串复制。

1．问题描述
编写一个程序将一个文本文件中的数据复制到另一个文本文件中。

2．思路分析与知识聚焦
【例 12-1】采用逐个读写字符的方式实现文本文件的复制，但读写效率较低。若一次能读写一个字符串，则可提高读写效率。

stdio.h 中声明的库函数 fgets 可读入一个字符串，其原型如下。

```
char *fgets(char *str, int n, FILE *fp);
```

它的功能是从文件指针 fp 指定的文件中读入一个字符串存入字符指针 str 所指内存中。n 为要求得到的字符个数，但只从 fp 指向的文件读入 $n-1$ 个字符，然后在最后加一个'\0'字符，因此得到的字符串共有 n 个字符。若在读完 $n-1$ 个字符之前遇到换行符或 EOF，则读入结束。注意，读字符时若遇到换行符，则换行符也被读入并存入 str 所指内存中。fgets 函数调用成功返回值为 str 指针；否则，返回 NULL。fgets 类似于 stdio.h 中声明的库函数 gets，但 gets 函数将用'\0'取代换行符。

stdio.h 中声明的库函数 fputs 可读入一个字符串，其原型如下。

```
int fputs(const char *str, FILE *fp);
```

它的功能是将 str 指定的一个字符串（不含字符串的结束标志'\0'）输出到文件指针 fp 指定的文件中。若输出成功，函数返回非负值；否则，返回值为 EOF。fputs 函数类似于 puts 函数，但 puts 函数会在输出的字符串后自动添加换行符。

3．程序实现

```
#include<stdio.h>
#include<stdlib.h>
int main(void)
{FILE *in,*out;
   char infile[256],outfile[256],str[100];
   printf("源文件名? ");
   scanf("%s",infile);
   printf("目标文件名? ");
   scanf("%s",outfile);
   if((in=fopen(infile,"r"))==NULL)
   {printf("无法打开源文件%s\n",infile);
     exit(1);
   }
   if((out=fopen(outfile,"w"))==NULL)
   {printf("无法打开目标文件%s\n",outfile);
     exit(1);
   }

   while(fgets(str,100,in))  fputs(str,out);
   fclose(in);
   fclose(out);
   return 0;
}
```

结果和【例 12-2】一样。

12.3.3　fscanf( )和 fprintf( )

通过键盘，格式化顺序读入学生基本信息，如学号、姓名、年龄等创建如图 12.3 所示的文本文件。

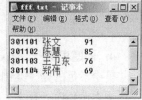

【例 12-4】　从键盘输入学生的姓名、学号、年龄，写入文本文件 stu.txt 中，再从 stu.txt 文件读取这些资料，显示在屏幕上。

1. 问题描述

如例题。

图 12.3　fff.txt 文档

2. 思路分析与知识聚焦

本题要在文本文件中读写多个不同类型的数据，用格式化读写的库函数 fscanf、fprintf 比较合适。fscanf 函数和 fprintf 函数类似于 scanf 函数和 printf 函数，用于格式化输入输出，主要区别在于：fscanf 函数和 fprintf 函数的读写对象是任何指定文件而不仅限于标准输入输出文件。

fprintf 函数的原型如下。

```
int fprintf(FILE *fp,const char *format[,argument]……);
```

它的功能是将 argument 指定输出表列中的数据按 format 指定格式输出到 fp 指定的文件中，函数调用成功，返回值为所输出的字节数；否则，返回值为 EOF。

fscanf 函数的原型如下。

```
int fscanf(FILE *fp,const char *format[,argument]……);
```

它的功能是按 format 指定格式从 fp 指定文件中输入数据存入 argument 指定的输入表列的指针所指内存中。函数返回实际输入数据的个数，若该函数读到了文件结束标记，则返回值为 EOF。如下。

```
fscanf(fp,"%d,%f",&i,&t);
```

若 fp 所指文件上有字符序列：

```
3,4.5
```

则将文件中的数据 3 送给变量 i，4.5 送给变量 t。

值得一提的是，fprintf(stdout，……)与 printf(……)功能完全相同，fscanf(stdin，……)与 scanf(……)功能完全相同。

3. 程序实现

```
  #include<stdio.h>
#include<stdlib.h>
struct Stu
{char name[10];
 unsigned no,age;
};
int main(void)
{struct Stu s;
 FILE *fp;
 fscanf(stdin,"%s%d%d",s.name,&s.no,&s.age);
 if((fp=fopen("stu.txt","w"))==NULL)
  {puts("无法创建指定文件!\n");
   exit(1);
  }
 fprintf(fp,"%s\t%d\t%d\n",s.name,s.no,s.age);
 fclose(fp);
```

```
if((fp=fopen("stu.txt","r"))==NULL)
{printf("无法打开指定文件!\n");
  exit(1);
}
fscanf(fp,"%s%d%d",s.name,&s.no,&s.age);
fprintf(stdout,"%s\t%d\t%d\n",s.name,s.no,s.age);
fclose(fp);
return 0;
}
```

4．问题思考

美中不足的是，案例程序只能处理一个学生数据，能否将学生数据的处理规模扩展到 4 个？若希望案例程序处理学生数据的规模到若干个，又如何修改？

此外，值得关注的是，用 fscanf 函数和 fprintf 函数读写文件，使用方便，容易理解，但在输入时要将 ASCII 码转换成二进制形式，在输出时又要将二进制形式转换成字符，花费时间比较多。如何节省转换时间？

12.4　二进制文件的读写

12.4.1　fread 函数和 fwrite 函数

【例 12-5】 从键盘输入学生的信息，写入文本文件 stu. bin 中，再从 stu.bin 文件读取这些资料，显示在屏幕上。

1．问题描述

从键盘输入 4 个学生数据，存入磁盘文件 stu.bin 中，再从磁盘文件 stu.bin 中读出 4 个学生数据并显示。每个学生数据包括姓名、学号和年龄。

2．思路分析与知识聚焦

由【例 12-4】可见，用 fscanf 函数和 fprintf 函数读写文件，在输入时要将 ASCII 码转换为二进制形式，在输出时又要将二进制形式转换成字符，非常费时。若使用二进制文件，通过 fread 和 fwrite 函数读写文件，则在输入输出时不需要做任何转换，直接传送，自然节省了转换时间。

fread 函数的原型如下。

```
size_t fread(void *ptr,size_t  size,size_t  n,FILE  *fp);
```

它的功能是从 fp 所指文件读入 n 个大小为 size 字节的数据块，存入 ptr 所指内存中。函数返回值为实际读入的数据块数（若出错或遇到文件结束标志，则返回值<n）。其中，size_t 是 unsigned int 类型。

对于二进制文件来说，由于读入的一字节的二进制数据值有可能是-1（EOF），因此，再用 EOF 的值来表示二进制文件的结束就不合适了。为此，ANSI C 用 feof 函数来判断文件是否结束，这种方法也适用于文本文件。

feof 函数的原型如下。

```
int feof(FILE *p);
```

其功能是测试所指文件的当前状态是否"文件结束"，若是，则返回 1；否则，返回 0。例如，下列程序片段可逐字节读入二进制文件中的数据。

```
while(!feof(fp))  {c=fgetc(fp);.
          }
```

fwrite 函数的原型如下。

```
size_t fwrite(const void *ptr, size_t  size, size_t  n, FILE  *fp);
```

它的功能是将 ptr 所指内存中的 n 个大小为 size 字节的数据块写入 fp 所指文件。函数返回值为实际写入的数据块数（若出错，则返回值<n）。其中 size_t 是 unsigned int 类型。

如果文件以二进制形式打开，用 fread 和 fwrite 函数就可以读写任何类型的数据。如下。

```
fread(f,8,2,fp);
```

其中，f 是双精度实型数组名。由于一个双精度实型数据占 8 字节，因此该函数调用从 fp 所指文件读入 2 次（每次 8 字节）数据，存储到数组 f 中。而

```
fwrite(f,8,2,fp);
```

则将 f 数组中的两个双精度实型数据写入 fp 所指文件中。

3. 程序实现

```c
#include<stdio.h>
#include<stdlib.h>
#define SIZE 4
struct Stu
{char name[10];
 unsigned no,age;
};
int save(struct Stu *ptr,unsigned n,FILE *fp)
{ if(fwrite(ptr,sizeof(struct Stu),n,fp)!=n)  return 1;
  return 0;
}
int load(struct Stu *ptr,unsigned n,FILE *fp)
{ if(fread(ptr,sizeof(struct Stu),n,fp)!=n)  return 1;
  return 0;
}

int main(void)
{ struct Stu s[SIZE],t[SIZE];
  FILE *fp;
  int i;
  printf("输入 4 个学生的姓名、学号和年龄：\n");
  for(i=0;i<SIZE;i++)
    scanf("%s%d%d",s[i].name,&s[i].no,&s[i].age);
  if((fp=fopen("stu.bin","wb+"))==NULL)
  { printf("无法创建文件!\n");
    exit(1);
  }
  if(save(s,SIZE,fp))
  {printf("文件写入出错!\n");
    exit(1);
  }
  rewind(fp);
  if(load(t,SIZE,fp))
  { printf("无法从指定文件读入数据!\n");
    exit(1);
  }
  for(i=0;i<SIZE;i++)
    printf("%s\t%d\t%d\n",t[i].name,t[i].no,t[i].age);
  fclose(fp);
  return 0;
}
```

4. 问题思考

实际编程时，通常事先不知道二进制文件中到底有多少个学生数据，因此，如何读入并在内存中保存所有学生数据是非常现实的问题。虽然事先不知道文件汇总到底有多少个学生数据，但在程序运行过程中，可用下列代码，通过了解文件中的学生数据占用了多少字节存储空间来计算学生数据的个数。

```
fseek(fp,0,SEEK_END.;
n=ftell(fp);
n=n/sizeof(struct Stu);
```

这样，即可用下列代码，在堆中申请动态内存，用于保存 n 个学生数据。

```
        struct Stu *ptr=malloc(n*sizeof(struct Stu));
```

接下来，可通过调用案例中的 load 函数或下列函数来读入所有学生数据。

```
    int loadall(struct Stu *ptr,FILE *fp)
{int i=0,size=sizeof(struct Stu);
    while(!feof(fp))   fread(ptr+i++,size,1,fp);
    return i-1;
}
```

请读者根据上述思路改写本案例程序，实现任意个学生数据的存盘及再读盘显示。

12.4.2　文件的随机读写

【例 12-6】 从二制文件中读入指定数据。

1. 问题描述

将【例 12-5】创建的二进制文件 stu.bin 上保存的 4 个学生数据中的第 1、第 3 个学生数据输入计算机并显示。

2. 思路分析与知识聚焦

实现文件的随机读写，关键在于移动文件的位置指针。

fseek 可将文件位置指针移到文件中的任何位置。它是 stdio.h 中声明的库函数，其原型如下。

```
    int fseek(FILE *fp, long offset, int origin);
```

它的功能是将 fp 所指文件的位置指针以 origin 为参考点移动 offset 字节。若函数调用成功，则返回 0；否则，返回非 0。origin 代表的"参考点" 取常量 0、1、2 或符号常量 SEEK_SET、SEEK_CUR、SEEK_END，其具体含义如表 12.2 所示。

表 12.2　　　　　　　　　　　　　　参考点

参考点	符号常量	值
文件开始	SEEK_SET	0
文件当前位置	SEEK_CUR	1
文件末尾	SEEK_END	2

下面是 fseek 函数调用的几个例子。

```
fseek(fp,100L,0);
fseek(fp,10L,1);
fseek(fp,-10L,1);
fseek(fp,-10L,2);
```

fseek 函数主要用于二进制文件，极少用于文本文件。原因是文本文件要发生字符转换，计算位置时往往会发生偏差。

3. 程序实现

```
#include<stdio.h>
#include<stdlib.h>
#define SIZE 2
struct Stu
{char name[10];
 unsigned no,age;
};

int main( )
{struct Stu t[SIZE];
 FILE *fp;
 int i,j;
 if((fp=fopen("stu.bin","rb"))==NULL) {printf("无法打开指定文件!\n"); exit(1); }
 printf("姓名\t学号\t年龄\n");
  for(i=0,j=0;i<4;i+=2,j++)
  {fseek(fp,i*sizeof(struct Stu),0);
    fread(&t[j],sizeof(struct Stu),1,fp);
    printf("%s\t%d\t%d\n",t[j].name,t[j].no,t[j].age);
  }
  fclose(fp);
  return 0;
}
```

4. 问题思考

其实，本案例通过顺序移动文件的位置指针也可输入并显示4个学生数据中的第1、第3个学生数据。方法是，顺序读入所有学生数据，但只显示符合要求的第1、第3个学生数据。请读者按此思路编程实现，并与本案例程序做比较。

【例 12-7】 设计一个通讯录系统，功能如图 12.4 所示。

1. 思路分析

其中人员信息含有：姓名、年龄、电话、所在城市、所在单位、备注。

根据功能需求，该系统设计如下 9 个函数模块。

图 12.4　通讯录系统功能

（1）函数 creat( )，实现建立通讯录数据文件。

（2）函数 append( )，实现输入数据函数。

（3）函数 display( )，实现显示通讯录文件函数。

（4）函数 locate( )，实现查询通讯录函数。

（5）函数 modify( )，实现修改通讯录主控函数，实现修改部分或一条记录，设计对应函数。

（6）函数 dele( )，实现删除记录主控函数，实现按姓名或序号删除，设计对应函数 dele_name( )、dele_sequ( )。

（7）函数 isp_arr( )，实现显示数组记录函数。

（8）函数 disp_row( )，实现显示一条记录函数。

（9）整理类函数，可以分别按姓名、城市排序，设计函数分别为：sort_name( )、sort_city( )。

2. 程序实现

```
#define M 100                  /*  用于定义结构体数组的长度 */
/*  以下是通讯录管理程序所用系统头文件的宏包含命令 */
#include "stdio.h"
#include "stdlib.h"
#include "string.h"
/*  以下是结构体数据类型定义，与通讯录记录的数据项相同 */
struct record
{ char name[20];                  /*  姓名 */
  int age;                        /*  年龄 */
  char tele[15];                  /*  电话号码 */
  char city[20];                  /*  所在城市 */
  char units[30];                 /*  所在单位 */
  char note[20];                  /*  备注 */
};
/*  以下是用户自定义函数声明 */
void creat( );                    /*  建立通讯录文件 */
void append( );                   /*  输入数据函数 */
void display( );                  /*  显示通讯录文件函数 */
void locate( );                   /*  查询通讯录主控函数 */
void modify( );                   /*  修改通讯录主控函数 */
void dele( );                     /*  删除记录主控函数 */
void disp_arr(struct record *,int);     /*  显示数组记录函数 */
void disp_row(struct record);           /*  显示一个记录的函数 */
void disp_table( );               /*  显示一行表头的函数 */
void modi_seq(struct record [],int);    /*  按序号编辑修改记录函数 */
void disp_str(char,int);          /*  显示 n 个字符的函数 */
void sort(struct record [],int);        /*  排序主控函数 */
void sort_name(struct record [],int);   /*  按姓名排序函数 */
void sort_city(struct record [],int);   /*  按城市排序函数 */
void dele_name(struct record [],int *); /*  按姓名删除记录函数 */
void dele_sequ(struct record [],int *); /*  按序号删除记录函数 */
void main( )                      /*  主函数，实现菜单控制 */
{
    char choice;
    while(1)
    {                             /*  以下代码显示功能菜单  */
    printf("\n\n");
        disp_str(' ',18);
    printf("通讯录管理程序\n");
        disp_str('*',50);             /*  显示"*"串 */
        putchar('\n');
    disp_str(' ',16);                 /*  显示空格串 */
        printf("1. 通讯录信息输入 \n");
    disp_str(' ',16);
        printf("2. 显示通讯录信息 \n");
    disp_str(' ',16);
        printf("3. 通讯录记录查询 \n");
    disp_str(' ',16);
        printf("4. 修改通讯录信息 \n");
        disp_str(' ',16);
    printf("5. 通讯录记录删除 \n");
    disp_str(' ',16);
        printf("6. 建立通讯录文件 \n");
    disp_str(' ',16);
        printf("7. 退出通讯录程序 \n");
        disp_str('*',50);
```

```
          putchar('\n');                    /*  以上代码显示功能菜单 */
        disp_str(' ',14);
        printf(" 请输入代码选择(1-7)");
      choice=getchar( );
        getchar( );
      switch(choice)
        {                    /*  以下代码实现各项主功能函数的调用 */
          case '1':
              append( );        /*  调用通讯录数据输入函数 */
              break;
          case '2':
              display( );        /*  调用显示通讯录信息主控函数 */
              break;
          case '3':
              locate( );        /*  调用通讯录记录查询主控函数 */
              break;
          case '4':
              modify( );        /*  调用修改通讯录信息主控函数 */
              break;
          case '5':
              dele( );          /*  调用通讯录记录删除主控函数 */
              break;
          case '6':
              creat( );         /*  建立通讯录文件 */
              break;
          case '7':
              return;           /*  退出通讯录管理程序 */
          default:
              continue;         /*  输入在 1～6 之外时，继续循环显示菜单 */
        }
    }
}
/*  creat( )函数代码 */
void creat( )                    /*  建立通讯录文件 */
{
    FILE *fp;
    if((fp=fopen("address.txt","wb"))==NULL)  /*  建立通讯录文件 */
    {
        printf("can't open file!\n");
        return;
    }
    fclose(fp);
    printf("\n\n 文件成功建立，请使用"通讯录信息输入功能"输入信息!");
    getchar( );
    return;
}
/*  (2)disp_str( )函数的代码 */
void disp_str(char ch,int n)      /*  显示 n 个任意字符的函数 */
{
    int i;
    for(i=1;i<=n;i++)
      printf("%c",ch);
    return;
}
/*  append( )函数代码 */
void append( )                    /*  通讯录数据输入函数 */
{
    struct record info;                /*  定义通讯录类型的结构体变量 */
    FILE *fp;
```

```
        char ask;
        if((fp=fopen("address.txt","ab"))==NULL)  /*  打开通讯录文件 */
        {
            printf("can't open file!\n");
            return;
        }
        while(1)
        {                                   /*  输入通讯录信息 */
            printf("\n\n");
            fflush(stdin);                  /*  清除输入缓冲区 */
            printf("输入通讯录记录\n");
            printf("姓名: ");
            gets(info.name);                /*  输入姓名信息 */
            printf("年龄: ");
            scanf("%d",&info.age);          /*  输入年龄信息 */
            getchar( );
            printf("电话: ");
            gets(info.tele);                /*  输入电话信息 */
            printf("所在城市: ");
            gets(info.city);                /*  输入城市信息 */
            printf("所在单位: ");
            gets(info.units);               /*  输入单位信息 */
            printf("备注: ");
            gets(info.note);                /*  输入备注信息 */
            fwrite(&info,sizeof(struct record),1,fp);  /*  将记录信息写到磁盘文件 */
            printf("继续输入记录吗(y/n)");
            ask=getchar( );
            getchar( );
            if(ask!='y'&&ask!='Y')
                break;                      /*  结束本次输入  */
        }
        fclose(fp);                         /*  关闭通讯录文件 */
        return;                             /*  返回调用函数 */
}
/* 下面是 display( ) 函数的编码: */
void display( )                             /*  显示通讯录信息的主控函数  */
{
    struct record temp,info[M]; /*  定义结构体数组，用于存储通讯录文件信息 */
    FILE *fp;
    char ask;
    int i=0;
    if((fp=fopen("address.txt","rb"))==NULL)             /*  打开通讯录文件 */
    {
        printf("can't open file!\n");
        return;
    }
    while(fread(&temp,sizeof(struct record),1,fp)==1) /*  读通讯录文件 */
        info[i++]=temp;
    while(1)
    {                   /*  以下代码显示通讯录管理程序的显示功能菜单 */
        printf("\n\n");
        disp_str(' ',10);
        printf("显示通讯录信息（共有%d条记录）\n",i); /*  显示已有的记录数 */
        disp_str('*',50);
        putchar('\n');
        disp_str(' ',17);
        printf("1. 按自然顺序显示 \n");
        disp_str(' ',17);
        printf("2. 按排序顺序显示 \n");
```

```
        disp_str(' ',17);
        printf("3. 退出显示程序 \n");
        disp_str('*',50);
        putchar('\n');
        disp_str(' ',16);
        printf(" 请输入代码选择(1-3)");
        ask=getchar( );                        /*  以上为菜单显示代码 */
        getchar( );
        if(ask=='3')
        {
            fclose(fp);
            return;
        }
        else if(ask=='1')
            disp_arr(info,i);   /*  调用显示数组函数, 按自然顺序显示记录 */
        else if(ask=='2')
            sort(info,i);                /*  调用排序函数进行排序显示 */
    }
}
/*  disp_arr( )函数 */
void disp_arr(struct record info[],int n)        /*  显示数组内容函数 */
{
    char press;
    int i;
    for(i=0;i<n;i++)
    {
        if(i%20==0)           /*  每显示 20 行数据记录后重新显示一次表头 */
        {
            printf("\n\n");
            disp_str(' ',25);
            printf("我 的 通 讯 录\n");
            disp_str('*',78);
            printf("\n");
            printf("序号   ");
            disp_table( );         /*  调用显示表头函数显示表头 */
        }
        printf("%3d ",i+1);      /*  显示序号 */
        disp_row(info[i]);         /*  调用显示一个数组元素（记录）的函数 */
        if((i+1)%20==0)          /*  满 20 行则显示下一屏 */
        {
            disp_str('*',78);
            printf("\n");
            printf("按回车键继续显示下屏, 按其他键结束显示!\n");
            printf("请按键......");
            press=getchar( );
            getchar( );
            if(press!='\n')
                break;
        }
    }
    disp_str('*',78);
    printf("\n");
    printf("按任意键继续......");
    getchar( );
    return;
}
/*  disp_row( )函数 */
void disp_row(struct record row)    /*  每次显示通讯录一个记录的函数 */
{
```

```
        printf(" %-12s%-12s%-15s%-16s%-4d%-s\n",row.name,row.tele,row.city,
    row.units,row.age,row.note);
        return;
    }
    /*  sort( )函数 */

    void sort(struct record info[],int n)      /*  排序主控函数 */
    {
        char ask;
        while(1)
        {                              /*  以下代码显示排序选择菜单 */
            printf("\n\n");
            disp_str(' ',16);
            printf("通 讯 录 排 序\n");
            disp_str('*',50);
            putchar('\n');
            disp_str(' ',17);
            printf("1. 按姓名排序 \n");
            disp_str(' ',17);
            printf("2. 按城市排序 \n");
            disp_str(' ',17);
            printf("3. 返回上一层 \n");
            disp_str('*',50);
            putchar('\n');
            disp_str(' ',16);
            printf(" 请输入号码选择(1-3)");   /*  以上代码显示排序选择菜单 */
            ask=getchar( );                /*  输入菜单选择代码 */
            getchar( );
            if(ask=='3')
                break;
            else if(ask=='1')
                sort_name(info,n);         /*  调用按姓名排序函数 */
            else if(ask=='2')
                sort_city(info,n);          /*  调用按城市排序函数 */
        }
        return;
    }
    /* (5) sort_name( )函数 */

    void sort_name(struct record info[],int n)  /*  按姓名排序函数 */
    {
        int i,j;
        struct record info_t[M],temp;
        for(i=0;i<n;i++)                 /*  将 info 数组读到 info_t 数组中 */
            info_t[i]=info[i];
        for(i=1;i<n;i++)                 /*  对 info_t 数组按照 name 进行排序 */
            for(j=0;j<n-i;j++)
            {
                if(strcmp(info_t[j].name,info_t[j+1].name)>0)  /*  使用字符串比较函数 */
                {
                    temp=info_t[j];
                    info_t[j]=info_t[j+1];
                    info_t[j+1]=temp;
                }
            }
        disp_arr(info_t,n);             /*  调用显示数组函数对已排序数组列表显示 */
        return;
    }
    /* (6) sort_city( )函数 */
```

```
void sort_city(struct record info[],int n)        /*  按城市排序函数 */
{
   int i,j;
   struct record info_t[M],temp;
   for(i=0;i<n;i++)                    /*  将 info 数组读到 info_t 数组中 */
     info_t[i]=info[i];
   for(i=1;i<n;i++)                    /*  对 info_t 数组按照 city 进行排序 */
     for(j=0;j<n-i;j++)
     {
         if(strcmp(info_t[j].city,info_t[j+1].city)>0)   /*  使用字符串比较函数 */
         {
             temp=info_t[j];
             info_t[j]=info_t[j+1];
             info_t[j+1]=temp;
         }
     }
   disp_arr(info_t,n);         /*  调用显示数组函数对已排序数组列表显示 */
   return;
}
/*  (7)disp_table( )函数 */
/*  以下是显示一行表头的函数代码 */
void disp_table( )                      /*  显示表头函数  */
{
   printf("姓 名");
   disp_str(' ',6);
   printf("电 话");
   disp_str(' ',6);
   printf("城 市");
   disp_str(' ',9);
   printf("单 位");
   disp_str(' ',8);
   printf("年 龄");
   disp_str(' ',2);
   printf("备 注\n");
   return;
}
/*  (1)locate( )函数代码 */
void locate( )                    /*  按姓名或所在城市查询通讯录 */
{
   struct record temp,info[M];
   char ask,name[20],city[20];
   int n=0,i,flag;
   FILE *fp;
   if((fp=fopen("address.txt","rb"))==NULL)
   {
       printf("can't open file!\n");
       return;
   }
   while(fread(&temp,sizeof(struct record),1,fp)==1) /*  读通讯录文件 */
       info[n++]=temp;
   while(1)
   {
       flag=0;                  /*  查找标志，查找成功 flag=1 */
       disp_str(' ',20);
        printf("查询通讯录\n");
       disp_str('*',50);
       putchar('\n');
       disp_str(' ',17);
```

```
            printf("1. 按姓名查询 \n");
            disp_str(' ',17);
            printf("2. 按城市查询 \n");
            disp_str(' ',17);
            printf("3. 返回上一层 \n");
            disp_str('*',50);
            putchar('\n');
            disp_str(' ',16);
            printf("请输入代码选择(1-3)");
            ask=getchar( );
            getchar( );
            if(ask=='1')                    /*  按姓名查询 */
            {
                printf("请输入要查询的姓名: ");
                gets(name);
                for(i=0;i<n;i++)
                    if(strcmp(name,info[i].name)==0)
                    {
                        flag=1;
                        disp_row(info[i]);              /*  显示查找结果 */
                    }
                if(!flag)
                    printf("没有找到符合条件的记录\n");
                printf("按任意键返回...");
                getchar( );
            }
            else if(ask=='2')               /*  按城市查询 */
            {
                printf("请输入要查询的城市: ");
                gets(city);
                for(i=0;i<n;i++)
                    if(strcmp(city,info[i].city)==0)
                    {
                        flag=1;
                        disp_row(info[i]);          /*  显示查找结果 */
                    }
                if(!flag)
                     printf("没有找到符合条件的记录\n");
                printf("按任意键返回...");
                getchar( );
            }
            else if(ask=='3')
            {
                fclose(fp);
                return;
            }
        }
    }
void modify( )                  /*  修改通讯录记录的主控函数 */
{
    char ask;
    struct record temp,info[M];      /*  定义通讯录文件的存储数组 */
    FILE *fp;
    int i=0;
    if((fp=fopen("address.txt","rb"))==NULL)
    {
        printf("can't open file!\n");
        return;
    }
```

```
        while(fread(&temp,sizeof(struct record),1,fp)==1)  /* 读通讯录文件 */
            info[i++]=temp;
        while(1)
        {
            disp_str(' ',20);
             printf("编辑修改通讯录\n");
            disp_str('*',50);
            putchar('\n');
            disp_str(' ',17);
            printf("1. 浏览显示通讯录 \n");
            disp_str(' ',17);
            printf("2. 编辑修改通讯录 \n");
            disp_str(' ',17);
            printf("3. 返回上一层 \n");
            disp_str('*',50);
             putchar('\n');
            disp_str(' ',16);
            printf(" 请输入号码选择(1-3)");
            ask=getchar( );
            getchar( );
            if(ask=='3')
              break;
            else if(ask=='1')
              disp_arr(info,i);              /*  调用显示数组函数 */
            else if(ask=='2')
              modi_seq(info,i);              /*  调用按序号编辑修改函数 */
        }
        fclose(fp);
        fp=fopen("address.txt","wb");
        fwrite(info,sizeof(struct record),i,fp);  /*  将修改后的数据回写到通讯录文件 */
        fclose(fp);
        return;
}
/* （2）modi_seq( )函数 */

void modi_seq(struct record info[],int n)    /*  按序号修改通讯录记录 */
{
        int sequence;
        char ask;
    while(1)
        {
            printf("请输入序号: ");
         scanf("%d",&sequence);
            getchar( );
            if(sequence<1||sequence>n)
            {
                printf("序号超出范围, 请重新输入!\n");
                getchar( );
                continue;
            }
            printf("当前要修改的记录信息: \n");
        disp_table( );
            disp_row(info[sequence-1]);          /* 元素下标=显示序号-1 */
            printf("请重新输入以下信息: \n");
            printf("姓名: ");
        gets(info[sequence-1].name);
        printf("年龄: ");
            scanf("%d",&info[sequence-1].age);
        getchar( );
```

```
                printf("电话: ");
                gets(info[sequence-1].tele);
                printf("所在城市: ");
                gets(info[sequence-1].city);
                printf("所在单位: ");
                gets(info[sequence-1].units);
                printf("备注: ");
                gets(info[sequence-1].note);
                printf("继续修改请按y,否则按其他键......");
                ask=getchar( );
            getchar( );
                if(ask!='y'&&ask!='Y')
                    break;
        }
        return;
}
/* (1)dele( )函数 */
void dele( )
{
    struct record temp,info[M];         /* 假定通讯录最大能保存M条记录 */
    char ask;
    int i=0,lenth;
    FILE *fp;
    if((fp=fopen("address.txt","rb"))==NULL)
    {
        printf("can't open file!\n");
        return;
    }
    while(fread(&temp,sizeof(struct record),1,fp)==1)  /* 读通讯录文件 */
        info[i++]=temp;
    lenth=i;
    while(1)
      {
        disp_str(' ',18);
          printf("记录的删除\n");
          disp_str('*',50);
          putchar('\n');
        disp_str(' ',17);
          printf("1.按姓名删除 \n");
        disp_str(' ',17);
          printf("2.按序号删除 \n");
        disp_str(' ',17);
        printf("3.返回上一层 \n");
          disp_str('*',50);
           putchar('\n');
          disp_str(' ',14);
          printf(" 请输入代码选择(1-3)");
        ask=getchar( );
        getchar( );
        if(ask=='3')
          break;
          else if(ask=='1')
          dele_name(info,&i);        /* 调用按姓名删除记录的函数 */
          else if(ask=='2')
              dele_sequ(info,&i);     /* 调用按序号删除记录的函数 */
          if(lenth>i)                 /* 经过删除操作后i的值减1 */
          {
              fclose(fp); /* 关闭文件,准备以新建文件方式打开文件 */
              fp=fopen("address.txt","wb"); /* 写文件时将清除原来的内容 */
```

```
                fwrite(info,sizeof(struct record),lenth-1,fp);
                fclose(fp);
                fp=fopen("address.txt","rb");
            }
        }
    fclose(fp);
    return;
}
/* (2)dele_name( )函数 */

void dele_name(struct record info[],int *n)        /*  按姓名删除记录函数 */
{
    char d_name[20],sure;
    int i;
    printf("请输入姓名: ");
    gets(d_name);
    for(i=0;i<*n;i++)
        if(strcmp(info[i].name,d_name)==0)
            break;                          /*  找到要删除的记录 */
    if(i!=*n)
    {
        printf("要删除的记录如下: \n");
        disp_table( );
        disp_row(info[i]);                   /*  显示要删除的记录 */
        printf("确定删除-y, 否则按其他键...");
        sure=getchar( );
        getchar( );
        if(sure!='y'&&sure!='Y')
            return;
        for(;i<*n-1;i++)              /*  自删除位置开始, 其后记录依次前移 */
            info[i]=info[i+1];
        *n=*n-1;                   /*  数组总记录数减 1 */
    }
    else
    {
        printf("要删除的记录没有找到, 请按任意键返回...");
        getchar( );
    }
    return;
}
/* (3)dele_sequ( )函数 */

void dele_sequ(struct record info[],int *n)   /*  按序号删除指定数组元素 */
{
    int d_sequence;
    int i;
    char sure;
    printf("请输入序号: ");
    scanf("%d",&d_sequence);
    getchar( );
    if(d_sequence<1 && d_sequence>*n)   /*  判断输入序号是否为有效值 */
    {
        printf("序号超出有效范围, 按任意键返回.....");
        getchar( );
    }
    else
    {
        printf("要删除的记录如下: \n");
        disp_table( );
```

```
        disp_row(info[d_sequence-1]);           /* 显示该记录 */
        printf("确定删除-y, 否则按其他键...");
        sure=getchar( );
        getchar( );
        if(sure!='y'&&sure!='Y')
            return;
        for(i=d_sequence-1;i<*n-1;i++)  /* 自删除位置开始，其后记录依次前移 */
         info[i]=info[i+1];
        *n=*n-1;                        /* 数组总记录数减 1 */
    }
    return;
}
```

12.5　本章小结

　　本章主要介绍了 C 文件在输入输出时可采用字符流或二进制流，对文件的存取以字符（字节）为单位。数据流的开始和结束仅受程序控制而不受物理符号控制，即 C 文件不是由记录组成的。

　　有两大系统负责处理文件数据：非缓冲文件系统，由程序为每个文件设定缓冲区；缓冲文件系统，系统自动为文件开辟一个缓冲区。本章主要介绍的是缓冲文件系统，又叫标准的 I/O 系统。

　　对文件的操作主要有 3 步：打开文件、读写文件、关闭文件。文件一旦被打开，就自动在内存建立一个该文件的 FILE 结构，且可同时打开多个文件。文件读写的操作通过库函数实现，这些函数常用的如下。

　　fgetc( )和 fputc( )；fgets( )和 fputs( )；fscanf( )和 fprintf( )；fread( )和 fwrite( )。要特别注意打开方式。

习题十二

一、程序题

1. 阅读程序写运行结果

（1）

```
#include<stdio.h>
#include<stdlib.h>
int main( )
{
 FILE *fp;
  char ch;
  if((fp=fopen("string","wt+"))==NULL)
  {
    printf("Cannot open file strike any key exit!");
    exit(0);
}
printf("input a string:\n");
ch=getchar( );
while (ch!='\n')
{
   fputc(ch,fp);
   ch=getchar( );
```

```
          }
      rewind(fp);
      ch=fgetc(fp);
      while(ch!=EOF)
      {
          putchar(ch);
          ch=fgetc(fp);
          }
          printf("\n");
          fclose(fp);
          return(0);
      }
```

运行结果：_____

（2）cx.txt 内容如下。

```
#include<stdio.h>
#include<stdlib.h>
int main( )
{
FILE *fp;
char str[11];
if((fp=fopen("cx.txt","rt"))==NULL)
{
    printf("Cannot open file strike any key exit!");
    exit(1);
}
fgets(str,7,fp);
printf("%s",str);
fclose(fp);
return(0);
}
```

运行结果：_____

（3）cx.txt 内容如下。

```
#include<stdio.h>
int main( )
{
FILE *fp;
char ch,st[20];
if((fp=fopen("cx.txt","at+"))==NULL)
{
printf("Cannot open file strike any key exit!");
getch( );
exit(1);
}
printf("input a string:\n");
scanf("%s",st);
fputs(st,fp);
rewind(fp);
ch=fgetc(fp);
while(ch!=EOF)
{
putchar(ch);
ch=fgetc(fp);
}
printf("\n");
```

```
fclose(fp);
return(0);
}
```

运行结果：_____

（4）

```
#include <stdio.h>
main( )
{
 FILE *fp;
 int i=10,j=30,k,n;
 fp=fopen("d1.dat","w");
 fprintf(fp,"%d\n",i);
 fprintf(fp,"%d\n",j);
 fclose(fp);
 fp=fopen("d1.dat", "r");
 fscanf(fp,"%d%d",&k,&n);
 printf("%d %d\n",k,n);
 fclose(fp);
}
```

运行结果：_____

（5）

```
#include <stdio.h>
void fun(char *fname, char *st)
{
    FILE *myf;
    int i;
    myf=fopen(fname,"w" );
    for(i=0;i<strlen(st);i++)
      fputc(st[i],myf);
    fclose(myf);
}
main( )
{
    fun("test.txt","new world");fun("test.txt", "hello");
}
```

程序执行后，文件 test.txt 中的内容是_____

2．编写程序

（1）把短句"I am a boy!"保存到磁盘文件 f1.txt 中。

（2）已知一个文本文件 f.txt 中保存了 5 个学生的计算机考试成绩，包括学号、姓名和分数，文件内容如下。

```
1101    张立 91
1102    陈雪花      85
1103    王东 76
1104    郑苗 69
1105    李丽丽      55
```

请将文件的内容读出并显示到屏幕中。

（3）已知一个文本文件 c1.txt，请将该文件复制一份，保存为 c2.txt。

（4）从键盘输入 10 个字符，写到文件 f1.txt 中，再重新读出，并在屏幕上显示。

（5）将字符串"computer"，"box"，"teacher"写入到磁盘文件 f12.txt 中，然后再从该文件中读出，显示到屏幕。

（6）从键盘输入 5 个学生数据（学号、姓名、专业），写入一个文件中，再读出这 5 个学生的数据显示在屏幕上。

（7）从键盘输入一个字符串，将其中每一个单词的第一个字母转换成大写字母，其他字母则转换成小写字母，并将其存入文件"test"中，输入字符串的结束字符由用户指定。

（8）建立一个文件，其中含有若干个学生的学号、姓名、出生日期、入学成绩信息。然后，从这个文件中读出每个学生的学号和姓名，输入其"C 程序设计"课程的成绩，并把这些信息保存到一个新文件中。

（9）编写一个程序，统计某一文本文件中汉字的个数。（提示：可以简单认为汉字的两字节内码的 ASCII 值都小于 0，因为字节的最高符号位均为 1，表示负数。）

二、单选题

1. 以读写方式打开一个已有的文件 file1，下面有关 fopen 函数正确的调用方式为（   ）。

    A. FILE *fp；fp=fopen("file1";"f")；   B. FILE *fp；fp=fopen("file1", "r+")；

    C. FILE *fp；fp=fopen("file1", "rb")；   D. FILE *fp；fp=fopen("file1", "rb+")

2. 在 C 程序中，可把整型数以二进制形式存放到文件中的函数是（   ）。

    A. fprintf 函数   B. fread 函数

    C. fwrite 函数   D. fputc 函数

3. 函数调用语句 fseek(fp,10,1) 的含义是（   ）。

    A. 将文件指针移到距离文件头 10 字节处

    B. 将文件指针移到距离文件尾 10 字节处

    C. 将文件指针从当前位置后移 10 字节

    D. 将文件指针从当前位置前移 10 字节

4. 若 fp 是指向某文件的指针，且已读到此文件末尾，则库函数 feof(fp) 的返回值是（   ）。

    A. EOF   B. 0   C. 非零值   D. NULL

5. 在 C 语言中，用 w+ 方式打开一个文件后，可以执行的文件操作是（   ）。

    A. 可任意读写   B. 只读   C. 只能先写后读   D. 只写

6. 若要打开 A 盘上 user1 子目录下名为 abc1.txt 的文本文件进行读、写操作，则正确语句是（   ）。

    A. fopen("A:\user1\abc1.txt", "r")   B. fopen("A:\\user1\\abc1.txt", "r+")

    C. fopen("A:\user1\abc1.txt", "rb")   D. fopen("A:\\user1\\abc1.txt", "w")

7. fread 和 fwrite 函数常用来要求一次输入/输出（   ）数据。

    A. 一个整数   B. 一个实数   C. 一字节   D. 一组

8. feof 函数用来判断文件是否结束，如果文件没有结束，则返回值是（   ）。

    A. −1   B. 0   C. 1   D. EOF

9. 当顺利执行了文件关闭操作时，fclose 函数的返回值是（   ）。

    A. 0   B. Ture   C. −1   D. 1

10. 下列语句中，不能将文件型指针 fp 指向的文件内部指针置于文件头的语句是（   ）。（注：假定能正确打开文件）

    A. fp=fopen("abc.dat", "w")   B. rewind(fp)

    C. feof(fp)   D. fseek(fp, 0L, 0)

auto	break	case	char	const
continue	default	do	double	else
enum	extern	float	for	goto
if	int	long	register	return
short	signed	sizeof	static	struct
switch	typedef	union	unsigned	void
volatile	while			

附录 B
C 语言常用库函数

1. 数学函数

数学函数的原型包含在头文件 math.h 中。

名称	函数原型与功能	返回值与说明
abs	int abs(int x); 求整数 x 的绝对值	计算结果
acos	double acos(double x); 计算 $\cos^{-1}(x)$ 的值	结果在 −1 到 1 之间
asin	double asin(double x); 计算 $\sin^{-1}(x)$ 的值	结果在 −1 到 1 之间
atan	double atan(double x); 计算 $\tan^{-1}(x)$ 的值	计算结果
atan2	double atan(double x,double y); 计算 $\tan^{-1}(x/y)$ 的值	计算结果 y 不等于 0
cos	double cos(double x); 计算 $\cos(x)$ 的值	计算结果 x 单位为弧度
exp	double exp(double x); 求 e^x 的值	计算结果
fabs	double fabs(double x); 求 x 的绝对值	计算结果
floor	double floor(double x); 求不大于 x 的最大整数	计算结果
fmod	double fmod(double x,double y); 求整除 x/y 的余数	返回余数的双精度数 y 不等于 0
log	double log(double x); 求 $\log_e x$，即 lnx	计算结果
log10	double log10(double x); 求 $\log_{10}^{x}$	计算结果
pow	double pow(double x,double y); 求 x^y 的值	计算结果
rand	int rand(void); 产生 −90 到 32767 之间的随机整数	随机整数
sin	double sin(double x); 计算 $\sin(x)$ 的值	计算结果 x 单位为弧度

续表

名称	函数原型与功能	返回值与说明
sqrt	double sqrt(double x)； 计算 $\sqrt{x}$	计算结果 x 大于等于 0
tan	double tan(double x)； 计算 tan(x)	计算结果 x 单位为弧度

2. 字符函数

字符函数的原型包含在头函数 ctype.h 中。

名称	函数原型与功能	返回值与说明
isalnum	int isalnum(int ch); 检查 ch 是否为字母或数字	是则返回 1，否则返回 0
isalpha	int isalpha (int ch); 检查 ch 是否为字母	是则返回 1，否则返回 0
iscntrl	int iscntrl(int ch); 检查 ch 是否为控制字符	是则返回 1，否则返回 0 ASCII 值为 0～31
isdigit	int isdigit (int ch); 检查 ch 是否为数字(0～9)	是则返回 1，否则返回 0
isgraph	int isgraph (int ch); 检查 ch 是否为可打印字符，含空格	是则返回 1，否则返回 0 ASCII 值为 33～126
islower	int islower(int ch); 检查 ch 是否为小写字母	是则返回 1，否则返回 0
isprint	int isprint (int ch); 检查 ch 是否为可打印字符，不含空格	是则返回 1，否则返回 0 ASCII 值为 32～126
isspace	int isspace(int ch); 检查 ch 是否为空格、制表符或换行符等	是则返回 1，否则返回 0 ASCII 值为 9～13，32
isupper	int isupper (int ch); 检查 ch 是否为大写字母	是则大写字母返回 1，否则返回 0
isxdigit	int isxdigit(int ch); 检查 ch 是否是一个十六进制数字字符	是则返回 1，否则返回 0
tolower	int tolower(int ch); 将 ch 转换为对应的小写字母	返回 ch 对应的小写字母
toupper	int toupper (int ch); 将 ch 转换为对应的大写字母	返回 ch 对应的大写字母

3. 字符串函数

字符串函数的原型包含在头函数 string.h 中。

名称	函数原型与功能	返回值与说明
strcat	char *strcat(char *str1,char *str2); 将字符串 str2 连接到 str1 后面，取消 str1 后面的串结束符 '\0'	返回 str1
strchr	char *strchr(char *s,char c); 在串 s 中查找字符 c 的第一个匹配之处	返回指向该位置的指针；否则返回空指针

续表

名称	函数原型与功能	返回值与说明
Strcmp	int strcmp(char *str1,char *str2); 比较两个字符串 str1 和 str2	str1<str2，返回负数； str1>str2，返回正数； str1=str2，返回 0；
strcpy	char *strcpy(char *str1,char *str2); 将字符串 str2 拷贝到 str1 中	返回 str1
strlen	unsigned int strlen(char *str1); 统计字符串 str1 中的字符个数(不含'\0')	返回字符个数
strrev	char *strrev(char *str1); 串倒转	将字符串 str1 中的字符逆序存放
strstr	int strstr(char *str1,char *str2); 在串 str1 中查找 str2 的第一次出现位置	返回该位置的指针，否则返回空指针
strlwr	char strlwr(char *str1); 将串 str1 中的大写字母转换为小写字母	返回串 str1
strupr	char strupr (char *str1); 将串 str1 中的小写字母转换为大写字母	返回串 str1

4. 输入输出函数

输入输出函数原型包含在头文件 stdio.h 中。

名称	函数原型与功能	返回值与说明
clearerr	void clearer(FILE *fp); 清除文件指针错误	无返回值
close	int close(int handle); 关闭文件	成功则返回 0，否则返回 − 1
fclose	int fclose(FILE *fp); 关闭 fp 所指的文件，释放文件缓冲区	成功则返回 0，否则返回非 0
feof	int feof(FILE *fp); 检查文件是否结束	是则返回非 0，否则返回 0
ferror	int ferror(FILE *fp); 测试文件 fp 是否有错	是则返回非 0，否则返回 0
fgetc	int fgetc(FILE *fp); 从 fp 所指定的文件中读取下一个字符	成功则返回文件中下一个字符，若读入出错，则返回 EOF
fgets	char *fgets(char *buf,int n,FILE *fp); 从 fp 所指向的文件读取一个长度为 n − 1 的字符串，存入起始地址为 buf 的空间	成功则返回 buf 所指的字符串，若出错或文件结束则返回 NULL
fopen	FILE *fopen(char *filename,char *mode); 以 mode 指定的方式打开文件 filename	成功则返回文件指针，否则返回空指针
fprintf	int fprintf(FILE *fp,char *format,args,…); 把 args 的值以 format 指定的格式输出到 fp 所指定的文件中	返回输出的字符数，出错则返回 EOF
fputc	int fputc(char ch,FILE *fp); 将字符 c 写入到 fp 所指向的文件中	成功则返回所写入的字符，否则返回 EOF

名称	函数原型与功能	返回值与说明
fputs	int fputs(char *str,FILE *fp); 将 str 所指向的字符串写入到 fp 所指向的文件中	成功则返回 0，否则返回非 0
fscanf	int fscanf(FILE *fp,char format,args,…); 从 fp 所指向的文件中以 format 给定格式输入到 args 所指向的内存单元中	已输入的数据个数
fread	int fread(char *ptr,unsigned size,unsigned n,FILE *fp); 从 fp 所指向的文件中读取长度为 size 的 n 个数据项，存放在 ptr 所指向的内存中	返回所读的数据项个数，如遇文件结束或出错返回 0
fseek	int fseek(FILE *fp,long offset,int base); 将 fp 文件指针移动到以 base 为基准，以 offset 为位移量的位置	成功则返回当前位置，否则返回 -1
ftell	long ftell(FILE *fp); 返回文件指针 fp 当前位置，偏移量是以文件开始算起的字符数	出错时返回-1L
fwrite	int fwrite(char *ptr,unsigned size,unsigned n,FILE *fp); 将 ptr 指向的 n*size 字节输出到 fp 所指向的文件中	成功则返回确切的数据项数，出错时返回计数值
getc	int getc(FILE *fp); 从 fp 所指向的文件中读入一个字符	成功则返回所读入的字符，否则返回 EOF
getchar	int getchar(void); 从标准输入设备上读取一个字符	成功则返回读入的字符，否则返回-1
gets	char gets(char *str); 从标准输入设备读取字符串存入 s 中	成功返回 s，否则返回 NULL
printf	int printf(char *format,args,…); 按 format 指向的格式字符串所规定的格式，将输出表列 args 的值输出到标准输出设备	成功则输出字符的个数，否则返回负数
putc	int putc(int ch,FILE *fp); 将字符 ch 输出到 fp 所指向的文件中	成功则返回输出的字符 ch，若出错则返回 NULL
putchar	int putchar(char ch); 将字符 ch 输出到标准输出设备	成功则返回输出的字符 ch，若出错则返回 EOF
puts	int puts(char *str); 将 str 指向的字符串输出到标准输出设备，将'\0'转换为回车换行符	成功则返回换行符，否则返回 EOF
rewind	void rewind(FILE *fp) 将文件指针 fp 重置到文件开始位置	成功则返回 0，否则返回-1
scanf	int scanf(char *format,args,…); 从标准输入设备按 format 指向的格式字符串所规定的格式，输入数据到 args 所指向的单元	成功则返回读入并赋值个数，否则返回 0

5．动态存储分配函数

动态存储分配函数的原型包含在 stdlib.h（ANSI 标准）或 malloc.h（其他 C 编译系统）中。

名称	函数原型与功能	返回值与说明
calloc	void *calloc(unsigned n,unsigned size); 分配 n 个数据项的内存连续空间，每个数据项的大小为 size	成功则返回分配内存单元的起始地址，否则返回 0
free	void free(void *p); 释放 p 所指的内存单元	无返回值
malloc	void *malloc(unsigned size); 分配 size 字节的存储空间	成功则返回所分配内存单元的起始地址，否则返回 0
realloc	void *realloc(void *p,unsigned size); 将 p 所指向的已分配的内存单元大小写改为 size，size 可以比原来分配的空间大或小	成功则返回指向该内存单元的指针

附录 C
C 语言运算符的优先级

优先级	运算符	结合方向
1	( ), [ ], ->, .	自左至右
2	!, ~, ++, --, +（正号）, -（负号）, *（指针取值符）, (类型), sizeof	自右至左
3	*, /, %	自左至右
4	+, -	自左至右
5	<<, >>	自左至右
6	<, <=, >, >=	自左至右
7	==, !=	自左至右
8	&	自左至右
9	^	自左至右
10	|	自左至右
11	&&	自左至右
12	||	自左至右
13	? :	自右至左
14	=, +=, -=, *=, /=, %=, &=, ^=, |=, <<=, >>=	自右至左
15	,	自左至右

附录 D
ASCII 码表完整版

ASCII 值	控制字符	ASCII 值	控制字符	ASCII 值	控制字符	ASCII 值	控制字符
0	NUT	32	(space)	64	@	96	、
1	SOH	33	!	65	A	97	a
2	STX	34	”	66	B	98	b
3	ETX	35	#	67	C	99	c
4	EOT	36	$	68	D	100	d
5	ENQ	37	%	69	E	101	e
6	ACK	38	&	70	F	102	f
7	BEL	39	,	71	G	103	g
8	BS	40	(	72	H	104	h
9	HT	41	)	73	I	105	i
10	LF	42	*	74	J	106	j
11	VT	43	+	75	K	107	k
12	FF	44	,	76	L	108	l
13	CR	45	-	77	M	109	m
14	SO	46	.	78	N	110	n
15	SI	47	/	79	O	111	o
16	DLE	48	0	80	P	112	p
17	DCI	49	1	81	Q	113	q
18	DC2	50	2	82	R	114	r
19	DC3	51	3	83	X	115	s
20	DC4	52	4	84	T	116	t
21	NAK	53	5	85	U	117	u
22	SYN	54	6	86	V	118	v
23	TB	55	7	87	W	119	w
24	CAN	56	8	88	X	120	x
25	EM	57	9	89	Y	121	y
26	SUB	58	:	90	Z	122	z
27	ESC	59	;	91	[	123	{
28	FS	60	<	92	/	124		
29	GS	61	=	93	]	125	}
30	RS	62	>	94	^	126	~
31	US	63	?	95	—	127	DEL

参考文献

［1］谭浩强. C 程序设计. 北京：清华大学出版社，1991.

［2］胡宏智. C 语言程序设计. 北京：中国水利水电出版社，2010.

［3］C 语言程序设计基础教程，北京：兵器工业出版社，1994.

［4］姜仲秋. C 语言程序设计. 江苏：南京大学出版社，1998.

［5］谭浩强. C 程序设计（第二版）. 北京：清华大学出版社，1999.

［6］谭浩强. C 语言程序设计题解与上机指导. 北京：清华大学出版社，2000.

［7］常玉龙. Turbo C 2.0 实用大全. 北京：北京航空航天大学出版社，1994.

［8］Brian W. Kernighan, Dennis M. Ritchie. The C Programming Language. Prentice-Hall, 1988.

［9］苏小红. C 语言程序设计. 北京：高等教育出版社，2011.

［10］何钦铭. C 语言程序设计. 北京：高等教育出版社，2009.

［11］李丽娟. C 语言程序设计教程. 北京：人民邮电出版社，2013.